U0382864

确定性水文模型的贝叶斯概率预报：理论与方法

邢贞相　芮孝芳
付　强　孙颖娜　著

科学出版社
北　京

内 容 简 介

本书对解决水文模型或水文水资源领域的数据及模型参数的不确定性分析提供通用的研究方法，所构建的贝叶斯概率洪水预报系统能够充分考虑水文模型参数的不确定性和确定性水文模型的后验信息，同时给出洪水预报量数值和指定概率的置信区间，可为防洪决策提供预报值的不确定度.

本书采用 BP 神经网络和改进的蒙特卡罗数值算法研究贝叶斯预报系统的先验密度、似然函数的表达方法及后验密度获取技术，构建流域概率降雨预测模型和概率洪水预报系统. 对各种算法的基本原理进行详尽介绍和实例应用研究. 同时，建立基于贝叶斯理论的马尔可夫链蒙特卡罗模型算法，用于水文模型参数的不确定性分析. 利用该算法分析获取 Nash 模型参数在不同研究流域的不确定性特征.

本书介绍的理论方法具有广泛的适用性，可供从事水文学及水资源、水利工程、农业工程、环境科学及其他相关专业的教学、研究和管理工作的读者借鉴和参考.

图书在版编目（CIP）数据

确定性水文模型的贝叶斯概率预报：理论与方法/邢贞相等著. —北京：科学出版社, 2015.6

ISBN 978-7-03-045076-0

I. ①确　II. ①邢　III. ①贝叶斯理论-应用-水文预报-概率预报-水文模型　IV. ①P338②P334

中国版本图书馆 CIP 数据核字（2015）第 131529 号

责任编辑：王丽平／责任校对：邹彗卿

责任印制：徐晓晨／封面设计：陈　敬

科学出版社 出版

北京东黄城根北街 16 号

邮政编码：100717

http://www.sciencep.com

北京京华虎彩印刷有限公司 印刷

科学出版社发行　各地新华书店经销

*

2015 年 6 月第　一　版　开本：720 × 1000　B5

2015 年 6 月第一次印刷　印张：12 1/4

字数：231 000

定价：88.00 元

（如有印装质量问题，我社负责调换）

作者简介

邢贞相 男, 1976 年 8 月生, 汉族, 中共党员, 博士, 副教授, 硕士生导师. 2007 年 6 月毕业于河海大学水文学及水资源专业, 自 2007 年 7 月起在东北农业大学任教. 2009~2010 年在加拿大 Alberta 大学访问留学. 现为中国自然资源学会水资源专业委员会委员、中国系统工程学会农业系统工程专业委员会委员. 主要研究方向有水文不确定性分析、水资源系统优化配置与评价、水文预报、农业系统工程建模等; 在*Chinese Geographical Science*、《农业工程学报》《水利学报》等国内外期刊上发表论文 40 余篇, 其中 EI 收录 14 篇、SCI 收录 1 篇、ISTP 收录 3 篇; 出版专著 1 部; 主持国家级科研项目 1 项、省级科研项目 2 项、厅级科研项目 4 项, 参加国家级、省部级科研项目 10 余项目, 参加国际学术会议 10 余次. 获省级科研奖励 3 项.

芮孝芳 男, 1939 年 12 月生, 汉族, 江苏省溧阳市人. 1963 年毕业于华东水利学院(1985 年改名为河海大学)陆地水文专业, 同年留校任教. 1981—1982 年公派赴荷兰 Delft 大学留学, 获硕士学位. 河海大学资深教授、博士生导师, 长期从事水文学及水资源学科的教学和科学研究工作. 兼任《水利水电科技进展》主编、《水科学进展》《河海大学学报》和《水文》等杂志编委. 主要研究方向: 产汇流理论、流域水文模型、数字水文学、地貌水文学、防洪规划和洪水预报. 已在国内外发表学术论文 120 余篇, 出版专著《水文学原理》《产汇流理论》《河流水文学》《径流形成原理》和《水文学研究进展》等.

付　强 男, 1973 年 6 月生, 汉族, 中共党员, 博士, 教授, 博士生导师. 2000 年 7 月在东北农业大学分别获得工学博士学位. 2002 年 5 月在四川大学水利工程博士后流动站完成博士后研究工作, 2007 年 3 月在北大荒农垦集团公司博士后科研工作站完成博士后研究工作. 多年来主要从事节水灌溉理论与技术、农业水土资源优化利用与管理等方面的研究. 主持国家及省部级科研项目 10 余项, 发表学术论文 200 余篇, 其中被 SCI, EI, ISTP 收录 60 余篇. 出版学术专著 5 部, 主编及副主编教材 4 部. 获科研奖励 10 余项.

孙颖娜 女, 1976 年 8 月生, 汉族, 中共党员, 博士, 副教授, 硕士生导师. 1999 年 7 月毕业于东北农业大学农田水利专业, 获得工学学士学位; 2002 年 6 月毕业于东北农业大学农业水土工程专业, 获得工学硕士学位; 2006 年 6 月毕业于河海大学水文学及水资源专业, 获得工学博士学位. 主要从事产汇流不确定性理论、水文预报、流域水文模型等方面的研究, 在《水科学进展》《河海大学学报》《水电能源科学》《水文》等期刊上发表论文 20 余篇, 先后主持和参加国家及省部级科研项目 6 项.

前　言

水文学大体上形成于 17 世纪中叶, 至今已经历了近 4 个世纪的发展. 最初, 水文学主要为修建水利工程防汛和抗旱、获取水利提供科学依据, “工程水文学” 由此而产生. 此后, 由于经济发展和人口增长, 水资源供需矛盾逐渐突出, 为研究水资源合理开发、优化配置和有效管理的 “水资源水文学” 由此而发展起来. 与此同时, 一段时间的粗放式经济发展模式和环境意识淡薄使水环境污染问题凸现, 不仅进一步加深了水资源紧缺程度, 而且危及到经济社会的可持续发展, 于是, 旨在为水环境保护和修复寻找良策的 “环境水文学” 也应运而生. 20 世纪末, 近乎掠夺性开发使水资源紧缺和水污染程度不断加剧, 明显影响到一些地区的生态系统安全, 保护生态系统安全和生物多样性已成为人类面临的重要任务, 从而产生了 “生态水文学”.

水文预报是工程水文学研究的重要主题. 随着人们对水文模型输入、输出、结构和参数等不确定性认识的加深, 不仅加强对水文预报实时校正的研究, 而且产生了 “概率水文预报” 这一分支学科. 1993 年美国学者 Krzysztofowicz 创建了世界上第一个概率水文预报理论框架, 即贝叶斯预报系统 (Bayesian Forecasting System, BFS). 这一理论框架将贝叶斯统计理论与确定性水文模型耦合, 能提供既包含确定性信息, 又包含随机性信息的水文预报结果, 有利于提高防洪减灾风险决策水平.

本人自 2004 年攻读博士学位以来, 致力于概率水文预报和水文模型参数不确定性的研究, 在研究过程中取得了些许成果, 同时也有许多疑惑想与同行探讨, 因此, 萌发撰写本书的想法, 旨在通过本书与大家交流研究概率水文预报的心得, 为推进概率水文预报研究尽绵薄之力.

本书绪论介绍概率水文预报的必要性、水文不确定性的来源, 以及国内外主要研究动态; 第 1 章介绍贝叶斯概率水文预报系统的基本理论框架及确定先验密度、似然函数等的基本方法; 第 2—4 章分别介绍遗传算法、蒙特卡罗算法和 BP 神经网络模型的基本原理及作者的一些改进, 并进行相应的应用测试; 第 5 章介绍与贝叶斯预报系统协同构建概率水文预报模型涉及的确定性水文模型; 第 6 章构建基于 BP 神经网络的贝叶斯概率洪水预报系统, 介绍其在乌苏里江挠力河流域的应用; 第 7 章构建基于 Nash 模型的贝叶斯概率洪水预报系统, 介绍其分别在长江沿渡河流域和乌苏里江挠力河流域的应用.

本书主要以邢贞相的博士学位论文为基础, 融汇另外三位作者近年来的工作中取得的一些研究成果. 本人博士学位论文是在河海大学芮孝芳教授指导下完成的. 近年来工作中取得的点滴成果主要得到东北农业大学付强教授、黑龙江大学谢永刚教授和合肥工业大学金菊良教授的指导或帮助. 在本书撰写过程中, 东北农业大学水利与建筑学院硕士研究生纪毅、姚巍、郭皓、李晶、刘美鑫、杨兆睿等参与了部分章节的编写和校对. 谨在此一并表示衷心的感谢!

由于作者水平所限, 书中不足之处在所难免, 恳请广大读者批评指正.

邢贞相

2014 年 9 月于哈尔滨

目 录

绪　论

水文学的发展与人类对水的认识和需求密切相关. 随着人类对水的认识的不断加深, 以及对水需求的不断拓展, 使得水文学的研究领域不断延伸与丰富 [1]. 在人类社会发展的早期, 人们试图通过建造水利工程来防治水害, 获取水利, 因而工程水文方面的内容得到了发展, 并于 20 世纪 30~60 年代得到快速发展, 形成了分支学科 —— 工程水文学. 自 20 世纪 70 年代以来, 由于经济迅猛发展和人口快速增长, 各种自然资源出现了不同程度的紧张局面, 水资源的供需矛盾显得更加突出, 于是一个专事水资源供需预测、合理开发、优化配置和有效管理的水资源水文研究方向由此而迅速发展起来. 与此同时, 由于经济发展模式上的不合理, 出现了环境严重污染问题, 水环境污染首当其冲. 这不仅进一步加深了水资源的紧缺程度, 而且危及经济社会的可持续发展. 在此背景下, 旨在为水环境保护和修复寻找良策的环境水文研究方向应运而生 [2].

水文预报是水文科学的重要组成部分, 属于应用水文学范畴. 水文预报就是根据已知的信息 (测验或分析的信息) 对未来一定时期内水文要素的状态做出定量或定性的预测 [3]. 它是一项重要的水利基本工作和防洪非工程措施. 水文预报按预见期的长短可分为短期、中期和长期预报; 按预报对象可分为洪水预报、枯季径流预报、墒情预报、冰情预报、融雪径流预报、台风暴潮预报和水质预报等.

在实际水文预报工作中, 特别是防洪减灾中, 洪水预报是调度决策的重要依据, 关系到人民生命财产的安全、工农业生产和社会经济的稳定发展, 而发布的洪水预报将在很短的时间内得到检验和验证. 因此, 水文预报是一项理论性强、应用性要求高的工作. 水文学的分支学科 “水资源水文学” 和 “环境水文学” 几乎在 20 世纪 70 年代同时形成. 长期以来, 由于呈加剧趋势的水污染和水资源紧缺, 已越来越明显地影响到一些地方的生态系统安全, 保护生态系统安全和生物多样性已成为人类面临的重要任务, 与之相应, 近 10 年来生态水文学得到较快发展, 并成为水文学新的分支学科 [2].

0.1　人类面临的水问题

(1) 水旱灾害是人类面临的主要自然灾害. 人类为了生存与发展, 与水旱灾害做斗争已有几千年历史, 通过不断地总结经验和教训, 认识和掌握自然界中水文现象及其运动规律, 从而形成水文科学理论, 对水文形势进行分析, 预测未来可能出现的水文要素的变化. 但至今, 水旱灾害造成的损失仍居诸自然灾害之首. 据统计, 在世界内因水旱灾害造成的损失占各种自然灾害总损失的 55%, 其中水灾导致的损失占 40%, 旱灾导致的损失占 15%[4].

新中国成立前, 由于防洪减灾手段少、技术落后, 我国洪旱灾害频繁, 危害范围广、生命财产损失惨重. 新中国成立后, 党和政府高度重视水旱灾害的防治和水资源的开发利用, 进行了大规模的水利基本建设, 其中对防洪起到骨干性调控作用的大型水库就建立了 442 座; 此外, 从中央到流域机构和各地方省市都成立了水文监测、预报和管理机构, 全方位地研究、监控、预报和管理洪旱灾害, 从非工程措施角度防治和减轻灾害损失. 我国每年因水灾、旱灾造成的损失占各种自然灾害总损失的比例要大于 55%. 据统计, 1901~2000 年, 在全国发生的最严重的 30 次大灾害中, 16 次是由洪水引起的, 7 次由干旱引起, 其余为 4 次地震、1 次风暴潮、1 次鼠疫和 1 次天灾人祸 [5,6]. 其中, 新中国成立前的 49 年发生的 22 次大灾害中, 洪灾有 13 次, 占 59.1%, 而新中国成立后的 51 年共发生 8 次大灾害, 其中洪灾 3 次, 只占 37.5%. 洪灾频率大大降低, 洪灾损失大大减少, 这与洪水预报的积极作用密不可分. 据中国水利年鉴 (2004 年) 统计, 仅 2003 年全国水文情报预报减灾效益就达 180 亿 [5].

(2) 全球气候变暖增加了解决水问题的难度. 人口的增长、工业的发展, 导致二氧化碳等温室气体大量的排放, "温室效应" 加剧, 全球气候变暖, 海平面上升, 水文循环发生重要变化. 全球气候变暖对我国产生了较大的影响: ①使我国一些地区降水量减少, 如山西汾河流域多年平均降水量已由过去的 558mm 减少到现在的 449mm; ②海平面明显上升, 据分析, 近百年来我国海平面平均每年上升了 14mm, 其中天津、江苏、上海和广东沿海上升超过了 200mm. 降水量的减少加重了一些地区的干旱缺水, 海平面上升加重了沿海地区和感潮河段的水灾 [1].

(3) 水污染加剧的势头还未得到有效控制. 改革开放初期, 因一味追求经济发展, 而水环境保护意识淡薄, 留下了许多环境方面的后遗症. 全国河流因大量排入污水而受到污染, 使得 23.3%的河段不宜灌溉. 符合饮用水、渔业用水标准的只占 14.1%, 特别是北方的一些河流, 流域内人口集中, 工业发达, 排入污水量大, 河流水量又较南方小, 年径流量变幅大, 在枯水期, 主干流水质甚至已降到不能利用的程度. 南方河流水量虽大, 但由于工业排污量大, 且 80%以上不经处理直接排入河流湖库等水体, 致使一些大城市附近的河段, 已出现局部的水污染, 有些河段污染已经相当严重. 水污染的加剧, 不仅带来了严重的生态与环境问题, 同时也增加了一些缺水地区和缺水城市的缺水程度, 甚至出现了缺乏饮用水的危机 [1].

(4) 不合理的工程措施和管理也产生负面影响. 盲目砍伐森林, 不合理的筑坝拦水、围垦、跨流域调水、引水灌溉和开采地下水等, 都有可能带来负面影响. 对森林的乱砍滥伐, 致使水土流失严重, 恶化了当地生态与环境, 造成了河道淤积, 加之不合理的围垦, 减少了水体的调蓄能力和输水能力, 从而降低了江河防洪标准, 污染地下水. 不合理的引水灌溉, 可能造成灌区次生盐碱化, 也可能引起河流盐化. 流域内大量修建蓄水工程, 或不合理使用河川径流, 或不合理跨流域调水, 可能使河川径流不合理地减少, 甚至断流, 导致下游河道流淤积萎缩, 防洪能力降低, 湿地减小, 河口水环境恶化, 生物多样性减少 [1].

0.2 概率水文预报的必要性

产汇流的研究是水文预报的主要研究内容, 而揭示并模拟流域出口断面或河道上任一断面流量过程的形成规律是产汇流研究的根本问题 [7]. 大量的实测资源表明, 在产汇流过程中, 存在着许多难以预测和控制的随机性因素. 它是一个十分复杂的过程, 人们至今还不能确切掌握影响产汇流过程的全部因素. 水文模型描述的一些物理过程, 如降雨径流转换、下渗、河道演算等都不得不建立在物理简化的基础上, 加之水文模型的输入和初始状态本身都具有随机性. 即使将来, 随着人们认识世界水平的提高及手段的改进, 也不可能完全做到这一点. 具体地说, 由于降雨和下垫面特性的时空分布都表现出不同程度的随机性, 人们对产汇流机理尚不能确切掌握. 产汇流规律显然既有确定性的一面, 又有随机性的一面. 因此, 产汇流系统的输入及其结构和参数均具有一定的随机性, 但目前广泛应用的产汇流计算模型通常认为降雨输入和模型结构及参数都是确定性的, 即对一个产汇流系统来说, 认为其系统响应是唯一的, 而将其与实际发生的系统响应的差值视为误差作实时校正来考虑. 这种产汇流计算方法没有从本质上考虑产汇流过程的随机性, 是不完全符合实际情况的. 综上, 水文预报具有不确定性. 因数据或模型的不确定性均可用概率分布来描述, 即可将系统的输入、模型的参数视为符合一定分布的随机变量, 故系统的输出也可用概率分布来描述. 水文预报从确定性的向概率性的转变是一种发展趋势. 可与任一确定性的流域水文模型协同工作的贝叶斯预报系统是一个进行概率预报的通用理论框架, 在这个框架下, 发展了许多适用于不同目标的概率预报系统 [8], 对水文预报则可给出水文预报量的分布或其统计特征 (均值、方差和置信区间等), 其中均值反映确定性成分影响的结果, 方差反映在不确定性成分影响下可能的变动范围. 因此, 这种水文预报称为概率水文预报. 这种预报方法综合了各种随机因素对水文预报结果的影响, 统一处理了包括在一种物理过程内的确定性规律部分和随机性规律部分, 具有明显的合理性. 因此, 借助于概率水文预报这一新途径可以同时提供水文模型的计算结果和模型计算结果的不确定度. 这样建立起来的产汇流模型将更具科学性.

0.3 概率水文预报的特点

概率水文预报能尽可能充分地利用预报过程中出现的各种信息, 以概率分布的形式描述水文预报的不确定性. 它不仅可以给出水文预报的均值, 还能给出其方差和指定概率的置信区间, 这就可以描述水文变量发生的不确定性程度. 水文预报的不确定性随着预见期的不同而变化, 且需要根据不同预报时刻获取新的信息实时修正其概率分布. 与传统的确定性水文预报相比, 概率水文预报有其自身的优越性, 主要体现在以下三方面.

(1) 由于水文过程本身具有非线性和随机性, 因此, 概率水文预报比确定性预报更具科学性与合理性.

(2) 概率水文预报给出的不是唯一的预报值, 而是给出不同预报值与相应的超过频率, 这就能对预报的不确定度进行定量.

(3) 概率水文预报可使决策者将风险考虑到决策中去, 实现预报与决策有机结合, 更好地体现预报的价值.

0.4　水文不确定性的来源

作为地学分支的水文学, 其水文现象深受气候、气象、地形、地貌和下垫面等条件的影响, 因此, 人们既不能准确地获取水文要素 (降雨、流量等), 也不能获得流域内水循环要素 (降雨、蒸发、下渗、地表及地下径流等) 可靠的时空分布. 故水文模型的概化给水文模型带来诸多不确定因素. 水文现象本身的随机性与模糊性则是导致水文预报不确定性的根本原因. 水文现象中的不确定性与确定性是互补的. 这就是说无论采用哪种水文模型进行水文预报, 都会不可避免产生水文预报的不确定性问题. 国内外许多学者, 如 Kuczera[9]、赵人俊 [10]、Beven 和 Binley[11,12]、郭生练等 [13]、张洪刚等 [14−16]、李向阳等 [17,18] 和芮孝芳 [2,19] 等都分析和讨论水文模型的不确定性问题, 主要归纳为以下三个方面.

1. 水文资料或信息的不确定性

(1) 水文变量随机分布特性的均化问题. 水文变量的时程变化是连续的, 而在模型计算时采样却是离散的, 进而导致时段内的均化给模型计算带来了误差.

(2) 水文变量空间分布特性与数学期望的代表性问题, 如雨量, 由于降雨的空间分布的变动性, 导致固定雨量站网接收输入信息误差的变动性.

(3) 直接测量得到的水文要素的误差来源是多方面的, 如流量大都用流速仪的断面流速乘以断面面积算得流量. 其中, 断面流速与断面面积的测得均可能存在误差, 且将水流简化为垂直于断面的一维水流在很多情况下是粗略的. 在数据读取和录入过程中也可能存在人为的错误.

(4) 仪器测量精度的误差及其产生的系统误差.

(5) 部分水文要素至今还缺乏可靠的信息来源, 如流域土壤含水量、壤中流、地下径流的划分及预见期内降雨预报误差等.

2. 模型结构的不确定性

(1) 由于对水文现象或水文过程认识还不够深刻, 使现实采用的模型结构不尽合理而无法真实地反映实际水文过程. 模型的参数主要依据降雨和径流资料来率定, 而这样求得的模型参数必然带有经验统计性, 只能反映有关影响因素对流域径流形成过程的平均作用.

(2) 模型输入的空间分散性和不均匀性. 流域水文模型的输入是流域上各点的降雨过程, 输出是流域出口断面的流量或水位过程, 这种具有分散输入和集中输出的模型与现有的流域水文模型在结构上并不匹配, 在实际应用中考虑这一问题时, 多是采用将全流域按雨量站划分若干个单元面积的方法, 认为当面积小到一定程度时, 即可作集中输入和集中输出的流域水文模型来模拟该单元面积的径流, 最后将各单元面积对全流域出口断面输出的贡献叠加起来作为出口断面的输出. 显然, 这种处理方法仍然不够完善, 例如, 如何考虑不同单元面积在径流形成机制和模型参数上的差别、单元面积划分不同对模型输出的影响、各单元面积对全流域出口断面的贡献是否满足叠加原理等都未能解决.

(3) 水文模型之间的确定性联系很复杂, 而模型往往用大量简化的数学物理方程去近似模拟其联系. 大多数集总式模型忽略了流域空间分布面上产汇流的随机性.

(4) 许多模型没有考虑环境变化 (如全球变化, 人类活动使地形、地貌发生的变化等) 对流域产汇流机制的影响.

(5) 由于水文工作者的个人经验、对模型的理解、对模型的喜好等因素, 同一流域不同的人选择模型不同而产生了模型适用性所导致的误差.

3. 模型参数优选的不确定性

(1) 对一个水文模型来讲我们希望用最少的参数以便率定并减少误差将模型的不确定性降到最低, 而多数具有多个参数. 理论上讲, 模型参数可以从流域直接或间接获得, 但由于水文模型参数既有其物理意义, 又有其概化的成分, 故大部分模型参数只能在对实测资料分析筛选的基础上通过参数率定来确定, 其中便增加了资料的选取、优化方法的选择、目标函数的确定, 以及参数组合等因素而产生的模型参数率定的不确定性. 水文学者在水文模型参数优选技术上做了大量的研究, 主要方向之一就是如何有效地分析模型结构和参数的不确定性及这种不确定性对模型输出的影响 [20−22].

(2) 不同的率定样本优选出的参数也不同. 率定参数时所用水文资料的质量对模型参数率定的影响远大于所选取水文资料的数量对模型参数优选的影响 [23]. 水文资料的质量依赖于数据中所含有关水文过程信息的多少及数据本身存在的误差, 数据所含信息取决于水文过程的变幅, 如涵盖了丰水年、中水年、枯水年, 则认为数据中包含了较多的水文信息.

0.5 水文不确定性研究概况

1. 水文不确定性研究的进展

水文过程本身的随机性特点必然使确定性水文预报走向概率水文预报, 也就是说, 认识水文过程中不确定性, 进而实现随机水文预报是将来水文预报的大势所趋. 当前, 对于水文现象不确定性的研究主要基于随机不确定性、混沌不确定性、灰色不确定性与模糊不确定性而展开.

(1) 随机不确定性. 确定性水文模型与随机性水文模型是两种不同描述水文现象的方法, 当前水文模型的发展趋势是由起初的两者独立地工作而走向两者之间的协同工作, 即在一个水文模型当中同时考虑水文的确定性与不确定性. 通常的做法是在确定性水文模型当中加入随机项. 周文德 [24] 认为, 自然界中的水文过程极为复杂, 解释它的现象也相当困难的, 最恰当的方法是将随机数学的理论与实际问题的物理过程联系起来, 这就是所谓的随机水文学. 在水文水资源系统中引入随机理论最初起源于水库规划的需要 [25,26]. 水文过程具有随机性, 这是不争的事实. 为此, Thomas 和 Fiering[27] 及 Yevjevich[28] 首先开始引入马尔可夫模型来描述水文过程. 20 世纪 60 年代末, 随机水文学发展日新月异, 出现了自回归滑动平均求和模型、解集模型、散粒噪声模型、分数高斯噪声模型、快速分数高斯噪声模型、折线模型、门限自回归模型等 [29]. 1993 年, Krzysztofowicz[8] 提出用 BFS 来研究水文过程的非线性, 基于贝叶斯原理, 根据已有确定性水文模型的输出信息来修正原有水文预报量的先验信息. 后来, 他提出降雨不确定性处理 (PUP)[30]、概率定量降雨预报系统 (PQPF)[31]、水文不确定性处理 (HUP) 及亚高斯转换 [32] 和正态线性假设模型 [33,34] 来研究水文过程的随机性, 取得了大量的研究成果 [35,36]. 芮孝芳教授 [37] 就入流系统为白噪声过程时, 推导出了 Nash 模型参数与汇流系统出流过程的相关函数. 此后, 孙颖娜等 [38] 利用随机微分方程进一步研究了 Nash 模型输入与参数为随机的随机预报方法, 并在沿渡河流域的汇流计算中得到了较好的预报结果.

(2) 混沌不确定性. 在一定的参数范围内求解确定的非线性方程有时会无法获得确定解, 而是类似随机的混沌解 (状态空间呈现无穷无尽的扭曲和折叠的运动轨迹), 人们将这种确定的非线性系统出现类似随机行为的起因称为系统的内随机性. 混沌理论的引入使得许多复杂的水文水资源问题有了新的解释 [39,40], 且对水文变量给出了新的描述指标, 分维数便是一类最重要的特征 [41,42], 当某系统的分维数大于 2 时, 就表现出一种对初始条件非常敏感且有不可预见的混沌现象. 丁晶等 [43] 系统地综述了随机水文学领域的基本理论和方法及研究成果, 利用混沌分析将确定性和内随机性联系在一起, 提出了基于混沌分析的相空间预测方法. 混沌可以理解为确定的随机性: “确定的” 是指它由内在原因而非外界干扰所产生; “随机性” 是指其不规则和混乱的行为, 确定的随机性说明确定性与随机性之间存在由此及彼的桥梁 [15]. 这与芮孝芳教授 [2] 提出的水文模型中确定性与随机性互补的观点不谋而合. 分形理论及耗散理论等非线性理论也被尝试用于洪水预报领域. 例如, 温泉等 [44] 利用局部水文相空间模式并采用最小二乘法来拟合函数, 在葛洲坝和隔河岩的入库日径流预测中取得了较好的试验结果.

(3) 灰色不确定性. 灰色理论把自然界中介于已知与未知信息之间的系统叫灰色系统. 它始于邓聚龙的一篇论文 [45], 主要研究部分信息已知、部分信息未知或未确定的系统. 在国内, 夏军 [46] 较早将其应用于水文非线性系统模型参数的识别与预测. 蓝永超等 [47] 利用灰色系统中的残差序列周期修正 GM(1, 1) 模型, 对龙羊峡水库入库径流的近期及未来变化趋势进行了预测. 在国外, 学者 Bass[48] 曾将灰色系统理论应用到全球环流模型预测评定的研究中.

(4) 模糊不确定性. 模糊数学诞生于 1965 年, 经过四十多年的发展, 它已经渗透到许多科学领域, 水文水资源领域也不例外. 模糊数学的出现使人们对水文现象非确定性的理解有了拓广与深化. 模糊性是水文流域系统中客观存在的另一类不确定性, 主要源于数据观测 (记录) 过程与知识提取 (概念形成) 过程. Bogardi [49] 最早将模糊理论引入水文水资源中, 对地区水管理模型进行了研究. 陈守煜 [50] 对水文水资源与环境模糊集分析进行了简单集成. 他认为水文水资源系统中许多概念的外延存在不确定性, 对立概念之间的划分具有中间过渡阶段, 这都是客观存在的模糊现象. 为此, 提出了"模糊水文学"的概念 [51]. 蔡华等 [52] 运用模糊集理论, 建立了一个新的专家系统, 不仅具有传统系统的功能, 还对预报结果的综合分析引入了模糊综合评判的概念. 周念来等 [53] 利用模糊因果聚类分析法克服了预测因子的随机性和模糊性带来的困难.

2. 水文不确定性研究的方法

现行流域水文模型, 由于其对水文物理过程的描写与定量计算过于粗略和概化, 实际上只具有"模拟"功能, 属于"模拟模型". 这种模型容易做到模拟或复演过去已经发生的水文现象, 利用计算机的长处, 只要不断地调整模型参数的组合可能有多个最优参数组使所获得的输出具有相同的拟合精度. 而预报者在预报时往往只是从中选择一组认为最优的参数来进行预报, 这就必然存在不确定性. 这就是所谓的"异参同效 (Equifinality)", 产生这一现象的原因至少有: 目标函数是多极值的; 模型中包含的参数之间存在相互补偿作用; 模型参数具有随机性 [54,55]. 因此, 水文模型参数与水文预报的不确定性在国际上引起了广泛关注. 目前提出的主要方法有 Beven 和 Binley 提出的 GLUE(Generalized Likelihood Uncertainty Estimestion) 法 [11], 马尔可夫链蒙特卡罗 (Markov Chain Monte Carlo, MCMC) 法 [56] 和 BFS[8] 等.

(1) GLUE 方法. 该方法由 Beven 和 Binley[11] 于 1992 年提出的, 主要目的是为了解决水文模型的"异参同效"现象对水文预报的影响. GLUE 方法建立的基础是 Hornberger 和 Spear 提出的 RSA(Regionalized Sensitivity Analysis) 方法 [57]. 该方法认为: 导致模型模拟结果好坏的原因是所有模型参数的组合, 而不是某一个模型参数所致. 其解决问题的基本思路是先根据已有的知识设定模型参数 (起决定性作用的模型参数) 的分布空间, 即先验分布. 再按照先验分布抽取模型的各参数组合, 以各参数组确定的模型模拟水文过程. 选取适当的似然函数, 计算模型输出与实测之间的似然函数值, 再将函数值归一化后作为各参数组的似然值. 设定一个似然函数的临界值, 凡低于这个临界值的似然值均被赋为零, 表示这些参数组无法表征模型的功能特征; 凡高于这个临界值的似然函数值所对应的参数组则表示它们能够表征模型的功能特征. 最后, 按归一化权重对各组参数进行抽样, 利用各抽得的参数组样本分别模拟某一水文过程, 再由这些模拟结果求出该水文过程在指定置信度下模型输出的不确定性范围.

GLUE 在流域水文模型的不确定性预报中得到广泛应用 [58−61]. Freer 等 [58] 将该法应用在法国 Ringelbach 流域的 TOPMODEL 模型不确定性预报中, 结果表明, 预报流量的分布为非高斯分布, 且形状随时间的变化而变化. Franks 等 [59] 研究了无水文资料情况下 SVAT 模型的不确定性, 采用 GLUE 方法根据贝叶斯公式由新的资料对原似然值进行更新, 利用比较更新前后的不确定性估计就可以评价新增信息的价值. Camron 等 [60] 在威尔士瓦伊河流域采用 TOPMODEL 模型在 GLUE 框架下研究了 21 年降雨径流数据的洪水频率. 结果表明, TOPMODEL 模型能有效的完成洪水频率分析和连续模拟. Montanari[61] 通过试验得出这样的结论: GLUE 方法应用于人造大样本数据时往往低估了水文模型模拟所产生的不确定性.

(2) 蒙特卡罗法. 蒙特卡罗模拟 (Monte Carlo Simulation)[62] 也称随机模拟、统计试验, 是随机模拟的基本方法, 其理论基础是数理统计, 模拟手段是随机抽样. 蒙特卡罗法是威勒蒙 (Velleman) 和冯 · 诺依曼 (von Neumann) 在 20 世纪 40 年代为研制核武器而首次提出来的. 由于工作的保密要求就给这种方法起了一个能象征性表明该法特点的代号为蒙特卡罗, 即摩纳哥一个世界闻名的赌城名字. 在此之前, 作为该方法的基本思想, 实际上早已被统计学家所发现和利用. 例如, 在 17 世纪的时候, 人们就知道按频数来决定概率. 又如, 19 世纪末, 很多人曾利用随机投针试验来验证大数定律, 并根据针与地面上平行线 (距离均 2 倍针长) 相交的概率 P 等于 π 的倒数, 用频数 n/N 替代概率 P, 进而得到 $\pi \approx \hat{\pi} = N/n$. 现今, 蒙特卡罗已成为数值模拟试验的一个专用术语. 因其在中子的随机行为和飞机轰炸任务的研究中非常有效, 故被广泛应用.

根据概率论中的强大数定律, 随机模拟蒙特卡罗法的估计值 $\hat{I}_N$ 依概率收敛于 I, 即满足

$$P\left(\lim_{N\to\infty} \hat{I}_N = I\right) = 1 \tag{1}$$

的充分必要条件是随机变量 $h(X)$ 满足条件

$$E(|h|) = \int |h(x)| f(x) \mathrm{d}x < \infty \tag{2}$$

式中, N 为随机模拟产生的伪随机数的个数.

蒙特卡罗模拟的实质是从某种分布中随机抽取随机数来模拟现实系统中可能出现的随机现象. 每次模拟试验都可以模拟现实中可能出现的情况, 根据大数定理和中心极限定理就可得到我们所关注的统计特征. 由于近些年来计算机性能的飞速发展, 使蒙特卡罗法的应用更加广泛.

蒙特卡罗法工作开始从已知的分布中抽取随机样本, 即随机抽样. 因此, 均匀随机数的产生是其基础, 通过某种方法可以根据均匀随机数来产生其他任意分布的随机数. 产生随机数的方法分为随机数表法、物理随机数发生器法和数学方法等三类. 其中数学方法在计算机产生随机数中应用最多, 通常采用线性同余法, 利用递推的数学公式来产生随机数, 故也称伪随机数.

蒙特卡罗法的特点: ①简单. ②收敛速度与问题的维数无关. 在置信水平一定的情况下, 其误差除了与问题所确定的随机变量的方差有关, 只取决于样本容量, 而与样本观测值是多少维空间上的点无关. 这是其他计算方法所无法具有的, 因此,

常用于高维积分和其他复杂问题. ③受问题的几何条件影响不大. ④具有直接处理随机性问题的能力. 蒙特卡罗法对于那些本身具有统计性质的所谓随机问题, 不需要像常规方法那样首先将它转化成确定性问题, 如转化为某种方程的解, 然后再通过确定性问题得到问题的答案. 蒙特卡罗法可直接从随机问题出发, 通过模拟原问题的实际过程得到问题的解.

蒙特卡罗也存在一些缺点: ①对于大的几何系统问题和小概率问题, 它的计算结果有时比实际结果低; ②对于一些复杂问题的求解要进行较多的模拟次数, 消耗大量的计算机资源; ③所给出的置信区间具有概率特征, 即是统计层面上近似的结果, 而不是对于特定结果的精确数学描述.

所有蒙特卡罗法的一个基本步骤是产生服从某个目标概率分布的伪随机数. 人们感兴趣的变量通常是在欧氏空间中取值, 但有时也会在一个拓扑空间上取值. 在大多数应用中, 从一个人们感兴趣的分布中产生独立样本是不可行的. 通常情况是, 要么产生的样本是相关的, 要么产生样本的分布异于所要求的, 或者以上两者同时发生. 马尔可夫链蒙特卡罗 (Markov Monte Carlo Chain, MCMC) 法是以 Metropolis-Hasting (M-H)[63] 算法为基本框架, 从以某一分布为稳定分布的马尔可夫链 (简写马氏链) 中产生相关样本的方法. 从这一点来看, MCMC 基本上是一种通过展开马氏链来获得相关样本的混合型蒙特卡罗法. Campbell 等 [64] 将其应用于非线性水文模型, 以西澳大利亚的五个流域为例, 论证了该方法是参数估计的有利工具. Bates 和 Campbell[65] 对 M-H 算法进行了改进, 提出了 Metropolis-Hastings algorithm of Bates and Campbell(MHBC) 算法, 在循环迭代中按照模型参数相关性的大小分成几部分分别更新. 该方法需要对参数的相关性有较深入的了解以保证具有较高相关性的参数被一起更新, 而且要对同一部分中的参数指定合适的联合分布, 当模型参数较多时, 算法的复杂度增加, 收敛可能会减小, 甚至无法收敛. 由于 MCMC 算法要求从指定的推荐 (转移) 分布中产生推荐样本, 而并非所有分布都有解析表达式, 为此, 冯 · 诺依曼于 1951 年提出了著名的诺依曼方法 [62], 该方法也同样适用于多维分布情形. MCMC 的性能就很大程度上取决于推荐分布的选取, 为了避开这一工作, Harrio 等 [66] 提出了自适应 MCMC 算法, 该算法最多成功用于具有 200 个参数的复杂模型中. 它无须预先给定推荐分布, 而是根据已抽取样本的历史信息不断更新. 梁忠民等 [67] 利用 MCMC 研究了 TOPMODEL 模型参数的不确定性. 张建龙等 [68] 利用 Logistic 混沌系统方法对其进行改进, 以提高蒙特卡罗方法中输入随机数的可靠度.

(3) 贝叶斯递归估计方法. Thiemann 于 2001 年提出了水文预报的贝叶斯递归估计 (BaRE) 方法的框架 [69]. 该方法可以在洪水预报过程中同时对水文模型参数和水文预报不确定性进行递归计算, 预报结果以概率形式表示. BaRE 方法只需给定水文模型参数假定一个初始值就可进行递归预报. 因此, 适用于无资料地区水文模型参数优选和不确定性预报问题. Vurgt 等 [70], Gupta 等 [71], Misirli 等 [72] 也对递归模型识别策略进行了研究, 连续对流量系列进行递归计算可对参数进行不确定性估计. 该方法的不足之处是将模型的输入输出的不确定性考虑为参数估计不确定性与模型残差的结合, 缺少不确定性来源的严格区分.

(4) 贝叶斯概率预报系统. BFS 是 Krzysztofowicz[8] 于 1993 年提出的一种概率水文预报的通用理论框架, 它可与任一确定性水文模型协同工作, 而不对其附加任何假设, 最后给出水文预报量的概率分布. 他与 Kelly 等在这方面做了大量卓有成效的研究 [30−36]. 该系统的理论框架和具体方法将在后续的章节详细介绍.

(5) 熵分析法. 熵分析法在可靠性分析、风险分析、水环境工程、气象与各级系统工程等领域应用广泛. 张继国和刘新仁 [73] 介绍了信息熵分析法在水文水资源中不确定性分析的应用. 文献中认为熵分析法是以整体的观念去度量水文变量所包含的不确定性, 是对不确定性更高层次的描述. 水文预报模型中以熵为基础的大致可分为三类: ①贝叶斯熵模型 [74]; ②基于熵极小极大方法生成的模型 [75]; ③基于谱分析的熵模型 [76].

0.6　概率水文预报的研究进展

水文模型的输入、结构和参数都具有不确定性, 由此做出的水文预报结果也将具有随机性, 其预报的结果是具有一定的发生概率的. 水文预报根据所发布的形式分为确定性水文预报和概率水文预报两种. 确定性水文预报只给出确定的预报值, 无法给出该预报值的不确定度. 而人们在防洪决策中不仅需要确定的预报值, 还需要知道该预报值的不确定度以考虑风险损失. 概率水文预报是一种既能给出预报值, 又能给出其不确定度的预报. 概率水文预报的形式较灵活, 可以对模型结构、模型参数或模型输入进行分析, 也可对模型的输出进行后续处理.

1. 贝叶斯预报系统 (BFS)

BFS 的理论基础是贝叶斯定理, 该定理源于 1763 年在贝叶斯去逝后才发表在当时英国专业性杂志《皇家学会哲学学报》的一篇具有哲学性的论文: *An Eaasy Towards Solving a Problem in the Doctrine of Chances*. 后来的学者在此基础上又进行了许多发展从而形成了贝叶斯学派. 贝叶斯学派的形成经历很长的时间, 对贝叶斯学派的形成有重要贡献的数学家, 按时间先后顺序有 B. De Finetti、H. Jeffreys、I. Good、L. Savage 和 D. Lindley. 1958 年英国历史最长的统计杂志*Biometrika* 全文重刊了贝叶斯的论文, 这表明贝叶斯学派已经成为一支不可忽视的队伍, 到 20 世纪 50 年代后逐渐形成独立的理论体系, 70 年代开始应用到水文领域 [33]. 贝叶斯原理由贝叶斯公式和贝叶斯假设两部分组成.

贝叶斯公式通常用事件形式或随机变量形式表示.

事件形式 设 $A_1, A_2, \cdots, A_n$ 互不相容, 并且有 $\bigcup_{i=1}^{n} A_i = \Omega$ (必然事件), 则对于任一事件 B, 有

$$P(A_i|B) = \frac{P(A_i)P(B|A_i)}{\sum_{j=1}^{n} P(A_j)P(B|A_j)} \ (i = 1, 2, \cdots, n) \tag{3}$$

随机变量形式 设 x, y 为两个随机变量, $p(x|y)$ 是 x 对 y 的条件密度, $f(y)$ 是 y 的边缘密度, 于是 y 对 x 的条件密度

$$h(y|x) = \frac{f(y)p(x|y)}{\int f(y)p(x|y)\mathrm{d}y} \tag{4}$$

从上面的讨论可看出, 应用贝叶斯时需要知道变量 y 的分布, 即先验分布 $f(y)$, 才能导出分布 $h(y|x)$, 即后验分布. 贝叶斯认为, 当人们对 y 没有任何信息时, y 在它允许取值的范围内机会是相等的, 也就是认为 y 的先验分布是它在值域上的均匀分布. 这一想法提升为一般性的原则, 就称为贝叶斯假设. 对于贝叶斯假设, 争议较多. 首先是均匀分布的存在性. 在一个有限区域内, 均匀分布是存在的, 但在一个无限区域内, 均匀分布就不存在了. 其次, 贝叶斯假设是为了处理没有任何先验信息时设定的假设, 既然是无信息, 又何来先验分布呢? 因而无信息先验分布就成了贝叶斯学派的一个难题. 所以后来就出现了杰弗莱准则、最大熵准则、共轭分布和不变测度等方法来尝试解决这一问题. 但对有些实际问题的解释仍然存在许多困难. 首先, 随机事件 A_i 的概率很少能在相同条件下重复, 故用稳定的频率值去定义概率 $P(A_i)$ 是不存在的, 而存在的概率只是各人根据自己当前所累积的已知信息 B 进行逻辑判断而做出的主观概率 $P(A_i|B)$. 其次, 近代概率论与决策理论的联系越来越密切, 统计者与决策者的判断具有各自的主观特性. 因此, 认为基本空间 A_i 中的元素为确定值是不恰当的, 实际上我们认为一种更广泛、更深刻的不确定性 $P(A_i)$ 是一个区间而非一个确定的值 [77].

Dempster[78] 曾提出在多值映射下, 如何导出概率上下界的分析框架. Chamberlian 和 Leamer[79] 也指出, 基于单一先验分布的贝叶斯分析很难引起人们的注意, 因为这个分布很难精确地给出, 或是多个决策者在先验判断上存在差异. 邓聚龙 [80] 指出, 先验分布实际上体现了蕴涵非唯一性、可集合性和可构造性等特征的灰思想.

贝叶斯方法可以最大限度地利用预报当前时刻的所有资料和已知信息 (包括来自经验、直觉和判断等的主观知识) 做出预报为决策提供依据. 它利用先验分布与似然函数通过贝叶斯定理推导出参数的后验分布, 最大程度地描述自然现象的不确定性, 对所研究的自然现象做出概率预报. 该方法首先在商业、社会科学和物理学领域取得成功的应用, 于 20 世纪 70 年代引入水文预报领域.

Vicens 等 [81] 最早于 1975 年将该方法用于洪水风险分析, 用无信息先验分布或共轭先验分布来描述参数的先验信息, 但这些分布很难找到充分的估计量, 使其

应用受到了限制. Duckstein[82] 提出了一个考虑气候变化影响的河川径流洪峰预测的贝叶斯模型, 可进行水文要素分布参数的置信区间预测, 但不能发布定量预报. Lye[83] 运用贝叶斯方法近似地得到了洪峰流量超过频率的估计, 把洪水的自然不确定性与模型参数的不确定性综合起来, 减小了防洪风险.

Krzysztofowicz 于 1983 年提出了基于正态线性假设 [84] 的贝叶斯预报处理器 (Bayesian Processor of Forecasts, BPF)[33], 在已知实测流量过程与当前确定性水文模型预报结果的前提下, 以先验分布描述水文过程的自身不确定性、以似然函数来描述其他各类不确定性, 由贝叶斯方法输出每一时刻流量的后验分布. 1986 年, 他和 Watada 为了描述以制定最优决策为目标的季节融雪径流量预报的不确定性, 建立了一个随机模型. 该模型是一个时间离散的、有限的、空间连续的、非平稳的马尔可夫过程, 利用所建立的贝叶斯处理器可以得到预报的转移密度及基于当前预报量的实际径流量的后验密度 [85]. 1991 年, Krzysztofowicz 和 Reese 在美国西部建立了季节融雪径流量的预报系统, 这个系统可以输出四个指标: ①预报的贝叶斯处理; ②贝叶斯相关性得分, 这是预报技术的一个新尺度, 它与制定决策的预报的事先经济价值单调相关; ③在已知总径流预报的条件下, 在融雪季节里累积径流的预报器; ④制定传送给预报使用者的与预报估计有关的不确定性信息 [86]. 1993 年, Krzysztofowicz 又提出了概率洪水预报模型 (Probability Flood Forecasting, PFF)[87], 利用贝叶斯方法得到河道最大水位超过频率, 为洪水决策和预警提供依据. 1999 年, 他又提出了通过确定性水文模型进行概率预报的贝叶斯理论, 建立了 BFS[8], 该理论的基础也是贝叶斯公式, 它把水文预报量的总的不确定性分为两大类: 一类是以先验分布描述的模型输入的不确定性; 另一类是以似然函数描述的除输入不确定性以外的所有不确定性 (包括模型结构、参数估计及测量误差等), 统称为水文不确定性. 该系统最后得到预报量的后验密度, 实现概率水文预报. 接着于 2000 年, 他提出了概率河流水位预报解析-数值 (Analytic-Numerical) 型的降雨不确定性处理器 (Precipitation Uncertainty Processor, PUP)[88]、水文不确定性处理器 (Hydrologic Uncertainty Processor, HUP) 及通过正态分位转换与线性正态假设导出了河流水位后验密度的解析式 [89]. 2002 年, Krzysztofowicz 在 2000 年的研究基础上系统地阐述了基于概率定量降雨预报 (Probabilistic Quantitative Precipitition Forecasthing, PQPF)[31] 短期概率河流水位预报的贝叶斯预报系统. 该系统综合了此前一系列的贝叶斯预报理论 [90]. 2004 年, Krzysztofowicz 和 Maranzano 又提出了第二版的解析-数值贝叶斯预报系统, 可以进行短期河流水位转移预报 (Probabilistic Stage Transition Forecast, PSTF)[30], 这一系统较第一版的突出特点是利用预报量的一步转移函数来表征河流水位过程在时间上演变的总的不确定性.

我国于 20 世纪 90 年代将贝叶斯概率预报的概念引入国内. 黄伟军和丁晶 [91] 等提出灰色模糊贝叶斯的概念, 建议贝叶斯模型的先验分布采用灰色先验分布、似然函数采用模糊似然函数, 然后耦合为灰色模糊后验分布. 介绍了灰色先验分布与模糊似然函数在贝叶斯框架下耦合的方法. 2001 年, 王善序介绍了 BFS, 提出研究水文预报不确定性度是十分重要的课题 [92]. 钱名开等于 2004 年利用 BFS 研究了淮河息县站流量的不确定性预报, 结果表明概率预报至少与确定性预报一样有价值, 特别当预报不确定性较大时, 概率预报比现行确定性预报具有更高的经济价值 [93]. 2005 年, 张洪刚等将考虑水文模型不确定性的概率预报模型应用到白云山水库流域进行实例验证, 得到预报流量的后验密度. 结果表明概率预报在提高精度的同时还可提供基于风险分析的信息 [94]. 随后, 张洪刚提出了基于贝叶斯方法的实时洪水预报模型, 将其应用到白云山水库和三峡水库区间流域, 并与 AR 模型和递推最小二乘法的预报结果进行比较, 实验表明: 贝叶斯预报的精度明显高于其他两个模型的预报结果 [95]. 2006 年, 李向阳等建立了基于 BP 神经网络的贝叶斯概率水文预报模型, 应用于水库流量的概率预报中, 试验结果令人满意 [17].

贝叶斯概率水文预报能最大限度地利用预报当前时刻的所有信息, 考虑了模型输入不确定性与水文不确定性, 这更符合水文过程的随机特征, 是水文预报的一个重要发展方向. 可以预见, 概率水文预报会越来越受到国内外水文界的关注和重视.

2. 随机模拟方法

Georgakakos 和 Hudlow[96] 将 GB(Geomorphology-based Hydrological Model) 模型与 NWS (National Weather Service) 概念性降雨径流模型结合起来解决暴雨洪水预报的问题, 试验结果比单独使用其中任何一个模型的效果都好. Lee 和 Gergakakos[97]、French 和 Krajewski[98] 对其中降水预报模块进行了改进, 应用气象雷达数据对中尺度大流域降水量的空间分配做出判断.

Lardet 和 Obled[99] 提出了一个随机降水模型, 把降水描述为暴雨场次、暴雨间隔、暴雨历时、暴雨量、最大暴雨量及其出现时间, 通过各变量的分布函数随机生成 500 组降水序列输入到 TOPMODEL 模型中得到待预报量的置信区间.

张洪刚等 [100] 建立了三峡水库区间流洪水预报模型, 根据不同的流域初始雾水条件分布得到相应的预报降水分布函数, 利用最近邻相似法计算降水的时段分配系数. 随机生成若干组降水序列输入到区间洪水预报模型中, 输出待预报量的分布函数与区间估计.

3. 卡尔曼滤波法

Kitanidis 和 Bras[101] 提出将概念性模型格式化为状态空间模型, 对模型线性化, 通过卡尔曼滤波技术实时估计模型参数和预报过程中随机影响的传播. Georgakaos 和 Smith[102] 利用卡尔曼滤波技术与水文模型结合, 得到模拟流量的均值与方差, 进行短期洪水预报. 卡尔曼滤波必须已知系统的准确数学模型和噪声统计特征, 且系统参数也可能包含不确定性, 这些问题都使其应用受到了一定程度的限制.

参考文献

[1] 芮孝芳. 水文学原理 [M]. 北京: 中国水利水电出版社, 2004.

[2] 芮孝芳, 水文学发展及其面临的若干前沿问题 [J]. 水利水电科技进展, 2007, 27, (1): 75–79.

[3] 水文科学编辑委员会. 中国大百科全书 [M]. 水文科学. 北京: 中国大百科全书出版社, 1987.

[4] 孙颖娜, 邢贞相, 芮孝芳, 付强. 随机微分方程及其在汇流计算中的应用 [M]. 北京: 中国水利水电出版社, 2010.

[5] 夏明方, 康沛竹. 20 世纪中国灾变图史 (上)[M]. 福州: 福建教育出版社, 2001.

[6] 夏明方, 康沛竹. 20 世纪中国灾变图史 (下)[M]. 福州: 福建教育出版社, 2001.

[7] 芮孝芳, 陈界仁. 河流水文学 [M]. 南京: 河海大学出版社, 2003.

[8] Krzysztofowicz R. Bayesian theory of probabilistic via deterministic hydrologic model [J]. Water Resources Research, 1999, 35(9): 2739–2750.

[9] Kuczera G. Improved parameter inference in catchment models:1.Evaluating parameter uncertainty [J]. Water Resources Research, 1983, 19(5): 1151–1162.

[10] 赵人俊. 流域水文模型的比较分析研究 [J]. 水文, 1989, (6): 1–5.

[11] Beven K J, Binley A. The future of distributed models: Model calibration and uncertainty prediction [J]. Hydrological Processes, 1992, 6(3): 270–298.

[12] Beven K J. Prophecy, reality and uncertainty in distributed hydrological modeling [J]. Advances in Water Resources. 1993, 16(1): 41–51.

[13] 郭生练, 李兰, 曾光明. 气候变化对水文水资源系统影响评价的不确定性分析 [J]. 水文, 1995, (6): 8–14.

[14] 张洪刚, 郭生练, 庞博. 长江三峡区间洪水预报不确定性研究 [A]//张建云. 中国水文学与技术研究进展 - 全国水文学术讨论会论文集 [C], 2004: 278–283.

[15] 张洪刚. 贝叶斯水文概率预报系统及其应用 [D]. 武汉大学博士学位论文, 2005.

[16] 张洪刚, 郭生练, 何新林, 等. 水文预报不确定性的研究进展与展望 [J]. 石河子大学学报 (自然科学版), 2006, 24(1): 15–21.

[17] 李向阳, 程春田, 林剑艺. 基于 BP 神经网络的贝叶斯概率水文预报模型 [J]. 水利学报, 2006, 37(3): 354–359.

[18] 李向阳, 程春田, 武新宇, 等. 水文模型模糊多目标 SCE - UA 参数优选方法研究 [J]. 中国工程科学, 2007, 9(3): 52–57.

[19] 芮孝芳. 流域水文模型研究中的若干问题 [J]. 水科学进展, 1997, 8(1): 94–98.

[20] Kuczera G. On validity of first-order prediction limits for conceptual hydrological models[J]. Journal of Hydrology, 1988, 103: 229–247.

[21] Free J, Beven A M, Ambroise B. Bayesian estimation of uncertainty in runoff prediction and the value of data: An application of the GLUE approach [J]. Water Resources Research, 1996, 32(7): 2161–2173.

[22] Franks S W, Gineste P, Beven K J, et al. On constraining the predictions of a distribution model: the incorporation of fuzzy estimates of saturated areas into the calibration process [J]. Water Resources Research, 1998, 34(4): 787–797.

[23] Gupta V K, Sorooshian S. The relationship between data and the precision of parameter estimates of hydrologic models [J]. Journal of Hydrology, 1985, 81(1-1): 55–77.

[24] 程天文, 陈洪经. 随机水文学 —— 周文德教授来华讲学主要内容之一 [J]. 水文, 1981, 1(2): 30–33.

[25] Moran P A P. The Theory of Storage [M]. New York: Wiley, 1959.

[26] Barnes F B. Storage required for a city water supply [J]. Journal of institution engineers of Australia, 1954, 26(9):198–203.

[27] Arthur M, Maynard M H, Robert D, et al. Design of water-Resource systems [M]. Cambridge, Massachusetts: Harvard University Press, 1966.

[28] Yevjevich V. Stochastic Process in Hydrology[M]. Colorado: Water Resources Publications, 1972.

[29] 丁晶, 邓育仁. 随机水文学 [M]. 成都: 成都科技大学, 1988.

[30] Krzysztofowicz R, Maranzano C J. Bayesian system for probabilistic river stage transition forecasting [J]. Journal of Hydrology, 2004, 299: 15–44.

[31] Krzysztofowicz R, Drzal W J, Drake T R, et al. Probabilistic quantitative precipitation forecasts for river basins [J]. Weather and Forecasting, 1993, 8(4): 424–439.

[32] Kelly K S, Krzysztofwicz R. Probability distribution for flood warning systems [J]. Water Resources Research, 1994, 30(4): 1145–1152.

[33] Krzysztofowicz R. Bayesian models of forecasted time series [J]. Water Resources Research, 1985, 21(5): 805–814.

[34] Krzysztofowicz R, Reese S. Bayesian analses of seasonal runoff forecasts [J]. Stochastic Hydrology and Hydraulics, 1991, 5: 295–322.

[35] Krzysztofowicz R, Pomroy T A. Disaggretative invariance of daily precipitation [J]. Journal of Applied Meteorology, 1997, 36: 721–733

[36] Krzysztofowicz R. Integrator of uncertainties for probabilistic river stage forecasting: precipitation-dependent model [J]. Journal of Hydrology, 2001, 249: 69–85.

[37] 芮孝芳. 仅依据汇流系统出流资料确定 Nash 模型参数的研究 [J]. 水科学进展, 1993, (6): 141–146.

[38] 孙颖娜, 邢贞相, 芮孝芳, 等. 随机微分方程及其在汇流计算中的应用 [M]. 北京: 中国水利水电出版社, 2010.

[39] Rodriguez-Iturbe. Chaos in rainfall [J]. Water Resources Research, 1989, 25(7): 1667–1675.

[40] Wilcox B P. Searching for chaotic dynamics in snowmelt runoff [J]. Water Resources Research, 1991, 27(6): 1005–1010.

[41] Nikora V. Fractal structure of river plan forms [J]. Water Resources Research, 1991, 27(6): 1327–1333.

[42] 吴伯贤, 侯玉. 分形与水文学 [C]. 2000 年中国水文展望论文集. 南京: 河海大学出版社, 1993.

[43] 丁晶, 邓育仁, 傅军. 探索水文现象变化的新途径混沌分析 [A]//夏军. 现代水文科学不确定与进展. 成都: 成都科技大学出版社, 1994: 4–7.

[44] 温泉, 张士军, 张周胜. 探求径流序列中的混沌特性 [J]. 水电能源科学, 1999, 27(3): 21–23.

[45] Deng J L. Control problems of grey systems [J]. Systems and Control letters, 1982, 1(5): 288–294.

[46] 夏军. 水文非线性系统识别的基本研究 (原理, 可识别性, 灰色参数识别与预测)[D]. 武汉水电学院博士学位论文, 1985.

[47] 蓝永超, 康尔泗, 马全杰, 等. 龙羊峡水库入库径流特征及趋势预测 [J]. 冰川冻土, 1999, 21(3): 281–286.

[48] Bass B. Grey theory approach to quantify the risks associated with general circulation models [J]. Symposium on Statistical and Stochastic Approaches in Hydrology. Watertloo, Canada, 1994, 3: 33–46.

[49] Bogardi I. Regional management of an aquifer under fuzzy environment objectives [J]. Water Resources Research, 1983, 19(6): 1394–1402.

[50] 陈守煜. 水利水文水资源与环境模糊集分析 [M]. 大连: 大连工学院出版社, 1987.

[51] 陈守煜. 模糊水文学 [J]. 大连理工大学学报, 1988, 28(1): 93–97.

[52] 蔡华, 梁年生, 舒畅. 水电站洪水预报综合分析专家系统 [J]. 华中电力, 2000, 13(1): 5–6.

[53] 周念来, 吴泽宇, 舒畅. 水文要素模糊因果聚类预报及其应用 [J]. 郑州工业大学学报, 2000, 21(1): 58–61.

[54] 郭生练, 李兰, 曾光明. 气候变化对水文水资源系统影响评价的不确定性分析 [J]. 水文, 1995, (6): 8–14.

[55] Free J, Beven A M, Ambroise B. Bayesian estimation of uncertainty in runoff prediction and the value of data: An application of the GLUE approach [J]. Water Resources Research, 1996, 32(7): 2161–2173.

[56] Kuczera G, Parent E. Monte Carlo assessment of parameter uncertainty in conceptual catchment models: the Metropolis algorithm [J]. Journal of Hydrology, 1998, 211(1-4): 69–85.

[57] Hornberger G M, Spear R C. An approach to the preliminary analysis of environment systems [J]. Journal of Environment Management, 1981, 12: 7–18.

[58] Freer J, Beven K J, Ambroise B. Bayesian estimation of uncertainty in runoff prediction and the value of data: an application of the GLUE approach [J]. Water Resources Research, 1996, 32(7): 2161–2173.

[59] Franks S W, Beven K J. Bayesian estimation of uncertainty in land surface-atmosphere flux prediction [J]. Geophysical Research, 1997, 102(D20): 23991–23999.

[60] Camron D S, Beven K J, Tawn J, et al. Flood frequency estimation by continuous simulation for a gauged upland catchment (with uncertainty) [J]. Journal of Hydrology, 1999, 219(3-4): 169–187.

[61] Montanari A. Large sample behaviors of the generalized likelihood uncertainty estimation (GLUE) in assessing the uncertainty of rainfall-runoff simulations [J].Water Resources Research, 2005, 41(8): W08406.

[62] 《现代数学手册》编纂委员会. 现代数学手册 · 随机数学卷 [M]. 武汉: 华中科技大学出版社, 2000.

[63] Hastings W K. Monte Carlo sampling methods using markov chains and their applications [J]. Biomerika, 1970, 57: 97–109.

[64] Campbell E P, Fox D R, Bates B C. A Bayesian approach to parameter estimation and pooling in nonlinear flood event models [J].Water Resources Research, 1999, 35(1): 211–220.

[65] Bates B C, Campbell E P. A Markov chain Monte Carlo scheme for parameter estimation and inference in conceptual rainfall-runoff modeling [J]. Water Resources Research, 2001, 37(4): 937–948.

[66] Harrio H, Saksman E, Tamminen J. An adaptive Metropolis algorithm [J]. Bernoulli, 2001, 7(2): 223–242.

[67] 梁忠民, 李彬权, 余钟波, 等. 基于贝叶斯理论的 TOPMODEL 参数不确定性分析 [J]. 河海大学学报 (自然科学版), 2009, 37(2): 129–132.

[68] 张建龙, 解建仓, 汪妮, 等. 基于改进蒙特卡罗方法的再生水回用健康风险评价 [J]. 环境科学学报, 2010, 30(11): 2353–2360.

[69] Thiemann M, Trosset M, Gupta H, et al. Bayesian recursive parameter estimation for hydrologic models [J]. Water Resources Research, 2001, 37(10): 2521–2535.

[70] Vurgt J A, Bouten W, Gupta H V, et al. Toward improved identifiability of hydrologic model parameters: the information content of experimental data [J]. Water Resources Research, 2002, 38(12): 1312.

[71] Gupta H, Thiemann M, Trosset M, et al. Reply to comment Beven K and Yong P. Bayesian recursive parameter estimation for hydrologic models [J].Water Resources Research, 2003, 39(5): 1117.

[72] Misirli F, Gupta H V, Sorooshian S, et al. Bayesian recursive estimation of parameter and output uncertainty for watershed models [A]. Duan Q, Gupta H V, Sorooshian S, et al. Calibraton for watershed models, Water Science and Application, v.6 [C]. Washington District of Columbia: Americal Geophysical Union, 2003: 113–124.

[73] 张继国, 刘新仁. 水文水资源中不确定性的信息熵分析方法综述 [J]. 河海大学学报, 2000, 28(6): 32–36.

[74] Souza R C. A Bayesian entropy approach to forecasting [D]. University of Warwick Doctoral Dissertation, 1978.

[75] Eilbert R F, Christensen R A. Performance of the entropy hydrological forecasts for California water year 1949–1977 [J]. Journal of Climate and Applied Meteorology, 1977, 22: 1345–1357.

[76] Burg J P. Maximum entropy spectral analysis [A]// 37th Ann. Intern [C]. Meeting Soc Explor Geophys: Oklahoma City, 1967.

[77] 黄伟军, 丁晶. 灰色先验分布研究 [A]//现代水文科学不确定性研究与进展 [C]. 成都: 成都科技大学出版社, 1994: 178–183.

[78] Dempster A P. Upper and lower prbobabilities induced by a multi-valued mapping [J]. Annals of Mathematical Statistics, 1967, 36: 325–339.

[79] Chamberlian P J, Leamer E E. Matrix weighted averaged and posterior bounds[J]. Journal of the Royal Statistics Society, 1976, 37: 73–84.

[80] 邓聚龙. 灰色控制系统 [M]. 武汉: 华中工学院出版社, 1985.

[81] Vicens G J, Rodriguez-Iturbe I, Schanke J C, et al. A Bayesian framework for use of regional information in hydrology [J]. Water Resources Research, 1975, 11(4): 533–542.

[82] Duckstein L. Bayesian forecasting of hydrologic variable under Changing Climatology [J]. IAHS Publications, 1987, 168: 301–304.

[83] Lye L M. Bayes estimate of the probability of exceedence of annual floods [J]. Stochastic Hydrology and Hydraulics, 1990, 4: 56–64.

[84] Krzysztofowicz R. Why should a forecaster and a decision maker use Bayes theorem [J]. Water Resources Research, 1983, 19(2): 327–336.

[85] Krzysztofowicz R, Watada L M. Stochastic model of seasonal runoff forecasts [J]. Water Resources Research, 1986, 22(3): 296–302.

[86] Krzysztofowicz R, Reese S. Bayesian analysis of seasonal runoff forecasts [J]. Stochastic Hydrology and Hydraulics, 1991, 4: 56–64.

[87] Krzysztofowicz R. A theory of flood warning systems [J]. Water Resources Research, 1993, 29(12): 3981–3994.

[88] Kelly K S, Krzysztofowicz R. Precipitation uncertainty processor for probabilistic river stage forecasting [J]. Water Resources Research, 2000, 36(9): 2643–2653.

[89] Krzysztofowicz R, Kelly K S. Hydrologic uncertainty processor for probabilistic river stage forecasting [J]. Water Resources Research, 2000, 36(11): 3265–3277.

[90] Krzysztofowicz R. Bayesian system for probabilistic river stage forecasting [J]. Journal of Hydrology, 2004, 268: 16–40.

[91] 黄伟军, 丁晶. 水文水资源系统贝叶斯分析现状与前景 [J]. 水科学进展,1994,5(3): 242–247.

[92] 王善序. 贝叶斯概率水文预报简介 [J]. 水文, 2001, 21(5): 33–34.

[93] 钱名开, 徐时进, 王善序, 等. 淮河息县站概率预报模型研究 [J]. 水文, 2004, 24(2): 23–25.

[94] 张洪刚, 郭生练, 刘攀, 等. 基于贝叶斯分析的概率洪水预报模型研究 [J]. 水电能源科学, 2004, 22(1): 22–25.

[95] 张洪刚, 郭生练, 刘攀, 等. 基于贝叶斯方法的实时洪水校正模型研究 [J]. 武汉大学学报, 2005, (1): 58–63.

[96] Georgakakos K P, Hudlow M D. Quantitative precipitation forecast techniques for use in hydrologic forecasting[J]. Bulletin of the American Meteorological Society, 1984, 5(11): 1186–1200.

[97] Lee T H, Gergakakos K P. Operational rainfall prediction on meso-scales for hydrologic applications [J]. Water Resources Research, 1996, 32(4): 987–1003.

[98] French M N, Krajewski W F. A model for real-time quantitative rainfall forecasting using remote sensing, 1, Formulation [J]. Water Resources Research, 1994, 30(4): 1075–1083.

[99] Lardet P, Obled C. Real-time flood forecasting using a stochastic rainfall generator [J]. Journal of Hydrology, 1994, 162: 391–408.

[100] 张洪刚, 郭生练, 周芬, 等. 考虑预见期降水的三峡水库区间洪水预报模型研究 [J]. 长科院院报, 2005, (1): 9–12.

[101] Kitanidis P K, Bras R L. Real-time forecasting with a conceptual hydrological model: 1.Analysis of uncertainty [J]. Water Resources Research, 1980, 16(6): 1025–1033.

[102] Georgakaos K P, Smith G F. On improved hydrologic forecasting results form a WMO real-time forecasting experiment [J]. Journal of Hydrology, 1990, 114: 17–45.

第1章　贝叶斯概率预报的基本理论框架

1.1　概率水文预报的特点

水文预报是防汛、抗旱和水资源利用等重大决策的重要依据, 历年来受到各方面的关注, 也是应用水文学中发展最快的分支. 现在, 各种水文预报模型, 物理的或是统计的, 不下数十种甚至更多. 预报制作单位一般都把它们视为确定性的. 作为它们输出的预报值也是以确定的形式发送给用户的. 用户根据获得的预报 (通常是一个数值) 作出各自的决策. 然而, 众所周知, 预报模型不是精确的, 它只是客观水文过程的仿真. 模型输入也不是精确的, 有的是随机的. 总之, 都是不确定的. 因此, 作为模型输出的预报值也是不确定的. 近期研究表明: 根据不确定的水文预报做出决策时, 如果不考虑它的不确定度, 则从期望意义上讲, 预报在决策中的价值不一定是非负的; 只有在考虑了预报不确定度的决策中, 水文预报的价值才始终是正的. 由此可见, 无论是从水文预报作用有提高, 还是从优化决策考虑, 研究水文预报不确定度成了十分重要的课题. 概率水文预报能尽可能充分地利用预报过程中出现的各种信息, 以概率分布的形式描述水文预报的不确定性. 它不仅可以给出水文预报的均值, 还能给出其方差和指定概率的置信区间, 这就可以描述水文变量发生的不确定性程度. 水文预报的不确定性随着预见期的不同而变化, 且需要根据不同预报时刻所获新的信息实时修正其概率分布. 与传统的确定性水文预报相比, 概率水文预报有其自身的优越性, 主要体现在以下三方面.

(1) 由于水文过程本身具有非线性和随机性, 因此, 概率水文预报比确定性预报更具科学性与合理性.

(2) 概率水文预报给出的不是唯一的预报值, 而能给出不同预报值与相应的超过频率, 这就能对预报的不确定度进行定量.

(3) 概率水文预报可使决策者将风险考虑到决策中去, 实现预报与决策有机结合, 更好地体现预报的价值.

1.2　贝叶斯概率水文预报的原理

任何水文预报模型都是模拟某 (数) 种水文物理过程的. 它 (们) 的输出, 即水文预报, 都是所模拟的水文时间系列的估计量. 根据决策合理性原则, BFS 认为应采用概率分布定量地描述水文预报的不确定度; 同时, 决策者应当根据这个概率分布, 而不是直接根据预报来制定决策. BFS 的主要属性是: 它为任何水文预报、任何决策者, 提供了开发、研究概率水文预报模型方法性的框架, 它不对水文预报模型附加任何假定, 它给出待预报变量 (或预报变量) 的预报 (测) 分布, 以估计未来有关该变量各种事件的概率.

BFS 处理水文预报不确定度的基本思路是: 首先根据其特性和对水文预报的影响大小, 将总不确定度分解成两大部分, 即输入不确定度和水文不确定度, 并采用不同的方法进行处理. 然后, 再综合成为水文预报总不确定度. 输入不确定度与模型的随机输入有关. 它对输出有重大影响, 又往往难以预测. 水文不确定度来源于测验误差、模型误差、估计误差, 以及那些在预报制作时虽然未知、但比较容易预测或对预报影响不显著的输入. 例如, 对于短期水文预报, 最重要的输入不确定度来源于预见期内的降水量. 它在预报制作时未知, 目前虽可预测, 但精度低、变动性大, 而对预报影响又大, 只能作为随机变量处理.

贝叶斯概率水文预报基于贝叶斯推断, 而贝叶斯推断的理论基础就是贝叶斯定理 (贝叶斯公式) 式 (1-1) 或式 (1-2).

下面以随机变量的密度函数为例介绍贝叶斯统计推断的步骤 [1].

(1) 依赖于参数 θ 的密度函数在经典统计学中记为 $p(x,\theta)$, 表示在参数空间 $\Theta=\{\theta\}$ 中不同的 θ 对应不同的分布, 可在贝叶斯统计中记为 $p(x|\theta)$, 表示在随机变量 θ 给定某个值时, 总体指标 X 的条件分布.

(2) 根据参数 θ 先验信息确定先验分布 $\pi(\theta)$.

(3) 样本 $x=(x_1,\cdots,x_n)$ 的产生要分两步进行. 第一步是, 设想从先验分布 $\pi(\theta)$ 产生一个样本θ'. 第二步是从总体分布 $p(x|\theta')$ 产生一个样本 $x=(x_1,\cdots,x_n)$, 此样本 x 的发生概率是与下面的联合密度函数成正比.

$$p(x|\theta')=\prod_{i=1}^{n}p(x_i|\theta') \tag{1-1}$$

联合密度函数 (1-1) 综合了总体信息和样本信息, 称为似然函数, 记为 $L(\theta')$.

(4) 由于θ'是设想出来的, 是未知的, 它是按先验分布 $\pi(\theta)$ 而产生的, 所以要综合先验信息, 就不应只考虑θ', 而应对所有可能的 θ 进行考虑. 故用 $\pi(\theta)$ 参与进一步综合. 因此, 样本 x 和参数 θ 的联合分布

$$h(x|\theta)=p(x|\theta)\pi(\theta) \tag{1-2}$$

把三种可用信息都综合起来了.

(5) 接下来要对未知数 θ 作出统计推断. 在没有样本信息时, 只能根据先验分布对 θ 做出推断. 在有样本观察值 $x=(x_1,\cdots,x_n)$ 后, 应该据 $h(x|\theta)$ 作推断. 为此, 把 $h(x|\theta)$ 做如下分解:

$$h(x|\theta)=\pi(x|\theta)m(x) \tag{1-3}$$

其中 $m(x)$ 是 x 的边缘密度函数.

$$m(x)=\int_{\Theta}h(x|\theta)\mathrm{d}\theta=\int_{\Theta}p(x|\theta)\pi(\theta)\mathrm{d}\theta \tag{1-4}$$

它与 θ 无关, 即 $m(x)$ 中不含 θ 的任何信息. 因此, 可用来对 θ 作出推断的仅是条件分布 $\pi(\theta|x)$. 它的计算公式是

$$\pi(\theta|x)=\frac{h(x,\theta)}{m(x)}=\frac{p(x|\theta)\pi(\theta)}{\int_{\Theta}p(x|\theta)\pi(\theta)\mathrm{d}\theta} \tag{1-5}$$

实际上, 这就是贝叶斯公式的密度函数形式, 与式 (1-2) 相同. 在样本 x 给定条件下, 这个 θ 的条件分布被称为 θ 的后验分布. 它集中了总体、样本和先验等三种信息中有关 θ 的一切信息, 而又是排除一切与 θ 无关的信息之后所得的结果. 基于后验分布 $\pi(\theta|x)$ 对 θ 进行统计推断更为有效、合理, 也称为贝叶斯统计推断.

如欲对水文模型参数进行不确定性研究就可以直接利用式 (1-5) 得到参数的后验分布, 或将其中参数 θ 改为水文变量便可求得水文变量的后验概率密度.

下面介绍由 Krzysztofowicz 建立的概率水文预报系统. Krzysztofowicz[2] 于 1993 年提出的基于贝叶斯理论的概率水文预报系统是根据贝叶斯统计推断建立起来的. 贝叶斯水文预报是一个可与任一确定性水文模型协同工作, 而不受水文模型结构的复杂程度影响实现水文概率预报的理论框架. 在这一框架下, 已发展了许多适于不同目标的概率预报系统. 贝叶斯预报系统把水文预报的总不确定性分为两类: 一类是由于水文模型输入误差带来的不确定性, 称之为输入不确定性; 另一类是由于水文模型不完善及其参数随机性等带来的不确定性, 称之为水文不确定性. 贝叶斯预报系统把两个统计处理附加到水文模型上, 其一为输入不确定性处理, 作用是在无水文不确定性存在的前提下定量水文模型的输入不确定性; 其二为水文不确定性处理, 作用是在无输入不确定性存在的前提下定量水文模型的不确定性. 两类不确定性由贝叶斯定理 (1-5) 整合为水文预报量的总不确定性.

为了阐述 BFS, 现引入三个变量: W, S 和 H, 分别为水文模型的随机输入、输出和贝叶斯预报量, 其相应的实现值分别为 w, s 和 h. $\eta(\cdot|v)$ 为降雨发生概率为 v 的 W 条件密度函数, v 为降雨发生概率 V 的实现值. r 为确定性水文模型定义的一个响应函数, 即 $s=r(u,v)$. 假设水文过程为有限阶马尔可夫过程, H 的后验密度是以 $h_0(h_0=h_t,h_{t-1},\cdots,h_{t-p+1}$, t 为当前时刻, p 为马尔可夫过程的阶数) 为条件的, 根据全概率公式可得到预报公式为

$$\psi(h|h_0,u,v)=\int_{-\infty}^{\infty}\phi(h|s,h_0,u,v)\pi(s|u,v)\mathrm{d}s \tag{1-6}$$

式中, u 为水文模型的确定性输入; π 为水文模型的输出的密度, 它把水文模型输入的不确定性映射到模型输出中, 即定量了输入的不确定性, 这一密度可根据水文模型输出 s 的集合利用参数估计方法来获得; ϕ 为以 h_0, s 为条件的预报量 H 的后验密度, 是 H 的先验密度 (由已知历史数据估计得到) 经过贝叶斯修正后而得到的, 这一任务由下面的水文不确定性处理来完成; ψ 为预报量 H 的预报密度, 且可以给出不同时刻 h 的超过概率.

式 (1-6) 就是基于贝叶斯理论的概率水文预报的基本关系式. 基于以上变量的 BFS 的不确定性处理过程如图 1-1 所示.

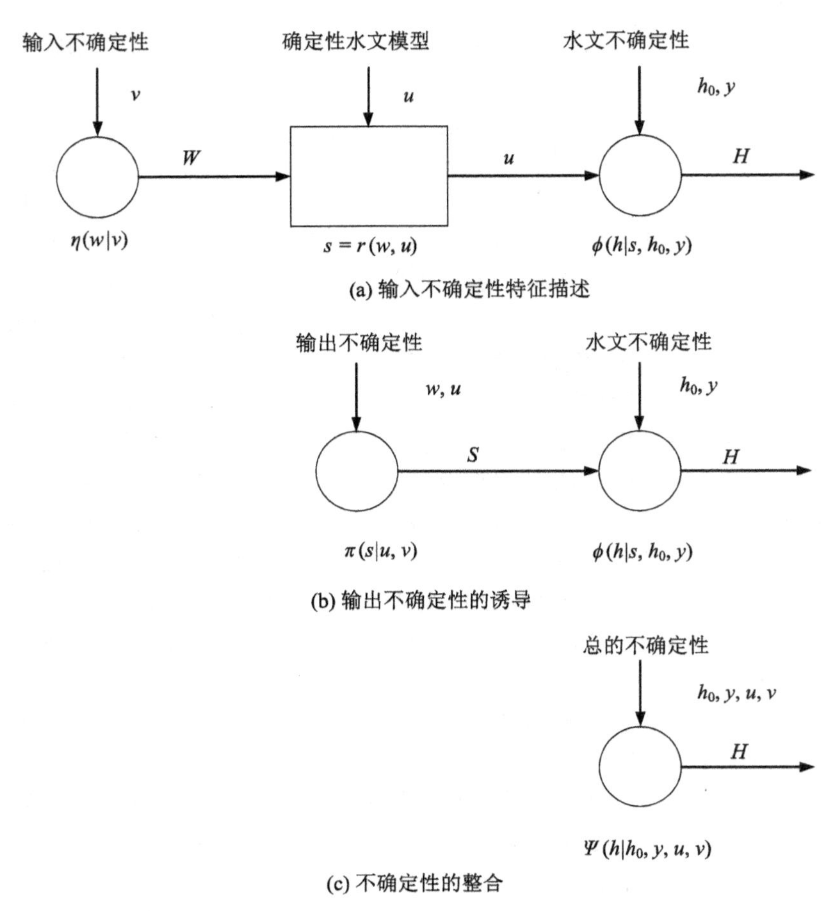

图 1-1　贝叶斯预报系统的不确定性处理过程图

1.3　输入不确定性处理

对于降雨径流预报而言, 输入的不确定性主要来源于预见期内的降雨量 w. 因此, 输入不确定性处理又可称为降雨不确定性处理. 对于降雨不确定性的预报要依赖于概率定量降雨预报 (PQPF) 求出降雨的概率密度 η[3]. 假设水文模型的确定性 u 已经确定, 只有随机输入 W 和模型的输出 S 仍为变量. 定义一个响应函数 r, 使 $S=r(w,u)$. 响应函数 r 可以通过模拟来获得, 然后根据得出的 S 的数据集利用蒙特卡罗方法估计模型输出 S 的概率密度 π. 传统蒙特卡罗方法需要水文模型运行次数较多, 运算量大. Krzysztofowicz 提出了基于 “确定性等价” 原则的概率定量降雨预报 [4,5](这里的概率定量降雨预报也可采用其他方法) 之上的降雨不确定性处理方法 ——“解析数值法”, 获得 S 的概率密度 π 的数值过程的基本思想可分为以下四个步骤:

(1) 确定 n(根据经验确定) 个概率值 $p_i(i=1,\cdots,n)$;

(2) 根据降雨密度 η 对应的分布得出这 n 个概率所对应的降雨量 $w_{ip}(i=1,\cdots,n)$;

(3) 把 n 个降雨 $w_{ip}(i=1,\cdots,n)$ 分别输入到水文模型, 得出 n 个模型输出 $s_{ip}(i=1,\cdots,n)$;

(4) 将相应的概率 P_i 和 S_{ip} 组成集合 $\{(S_{ip},p_i):i=1,\cdots,n\}$ 来估计模型输出 S 的分布 π 的参数, 进而转换为相应的概率密度, 以备贝叶斯预报所用.

解析数值法的优点是: 当降雨资料更新时, 可根据更新的分布参数和原有的分布参数直接得到更新的模型输入分布参数, 这样就不必再次运行水文模型从而为实时预报争取时间. 其缺点是所求的分布是双段的 Weibull 分布, 这使得欲求变量的分布参数过多, 可能影响其真实分布特性的获取.

对于河段洪水预报, 输入的不确定性来自水位或流量的观测随机误差.

1.4 水文不确定性处理

1.4.1 水文不确定性处理简介

水文过程是一种受气候、气象、地形、地貌和下垫面等因素影响的复杂自然过程, 蕴涵着确定性的动态规律和不确定性的统计规律. 由于水文现象的极端复杂性和人类认识水平的限制, 使得对水文过程的认识存在着不确定性 [6−8]. 例如, 根据流域水文模型进行洪水过程的模拟和预测不可避免地存在着模型输入、结构和参数的不确定性, 从而引起模拟和预报结果的不确定性; 根据水文样本估计水文极值总体分布存在着抽样、估计方法等诸多误差, 导致对设计值的估计也存在着不确定性. 围绕如何认识和描述水文的不确定性, 国内外已取得了大量研究成果, 其中以应用贝叶斯理论解决水文不确定性问题的研究最具代表性 [6,7].

水文不确定性处理就是利用贝叶斯公式 (1-5) 对确定性水文模型预报结果的先验概率密度进行修正即贝叶斯修正, 得出其后验概率密度.

设预见期为 n 的预报变量的先验概率密度为 $g(h_n|h_0)$, 它定量了 h_n 的先验不确定性, 并可用水文模型输出 s 的密度 $f(s_n|h_n)$ 来表征 h_n 的水文不确定性. 由于 s 为已知, 故 $f(s_n|\cdot)$ 为 h_n 的似然函数. g 和 f 显然把先验不确定性和水文不确定性的信息都代入了贝叶斯修正过程. 对于指定的前期过程 h_0, 模型输出 s_n 的期望密度可由全概率公式得出

$$k(s_n|h_0)=\int_{-\infty}^{\infty}f(s_n|h_n)g(h_n|h_0)\mathrm{d}h_n \tag{1-7}$$

h_n 的后验密度则可由贝叶斯公式 (1-5) 求得

$$\phi(h_n|s_n,h_0)=\frac{f(s_n|h_n)g(h_n|h_0)}{k(s_n|h_0)}=\frac{f(s_n|h_n)g(h_n|h_0)}{\int_{-\infty}^{\infty}f(s_n|h_n)g(h_n|h_0)\mathrm{d}h_n} \tag{1-8}$$

式中, ϕ 为 h_n 的水文不确定性的定量表达, k 也可称为归一化常数, 其他符号意义同前. 将输入不确定性处理求得的 π 和水文不确定性处理求得的 ϕ 代入式 (1-6) 进行不确定性的整合, 便可得到不同预报时刻的水文预报量的预报密度, 描述了预报量的总不确定性, 可以给出不同预报值的超过概率. 若不考虑输入不确定性, 直接利用式 (1-8) 也可以实现水文预报量的概率预报.

上述预报结果的先验概率密度 g 的原型是一个时间序列模型. 不同预见期的水文变量的先验不确定性可通过初始状态 h_0 的边缘概率密度 $\gamma(h_0)$ 及转移概率密度 $t(h_n|h_0)$ 来表征, 这样就可求得预报结果 h_n 的先验概率密度为

$$g_1(h_1|h_0) = t(h_n|h_0), \quad n = 1 \tag{1-9}$$

$$g_n(h_n|h_0) = \int_{-\infty}^{\infty} t(h_n|h_{n-1})g_{n-1}(h_{n-1}|h_0)\mathrm{d}h_{n-1}, \quad n = 2, 3, \cdots \tag{1-10}$$

将模型的随机输入 w 与确定性输入 u 输入到水文模型即可得其输出 s, 若此时实测数据为 h, 则 $\varepsilon = s - h$ 即为模型误差. 如此, 就可得到联合样本 $\{(s_j, h_j) : j = 1, 2, \cdots, n\}$, 用这些样本就可估计模型输出 s 的似然函数概率密度族 $\{f(s_j|h_j) : j = 1, 2, \cdots, n\}$. 这样 f 就可用来对模型误差作出预报, 即 $l(\varepsilon|h) = f(\varepsilon + h|h)$, 因此, 以似然函数表征的水文不确定性与水文模型误差是等价的. 由于水文过程多为非平稳随机过程, 所以在求后验概率密度时常会遇到难以获得解析式的困难. 为了使问题简化, Krzysztofowicz 采用正态线性处理 [9-11] 和亚高斯处理 [12-15] 来推导先验概率密度和似然函数的参数模型以及 k 和 ϕ. 对于亚高斯处理, 不仅允许任一形式的先验概率密度而且似然函数也可为非线性统计相关结构. 即便是这样, 该模型的计算过程仍然比较复杂且待估参数过多.

1.4.2 贝叶斯理论在水文不确定性分析中应用

1. 贝叶斯理论在水文模型参数不确定性分析中应用

水文模型参数反映的是流域水文特征, 是一些原则上可以实测的物理量, 但由于实际中往往难以做到, 通常都是根据一定的测站资料, 通过一定的目标函数, 率定出一组 “最佳参数”. 由于资料的代表性、测量误差、目标函数的选取、计算方法的简化等局限性, 一般只能得到局部最优参数, 抑或出现 “异参同效” 现象, 致使水文模型参数具有不确定性, 导致根据此参数进行模拟和预测的水文过程具有不确定性 [16].

水文模型参数的后验估计, 只需将式 (1-8) 中的变量 θ 作为模型参数即可. 式 (1-8) 通常情况下难以用解析形式表达. 因此, 通常通过蒙特卡罗随机模拟方法获得水文模型参数 θ 的后验密度估计. MCMC 常被用来产生后验分布的概率密度函数. MCMC 基本上是一种通过展开马氏链来获得相关样本的混合型蒙特卡罗方法. MCMC 的关键是如何选择推荐分布 (转移密度) 使抽样更加有效. MCMC 的性能很大程度上取决其采样的算法, 常用的采样算法有 Metropolis 算法、Metropolis-Hastings 算法、Gibbs 采样和 Adapative Metropolis 算法等 [17-19].

将通过 MCMC 方法抽样得到的模型参数 θ 代入模型, 即可获得模拟样本, 通过对大量的模拟样本进行统计分析, 就可以得到模拟值或预报量的统计特征 [16].

2. 贝叶斯理论在水文模型结构不确定性分析中应用

模型结构不确定性一般表现在两个方面, 一是同一模型的不同子结构组成对预报结果产生的不确定性; 二是采用不同模型给预报结果带来的不确定性. 不同模型各具优缺点, 若选择一个较优模型计算值的同时舍弃另外模型的计算值是不明智的, 因为舍弃的模型计算值一般都蕴涵某些有用的独立信息. 不同的模型组合往往能得到较好的模拟或预报计算值. 实现模型组合的方法有很多种, 如以模型计算与实测数据的残差信息作为目标函数, 采用组合权重法实现不同模型的组合; 以不同模型的计算值作为神经网络的输入节点值, 实测值作为网络的输出值, 基于神经网络构建组合预测模型等. 假定 k 个模型对实测 X 的组合预测值为 Y, 它们之间的关系为 $L(X|Y)$, 通常可以通过线性回归方法建立关系 L, 或者将 X, Y 通过亚高斯模型实现正态分位数转换后再建立线性回归关系 [20,21].

以模型组合计算值 Y 为条件的实际值 X 的后验密度函数 $L(X|Y)$ 为

$$f(X|Y) = \frac{L(Y|X)g(X)}{\int_X L(Y|X)g(X)\mathrm{d}(X)} \tag{1-11}$$

若先验密度函数 $g(X)$ 与似然函数 $L(X|Y)$ 均采用正态分布函数表示, 即

$$g(X) = \frac{1}{\sqrt{2\pi}\sigma_X} \exp\left(\frac{X - m_X}{2\sigma_X^2}\right) \tag{1-12}$$

$$L(X|Y) = aY + b + v, \quad v - N(0, \sigma^2) \tag{1-13}$$

则 $f(X|Y)$ 也服从正态分布, 其均值 $E(X|Y)$ 和方差 $D(X|Y)$ 分别为 [22,23]

$$E(X|Y) = \frac{a\sigma_X^2}{a\sigma_X^2 + \sigma^2}Y + \frac{m_X\sigma^2 - ab\sigma_X^2}{a\sigma_X^2 + \sigma^2} \tag{1-14}$$

$$D(X|Y) = \frac{\sigma^2\sigma_X^2}{a\sigma_X^2 + \sigma^2} \tag{1-15}$$

若先验密度和似然函数形式比较复杂, 也可采用神经网络等智能算法建立函数关系.

3. 贝叶斯理论在区域洪水频率分析中应用

现行的洪水频率计算方法是运用概率统计的理论, 用单站资料作为样本, 对假设总体及参数进行统计推断. 水文事件的总体是未知的, 由于观测资料有限, 在样本资料较短的情况下, 由单站样本资料推求总体往往有较大的误差和任意性. 提高洪水频率分析的精度方法主要有洪水分布线型和改进参数估计这两条途径. 其中参数估计可以结合地区信息, 以地区的区域化参数作为单站频率曲线的先验参数,

结合单站资料进行参数的后验估计, 可使推出的参数既含有单站信息也具有地区信息, 增强估计参数的可靠性 [22].

若根据地区信息得到水文频率曲线参数 θ 的先验概率密度为 $g(\theta)$, 单站发生的样本为 $X=(x_1,x_2,\cdots,x_n)$, 则参数 θ 的后验密度估计 $h(\theta|X)$ 为

$$h(\theta|X)=\frac{g(\theta)L(X|\theta)}{\int_{\Theta} g(\theta)L(X|\theta)\mathrm{d}\theta} \tag{1-16}$$

参数 θ 的数学期望 $E(\theta)$ 为

$$E(\theta)=\int_{\Theta}\theta h(\theta|X)\mathrm{d}\theta \tag{1-17}$$

单站水文变量 x 的后验密度函数 $f'(x)$ 为

$$f'(x)=\int_{\Theta} f(x)h(\theta|X)\mathrm{d}\theta \tag{1-18}$$

1.5 先验分布的确定方法

1.5.1 利用先验信息确定先验分布

利用先验信息确定先验分布. 其确定方法有三种: 一是直方图法; 二是选定先验密度函数形式再利用实测数据估计其参数; 三是定分度法与变分度法 [1].

1. 直方图

(1) 把参数区间分成一些小区间;

(2) 在每个小区间上决定主观概率或依据历史数据确定其概率;

(3) 绘制频率直方图;

(4) 在直方图上做一条光滑的曲线.

2. 选定先验密度函数形式再估计其超参数

(1) 根据先验信息选定 θ 的先验密度函数 $\pi(\theta)$ 的形式, 如选其共轭先验分布;

(2) 当先验分布中含有未知参数 (称为超参数) 时, 如 $\pi(\theta)=\pi(\theta;\alpha,\beta)$, 给出超参数 α,β 的估计值使 $\pi(\theta)=\pi(\theta;\alpha,\beta)$ 最接近先验信息.

3. 定分度法与变分度法

这两个方法都是通过专家咨询获得各种主观概率, 然后经过整理加工即可得到累积概率分布曲线.

这两个方法类似, 但做法略存差异. 定分度法是把参数可能取值的区间逐次分为长度相等的小区间, 专家给出每次在每个小区间上的主观概率. 变分度法是把参数可能取值的区间逐次分为机会相等的两个小区间, 分点由专家确定. 这两个方法相比, 决策者更愿意使用变分度法.

1.5.2 利用边缘分布 $m(x)$ 确定先验分布

利用边缘分布 $m(x)$ 确定先验分布, 其方法有四种: 一是边缘分布法; 二是混合分布法; 三是先验选择的 ML-II 方法; 四是先验选择的矩方法.

1. 边缘分布 $m(x)$

设总体 X 的密度函数为 $p(x|\theta)$, 它含有未知参数 θ, 若 θ 的先验分布选用形式已知的密度函数 $\pi(\theta)$, 则可算得 X 的边缘分布 (即无条件分布)

$$m(x)=\begin{cases}\displaystyle\int_\theta p(x|\theta)\pi(\theta)\mathrm{d}\theta, & \text{当}\theta\text{为连续时}\\ \displaystyle\sum_{\theta\in\Theta}p(x|\theta)\pi(\theta), & \text{当}\theta\text{为离散时}\end{cases}\tag{1-19}$$

当先验分布含有未知参数, 如 $\pi(\theta)=\pi(\theta|\lambda)$, 那么边缘分布 $m(x)$ 依赖于 λ, 可记为 $m(\theta|\lambda)$, 这种边缘分布在寻求后验分布时常遇到.

2. 混合分布

设随机变量 X 以概率 π 在总体 F_1 中取值, 以概率 $1-\pi$ 在总体 F_2 中取值. 若 $F(x|\theta_1)$ 和 $F(x|\theta_2)$ 分别是这个总体的分布函数, 则 X 的分布函数为

$$F(x)=\pi F(x|\theta_1)+(1-\pi)F(x|\theta_2)\tag{1-20}$$

或用密度函数 (或概率密度函数) 表示

$$p(x)=\pi p(x|\theta_1)+(1-\pi)p(x|\theta_2)\tag{1-21}$$

这个分布 $F(x)$ 称为 $F(x|\theta_1)$ 和 $F(x|\theta_2)$ 的混合分布.

3. 先验选择的 ML-II 方法

在边缘分布 $m(x)$ 的表示式 (1-21) 中, 若 $p(x|\theta)$ 已知, 则 $m(x)$ 的大小反映 $\pi(\theta)$ 的合理程度, 这里把 $m(x)$ 记为 $m^\pi(x)$. 当观测值 x 对两个不同的先验分布 π_1 和 π_2, 有时, 人们可认为, 数据 x 对 π_1 比对 π_2 提供更多支持. 于是把 m^π 看成 π 的似然函数是很合理的. 既然 π 有似然函数可言, 那么用极大似然函数选取 π 就是很自然的事. 这样定出的先验称为II型极大似然先验, 或称为 ML- II 先验.

1.5.3 无信息先验分布

无信息先验分布, 这就是前面提到的贝叶斯假设. 认为参数在其取值范围内是均匀分布的.

1. 贝叶斯假设

所谓参数 θ 的无信息先验分布是指除参数 θ 的取值范围 Θ 和 θ 在总体分布中的地位之外, 再也不包含 θ 的任何信息的先验分布. 因此很自然地把 θ 的取值范围上的 "均匀" 分布看成 θ 的先验分布, 即

$$\pi(\theta)=\begin{cases}c, & \theta\in\Theta\\ 0, & \theta\notin\Theta\end{cases}\tag{1-22}$$

其中, Θ 是 θ 的取值范围, c 是一个容易确定的常数. 这一看法被称为贝叶斯假设.

2. 位置参数的无信息先验

设总体 X 的密度具有形式 $p(x-\theta)$, 其样本空间 χ 和参数空间皆为实数集 $\mathbf{R}$. 这类密度组成位置参数族. θ 称为位置参数, 方差 σ^2 已知时的正态分布 $N(\theta,\sigma^2)$ 就是其分布之一. 下面给出这种场合下 θ 的无信息先验分布的导出.

设想使 X 移动一个量 c 得到 $Y=X+c$, 同时让参数 θ 也移动一个量 c 得到 $\eta=\theta+c$, 显然 Y 有密度 $p(y-\eta)$. 它仍是位置参数族的成员, 且其样本空间与参数空间仍为 R. 所以 (X,θ) 问题与 (Y,η) 问题的统计结构完全相同. 因此 θ 与 η 应是有相同的无信息先验分布, 即

$$\pi(\tau)=\pi^*(\tau) \tag{1-23}$$

其中 $\pi^*(\cdot)$ 为 η 的无信息先验分布, 另外, 由变换 $\eta=\theta+c$ 可以算得 η 的无信息先验分布为

$$\pi^*(\eta)=\left|\frac{\mathrm{d}\theta}{\mathrm{d}\eta}\right|\pi(\eta-c)=\pi(\eta-c) \tag{1-24}$$

其中 $\mathrm{d}\theta/\mathrm{d}\eta=1$, 比较式 (1-23) 和式 (1-24) 可得

$$\pi(\eta)=\pi(\eta-c)$$

取 $\eta=c$, 则有

$$\pi(c)=\pi(0)=\text{常数}$$

由于 c 的任意性, 故得 θ 的无信息先验分布为

$$\pi(\theta)=1 \tag{1-25}$$

这表明, 当θ为位置参数时, 其先验分布可用贝叶斯假设作为无信息先验分布.

3. 用 Fisher 信息阵确定无信息先验

设 $x=(x_1,\cdots,x_n)$ 是来自密度函数 $p(x|\theta)$ 的一个样本. 这里 $\theta=(\theta_1,\cdots,\theta_p)$ 是 p 维参数向量. 在对 θ 无先验信息可用时, Jeffreys 用 Fisher 信息阵的平方根作为 θ 的无信息分布. 这样的无信息先验常称为 Jeffreys 先验. 其推求步骤如下:

(1) 写出样本的对数似然函数

$$l(\theta|x)=\ln\left[\prod_{i=1}^{n}p(x_i|\theta)\right]=\sum_{i=1}^{n}\ln p(x_i|\theta) \tag{1-26}$$

(2) 求样本的信息阵

$$I(\theta)=E^{x|\theta}\left(-\frac{\partial^2 l}{\partial\theta_i\partial\theta_j}\right) \tag{1-27}$$

其中 $i,j=1,2,\cdots,p$. 在单参数 ($p=1$ 时) 场合,

$$I(\theta)=E^{x|\theta}\left(-\frac{\partial^2 l}{\partial\theta^2}\right) \tag{1-28}$$

(3) θ 的无信息先验密度为

$$\pi(\theta)=[\det I(\theta)]^{1/2} \tag{1-29}$$

其中, $\det I(\theta)$ 表示 $p\times p$ 信息阵 $I(\theta)$ 的行列式. 在单参数场合

$$\pi(\theta)=[I(\theta)]^{1/2} \tag{1-30}$$

1.5.4 共轭先验分布

当参数的先验分布与其后验分布为同一分布族时, 称这种先验分布为共轭先验分布. 注意: 共轭分布是对某一分布中的参数而言的. 例如, 正态均值、正态方差、泊松均值等. 离开指定参数及其所在的分布去谈共轭分布是没有意义的.

共轭先验分布 设 θ 是总体分布中的参数, $\pi(\theta)$ 是 θ 的先验密度函数, 假如由抽样信息算得的后验密度函数与 $\pi(\theta)$ 具有相同的函数形式, 则称 $\pi(\theta)$ 是 θ 的共轭先验分布.

只要计算出 $\pi(\theta)$ 的后验密度函数形式 $\pi(\theta|x)$, 就可以判断 $\pi(\theta)$ 是否是 θ 的共轭先验分布.

由贝叶斯后验分布的计算公式

$$\pi(\theta|x)=\frac{p(x|\theta)\pi(\theta)}{m(x)} \tag{1-31}$$

把式 (1-31) 改写为如下的等价形式

$$\pi(\theta|x)\propto p(x|\theta)\pi(\theta) \tag{1-32}$$

由前面所述, 取

$$p(x|\theta)=c(\theta)^n\exp\left\{\varphi(\theta)\sum_{i=1}^n T(x_i)\right\}\prod_{i=1}^n h(x_i) \tag{1-33}$$

$$\pi(\theta)=c(\theta)^\eta\exp\{\varphi(\theta)v\} \tag{1-34}$$

则有

$$\begin{aligned}\pi(\theta|x)&\propto c(\theta)^n\exp\left\{\varphi(\theta)\sum_{i=1}^n T(x_i)\right\}\prod_{i=1}^n h(x_i)c(\theta)^\eta\exp\{\varphi(\theta)v\}\\&\propto c(\theta)^{n+n}\exp\{\varphi(\theta)+v\}\prod_{i=1}^n h(x_i)\\&\propto c(\theta)^n\exp\{\varphi(\theta)v\}\end{aligned} \tag{1-35}$$

其中 $\tilde{\eta}=\eta+n,\tilde{v}=\sum\limits_{i=1}^n T(x_i)+v$.

由 $\pi(\theta|x)$ 的形式可知, $\pi(\theta|x)$ 与 $\pi(\theta)$ 具有相同的函数形式, 所以 $\pi(\theta)$ 是 θ 的共轭先验分布.

1.5.5 多层先验

当所给先验分布中超参数 (分布中待估的参数) 难于确定时, 可对超参数再给出第一个先验, 第二个先验称为超先验. 由先验和超先验决定的一个新先验就称为多层先验. 一般多层先验分布的确定方法是:

(i) 首先对未知参数 θ 给出一个形式已知的密度函数作为先验分布, 即 $\theta - \pi_1(\theta|\lambda)$, 其中参数 λ 是超参数, Λ 是其取值范围.

(ii) 对超参数 λ 再给出一个超参数分布 $\pi_2(\lambda)$.

由此可得多层先验的一般表达形式

$$\pi(\theta|x) = \int_\Lambda \pi_1(\theta|\lambda)\pi_2(\lambda)\mathrm{d}\lambda \tag{1-36}$$

而任一个贝叶斯分析都是对 $\pi(\theta)$ 进行.

应该说明, 理论上并没有限制多层先验只分两步, 但在实际应用中多于两步的先验是罕见的. 此外, 对第二步的先验 $\pi_2(\lambda)$ 用主观概率或历史数据给出是困难的, 因为 λ 常是不能观察的, 甚至连间接观察都是难于进行的, 所用信息作为第二步先验是一种较好的策略. 当第一步给出的先验没有把握时, 用两步先验要比只用一步先验所冒风险小一些. 其具体做法见文献 [1].

1.5.6 主观概率

贝叶斯学派认为一个事件的概率是人们根据经验对该事件发生可能性所给出的个人信念. 这样给出的概率称为主观概率. 这种主观概率提出以来在经济领域和决策分析中应用较多, 因为在那里遇到的随机现象大多是不能大量重复, 无法用频率方法去确定事件概率. 其确定的方法: 一是利用对立事件的比较来确定主观概率, 这是最简单的方法; 二是用专家意见来确定主观概率. 由于这种方法主观性很强, 缺少客观依据, 所以在水文领域应用较少.

1.6 似然函数的确定方法

1. 传统的高斯似然函数

假设预报残差系列为高斯分布, 令水文变量实测值为 ψ_i^*, 模拟值为 $\psi_i(\theta)$, 则似然函数 (图 1-2(a)) 定义为

$$L(\theta|\psi_i^*) = \frac{1}{\sqrt{2\pi}\sigma_{\psi_i^*}}\mathrm{e}^{-\frac{(\psi_i^*-\psi_i(\theta))^2}{2\sigma_{\psi_i^*}^2}} \tag{1-37}$$

对于多个观测变量 N_{obs}

$$L(\theta|\psi^*) = (2\pi)^{N_{\mathrm{obs}}/2}|C_{\psi^*}|^{-\frac{1}{2}}\mathrm{e}^{\frac{1}{2}(\psi^*-\psi(\theta))^{\mathrm{T}}C_{\psi^*}^{-1}(\psi^*-\psi(\theta))} \tag{1-38}$$

式中, $\sigma_{\psi_i^*}$ 和 C_{ψ^*} 为观测变量未知的标准差与协方差, 通常根据观测变量的期望标准差和协方差来近似.

2. 传统的似然函数 (General Likelihood Uncertainty Estimation, GLUE)

又称模型效率函数 (图 1-2(b))

$$L(\theta|\psi^*) = (1 - \sigma_\varepsilon^2/\sigma_0^2); \quad \sigma_\varepsilon^2 \geqslant \sigma_0^2 \Rightarrow L(\theta|\psi^*) = 0 \tag{1-39}$$

式中, $\sigma_\varepsilon^2 = \dfrac{1}{N_{\text{observe}}}(\psi^* - \psi(\theta))^{\mathrm{T}}V(\psi^* - \psi(\theta))$ 是残差的加权方差, σ_0^2 是观测变量的加权方差, V 是权矩阵, T 是矩阵转置, 其他符号意义同前.

对于式 (2-13), 当所有残差均为零时, 似然值为 1; 当残差的加权方差大于观测变量的加权方差时, 似然值为 0.

3. 残差方差的倒数函数

$$L(\theta|\psi^*) = (\sigma_\varepsilon^2)^{-N} \tag{1-40}$$

式中, N 为由用户指定的参数, 其他各符号意义同前. 注意到: 当 $N = 0$ 时, 每个模拟的似然值都相等; 当 $N \to \infty$, 单一最优模拟的似然为 1, 而其他模拟的似然值为 0. 故随着 N 的增大, 该函数将权重集中在最优的模拟上. 该函数的示意图如图 1-2(c) 所示.

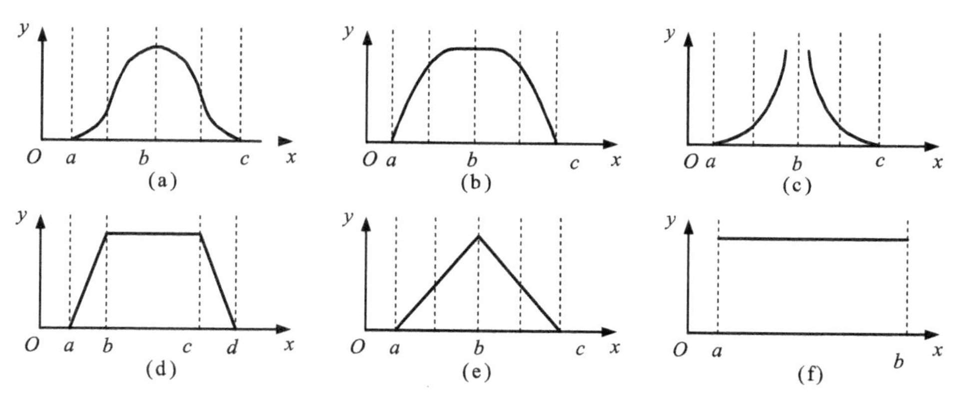

图 1-2 (a) 高斯似然函数; (b) 模型效率似然函数; (c) 误差方差倒数似然函数; (d) 梯形模糊似然函数; (e) 三角形模糊似然函数; (f) 均匀模糊似然函数

4. 模糊似然函数

系统状态变量第 i 个观测值为 ψ_i^*, 对应的计算值为 $\psi_i(\theta)$. 定义所有可能 ψ_i 的集合为子集 ψ_i. 似然或隶属度为模拟值完全属于 ψ_i 的最大值, 其他情况似然值在 0 与最大值之间. 在模糊逻辑中, ψ_i 被称为模糊集, 似然 (隶属度) 由似然函数 L_{ψ_i} 来描述. 似然函数的选择原则上可以是任意的、非对称的、有偏的. 例如, 梯形模糊似然函数、三角形似然函数和均匀似然函数等都是典型的模糊逻辑隶属度函数.

(1) 梯形模糊似然函数 (图 1-2(d)):

$$L(\theta|\psi_i^*) = \frac{\psi_i(\theta) - a}{b - a}I_{a,b}(\psi_i(\theta)) + I_{b,c}(\psi_i(\theta)) + \frac{d - \psi_i(\theta)}{d - c}I_{c,d}(\psi_i(\theta)) \tag{1-41}$$

其中,

$$I_{a,b}=\begin{cases}1, & a\leqslant\psi_i(\theta)\leqslant b\\0, & 其他\end{cases}$$

$$I_{b,c}=\begin{cases}1, & b\leqslant\psi_i(\theta)\leqslant c\\0, & 其他\end{cases}$$

$$I_{c,d}=\begin{cases}1, & c\leqslant\psi_i(\theta)\leqslant d\\0, & 其他\end{cases}$$

(2) 三角形似然函数 (图 1-2(e)):

$$L(\theta|\psi_i^*)=\frac{\psi_i(\theta)-a}{b-a}I_{a,b}(\psi_i(\theta))+\frac{c-\psi_i(\theta)}{c-b}I_{b,c}(\psi_i(\theta)) \tag{1-42}$$

其中, $I_{a,b}=\begin{cases}1, & a\leqslant\psi_i(\theta)\leqslant b,\\0, & 其他,\end{cases}$ $\quad I_{b,c}=\begin{cases}1, & b\leqslant\psi_i(\theta)\leqslant c,\\0, & 其他.\end{cases}$

(3) 均匀似然函数 (图 1-2(f)): 均匀似然函数是梯形模糊似然函数当 $a=b$ 和 $c=d$ 时的特例

$$L(\theta|\psi_i^*)=\begin{cases}1, & a<\psi_i^*-\psi_i(\theta)<b\\0, & 其他\end{cases} \tag{1-43}$$

5. 多个观测的似然函数

对于一个观测点具有多个观测数据时, 我们希望把每一个观测数据的拟合度都考虑到似然函数中去, 那一个选择就是利用各观测拟合度的加权和, 如

$$L_m=\left(\sum_{j=1}^{m}\frac{(W_j)}{\sigma_{ej}^2}\right)^N \tag{1-44}$$

式中, m 为观测点的个数, N 为由用户指定的参数, 与式 (1-40) 意义相同; W_j 为第 j 个观测的权重, 有 $\sum W_j=1$; σ_{ej}^2 为第 j 个观测的残差方差. 该方法均简化了一个或几个拟合度较差的模拟的影响. 当权重等于观测方差时, 这就是一个无量纲的尺度.

对于多个拟合优度准则, van Straten 提出一个自动选择权重的办法 —— 伪最大似然尺度, 即

$$S_{\mathrm{pmt}}=\prod_{j=1}^{m}\sigma_{ej}^2 \tag{1-45}$$

这样可选用如下似然函数

$$L_{\mathrm{pmt}}=\frac{1}{S_{\mathrm{pmt}}} \tag{1-46}$$

参 考 文 献

[1] 茆诗松. 贝叶斯统计 [M]. 北京: 中国统计出版社, 1999.

[2] Krzysztofowicz R. Bayesian theory of probabilistic via deterministic hydrologic model [J]. Water Resources Research, 1999, 35(9): 2739–2750.

[3] Box G E P. Draper N R. Empirical Model-Building and Response Surfaces [M]. New York: John Wiley, 1982.

[4] Kelly K S, Krzysztofowicz R. Precipitation uncertainty processor for probabilistic river stage forecasting [J]. Water Resources Research, 2000, 36(9): 2643–2653.

[5] Krzysztofowicz R. Bayesian system for probabilistic river stage forecasting [J]. Journal of Hydrology, 2004, 268:16–40.

[6] Benjamin J R, Cornell C A. Probability, statistics and decision for civil engineers [M]. New York: McGraw-Hill, 1970.

[7] Wood E F, Rodriguez-Iturbe I. Bayesian inference and decision making for extreme hydrologic events [J]. Water Resources Research, 1975, 11(4): 533–542.

[8] 叶守泽, 夏军. 水文科学研究的世纪回眸与展望 [J]. 水科学进展, 2002, 13(1): 93–104.

[9] Krzysztofowicz R, Kelly K S. Hydrologic uncertainty processor for probabilistic river stage forecasting [J]. Water Resources Research, 2000, 36(11): 3265–3277.

[10] Krzysztofowicz R. Bayesian models of forecasted time series [J]. Water Resources, Research, 1985, 21(5): 805–814.

[11] Krzysztofowicz R, Reese S. Bayesian analses of seasonal runoff forecasts [J]. Stochastic Hydrology and Hydraulics, 1991, 5: 295–322.

[12] Krzysztofowicz R, Kelly K S. Hydrologic uncertainty processor for probabilistic river stage forecasting [J]. Water Resources Research, 2000, 36(11): 3265–3277.

[13] Kelly K S, Krzysztofwicz R. Probability distribution for flood warning systems [J]. Water Resources Research, 1994, 30(4): 1145–1152.

[14] Krzysztofowicz R. Bayesian models of forecasted time series [J]. Water Resources, Research, 1985, 21(5): 805–814.

[15] Krzysztofowicz R, Reese S. Bayesian analses of seasonal runoff forecasts [J]. Stochastic Hydrology and Hydraulics, 1991, 5: 295–322.

[16] 梁忠民, 戴荣. 基于 MCMC 的水文模型参数不确定性及其对预报的影响分析 [C]. 南京: 中国水利水电出版社, 2008.

[17] 邢贞相. 确定性水文模型的贝叶斯概率预报方法研究 [D]. 河海大学博士学位论文, 2007.

[18] Krzysztofowicz. Bayesian system for probabilistic river stage forecasting [J]. Journal of Hydrology, 2002, 268(4): 16–40.

[19] Krzysztofowicz R, Maranzano CJ. Hydrologic uncertainty processor for probabilistic stage transition forecasting [J]. Journal of Hydrology, 2004, 293: 1–4.

[20] 戴荣. 贝叶斯模型平均法在水文模型综合中的应用研究 [D]. 河海大学硕士学位论文, 2008.

[21] 黄伟军, 赵永龙, 丁晶. 径流的最优组合预测及其贝叶斯分析 [J]. 成都科技大学学报, 1996, (94): 97–102.

[22] 吴伯贤. 贝叶斯方法在洪水频率分析中的应用 [J]. 成都科技大学学报, 1990, (49): 69–75.
[23] 张铭, 李承军, 张勇传. 贝叶斯概率水文预报系统在中长期径流预报中的应用 [J]. 水科学进展, 2009, 20(1): 40–44.

第2章 遗传算法

优化问题 (Optimal Problem) 就是寻找优化变量各分量的某种组合, 使得目标函数在给定约束条件下达到最优或近似最优的这样一类问题. 优化变量、约束条件和目标函数是优化问题的三大要素. 解决优化问题的方法称为最优化方法 (Optimization Method). 在当代科学技术相互交叉、渗透、融合的过程中, 优化已成为系统乃至整个世界发展的趋势和走向, 而在水资源工程系统中, 优化准则日益成为人们分析系统、评价系统、改造系统和利用系统的一种衡量尺度. 由于受水文、气象、地形、地质条件的综合影响, 水资源工程中的优化问题常表现出多维、多峰值、非连续性等复杂特征. 这些复杂特征具体表现为 [1]:

(1) 水资源工程模型的不确定性. 水资源工程系统多庞大而复杂, 往往难以用精确的数学模型来描述, 现有的建模方法又大多建立在许多假设条件和经验公式的基础之上, 只能对实际水资源工程系统进行近似模拟.

(2) 水资源工程模型的高维、非正态、非线性等特征. 传统方法处理线性、正态、低维模型比较成熟, 而对于多数高维、非正态、非线性水资源工程模型往往不能取得满意的结果. 即便部分非线性优化方法可供利用, 但总的来说不是很成熟, 实际应用中并不多见, 效果也不理想.

(3) 水资源工程系统庞杂的信息类型. 同一系统中往往既含有大量的确定性信息, 又有众多不确定性信息. 例如, 随机信息、模糊信息、灰色信息、混沌信息, 以及在缺乏水资源或水资源评价和开发利用中往往遇到难以用精确的数值来表示的信息, 它们常以经验性语言、知识或规则的形式出现. 传统方法已无法正确处理这些信息类型.

对上述这些问题目前尚无一种行之有效的优化算法. 传统的方法, 大致可归纳为以下两类.

(1) 确定性优化方法, 如应用比较广泛的梯度法, 它通过沿目标函数的负梯度方向使函数值下降来逐步寻找极小点. 该方法虽然可行性高、速度快, 但却要求目标函数的一阶或二阶可导, 而且最优结果与初始点的选取有很大关系, 不同的初始点可能使算法进入局部最优. 对于多变量, 特别是当目标函数具有多峰值时, 梯度法变得非常不稳定. 另外, 在处理离散问题时也是十分困难的.

上述确定性优化方法属于单路径寻优, 对复杂的非线性优化问题的寻优效率很低. 另一类确定性优化方法就是枚举法, 包括完全枚举法、隐式枚举法 (分枝定界法)、动态规划法等, 它们的主要缺点是存在 “维数灾” 问题, 搜索效率不高.

(2) 随机性优化方法, 也称随机搜索法, 它是在问题解空间随机选定一定数量的点, 从中选优. 设优化问题为

$$\begin{cases} \min f(x), & x \in E^n \\ g_j(x) \geqslant 0, & j = 1 - m \end{cases} \tag{2-1}$$

随机性优化方法的运行过程如下:

步骤 1: 令 $k = 0$, F 为充分大的正数.

步骤 2: 产生 n 个 $[0,1]$ 上均匀随机数 $r_1, r_2, \cdots, r_n$. 令

$$x_i^{(k)} = a_i + (b_i - a_i) \cdot r_i \, (i = 1, 2, \cdots, n) \tag{2-2}$$

步骤 3: 若 $g_j(x_i^{(k)}) \geqslant 0 (j = 1, 2, \cdots, m)$, 转步骤 4, 否则令 $k+1$, 转步骤 2.

步骤 4: 计算 $f(x_i^{(k)})$. 若 $f(x_i^{(k)}) < F$, 则令 $F = f(x_i^{(k)})^* = x_i^{(k)}$, 否则 $k = k+1$ 转步骤 2.

步骤 5: 当 $k = M$(给定的自然数) 时结束算法的运行, 此时, x^* 即为所求的解.

在上述的算法中, 每一尝试点需要求 n 个随机数. 可见随机性优化方法是通过随机变量的大量抽样, 以得到目标函数的变化特性, 然后逐渐得到近似最优点, 该类方法只要求目标函数和约束条件是可计算的, 寻优范围大, 不会陷入局部最优点, 但属"盲目"寻优, 计算量大, 搜索效率低.

由此可见, 传统的优化方法尚无法满足许多复杂水问题的需求. 实际中经常遇到的优化问题使人们逐渐认识到, 用某种优化方法寻求最优点不是唯一的目的, 更重要的目的往往是解的不断改进的过程, 对于复杂的优化问题更是如此 [2].

2.1　遗传算法简介

生物进化过程本质上就是生物群体在其生存环境约束下通过个体的竞争 (Competition)、自然选择 (Selection)、杂交 (Crossover)、变异 (Mutation) 等方式所进行的"适者生存, 不适者淘汰"的一种自然优化过程. 因此, 生物进化的过程, 实际上可以认为是某种优化问题的求解过程. 遗传算法 (Genetic Algorithm) 正是模拟生物的这种自然选择和群体遗传机制的数值优化方法. 它把一族随机生成的可行解作为父代群体, 把适应度函数 (目标函数或它的某种变形) 作为父代个体适应环境能力的度量, 经选择、杂交生成子代个体, 后者再经变异, 优胜劣汰, 如此反复进化迭代, 使个体的适应能力不断提高, 优秀个体不断向最优点逼近.

下面是标准遗传算法 (SGA) 的计算原理.

不失一般性, 设模型的参数优化问题为

$$\begin{aligned} \min \quad & f = \sum_{i=1}^{m} \|F(C, X_i) - Y_i\|^q \\ \text{s.t.} \quad & a_j \leqslant c_j \leqslant b_j \;(j = 1, 2, \cdots, p) \end{aligned} \tag{2-3}$$

式中, $C = [c_j]$ 为模型 p 个待优化参数 (优化变量); $[a_j, b_j]$ 为 c_j 的初始变化区间 (搜索区间); X 为模型 N 维输入向量; Y 为模型 M 维输出向量; F 为一般非线性模型, 即 $F : \mathbf{R}^N \to \mathbf{R}^M$; $\{(X_i, Y_j) | i = 1, 2, \cdots, m\}$ 为模型输入、输出 m 对观测数

据; $\|\ \|$ 为取范数; q 为实常数, 如当 $q=1$ 时为最小一乘准则, $q=2$ 时为最小二乘准则等, 可视建模要求而定; f 为优化准则函数. 标准遗传算法包括以下 7 个步骤.

步骤 1: 变量初始变化空间的离散和二进制编码. 设编码长度为 e, 把每个变量初始变化区间 $[a_i, b_i]$ 等分成 2^e-1 个区间, 则

$$c_j = a_j + I_j \cdot d_j \ (j=1,2,\cdots,p) \tag{2-4}$$

式中, 子区间长度 $d_j=(b_j-a_j)/(2^e-1)$ 是常数, 它决定了 GA 的解的精度; 搜索步数 I_j 为小于 2^e 的任意十进制非负整数, 是个变数.

经过编码, 变量的搜索空间离散成 $(2^e)^p$ 个网格点. GA 中称每个网格点为个体, 它对应着 p 个变量的一种可能取值状态, 并用 p 个二进制数 $\{ia(j,k)|j=1,2,\cdots,p;$ $k=1,2,\cdots,e\}$ 表示:

$$I_j = \sum_{k=1}^{e} ia(j,k)\cdot 2^{k-1}, \quad j=1,2,\cdots,p \tag{2-5}$$

这样, 通过式 (2-4) 和式 (2-5) 的编码, p 个变量 c_j 的取值状态、网格点、个体、p 个二进制数$\{ia(j,k)\}$之间建立了一一对应的关系. 可见, 优化变量的变化区间及编码长度决定了模型参数实际搜索空间的大小. SGA 的直接操作对象是这些二进制数.

步骤 2: 初始父代群体的随机生成. 设群体规模大小为 n. 从上述 $(2^e)^p$ 个网格点中均匀随机选取 n 个点作为初始父代群体, 即生成 n 组 $[0,1]$ 区间上的均匀随机数 (以下简称随机数), 每组有 p 个, 即有$\{u(j,i)|j=1,2,\cdots,p;i=1,2,\cdots,n\}$, 这些随机数经下式转换得到相应的随机搜索步数:

$$I_j = \mathrm{int}(u(j,i)\cdot 2^e)(j=1,2,\cdots,p;i=1,2,\cdots,n) \tag{2-6}$$

式中, $\mathrm{int}(\cdot)$ 为取整函数, 显然有 $I_j(i)<2^e$. 这些随机搜索步数 $\{I_j(i)\}$ 由式 (2-5) 对应二进制数 $\{ia(j,k,i)|j=1,2,\cdots,p;k=1,2,\cdots,p;i=1,2,\cdots,n\}$, 与此同时又由式 (2-4) 与 n 组待优化的变量$\{c_j(i)|j=1,2,\cdots,p;i=1,2,\cdots,n\}$一一对应, 并把它们作为初始父代个体.

步骤 3: 二进制数的解码和父代个体适应度的评价. 把父代个体编码串 $ia(j,k,i)$ 经式 (2-5) 或式 (2-4) 解码成优化变量 $c_j(i)$, 把后者代入式 (2-3) 得到相应的优化准则函数值 f_i. f_i 越小表示该个体的适应度值越高, 反之亦然. 把 $\{f_i|i=1,2,\cdots,n\}$ 按从小到大排序, 对应的变量 $\{c_j(i)\}$ 和二进制数 $ia(j,k,i)$ 也跟着排序, 称排序后最前面几个个体为优秀个体 (Superior Individuals). 定义排序后的第 i 个父代个体的适应度函数值为

$$F_i = \frac{1}{f_i^2+0.001}(i=1,2,\cdots,n) \tag{2-7}$$

步骤 4: 父代个体的概率选择. 取比例选择方式, 则第 i 个个体的选择概率为

$$p_i' = \frac{F_i}{\sum_{i=1}^{n} F_i} = \frac{\frac{1}{f_i^2 + 0.001}}{\sum_{i=1}^{n} \frac{1}{f_i^2 + 0.001}} (i = 1, 2, \cdots, n) \tag{2-8}$$

式中, 分母 "0.001" 是经验设置的, 以避免 f_i 为 0 的情况; f_i^2 是增强各个适应度值的差异. 令

$$p_i = \sum_{k=1}^{i} p_k' (i = 1, 2, \cdots, n) \tag{2-9}$$

序列$\{p_i | i=1, 2, \cdots, n\}$把 $[0,1]$ 区间分成 n个子区间, 并与 n个父代个体一一对应.

生成 n 个随机数 $\{u(k) | k = 1, 2, \cdots, n\}$. 若 $u(k) \in (p_{i-1}, p_i]$, 则第 i 个个体被选中, 其二进制数记为 $ia1(j, k, i)$. 同理, 可得另外的 n 个父代个体 $\{ia2(j, k, i)\}$. 这样从原父代群体中以概率 p_i' 选择第 i 个个体, 这样共选择两组各 n 个个体.

步骤 5: 父代个体的杂交. 由于杂交概率 p_c 控制杂交算子应用的频率, 对于每代新群体, 在 np_c 对二进制数字串间进行杂交, p_c 越高, 群体中字串的更新就越快, GA 搜索新区域的机会就越大, 因此这里 p_c 取定为 1.0. 目前普遍变为两点杂交方式优于单点杂交方式, 因此这里决定采用两点杂交. 由步骤 4 得到的两组父代个体随机两两配对, 成为 n 对双亲. 先生成 2 个随机数 $U1$ 和 $U2$, 转成十进制 $IU1 = \text{int}(U1, e)$, $IU2 = \text{int}(U2, e)$(e 为二进制数字串的编码长度, 文献 [2] 建议取为 10). 设 $IU1 < IU2$, 否则交换其值. 第 i 对双亲$ia1(j, k, i)$ 和$ia2(j, k, i)$ 两点杂交, 是指将它们的二进制数字串第 $IU1$ 位至第 $IU2$ 位的数字段相互交换, 生成两个子个体, 即

$$i'a1(j, k, i) = \begin{cases} ia2(j, k, i), & k \in [IU1, IU2] \\ ia1(j, k, i), & k \notin [IU1, IU2] \end{cases} \tag{2-10}$$

$$i'a2(j, k, i) = \begin{cases} ia1(j, k, i), & k \in [IU1, IU2] \\ ia2(j, k, i), & k \notin [IU1, IU2] \end{cases} \tag{2-11}$$

$$(j = 1, 2, \cdots, p; k = 1, 2, \cdots, e; i = 1, 2, \cdots, n)$$

步骤 6: 子代个体的变异. 这里采用两点变异, 因为它与单点变异相比更有助于增强群体的多样性. 生成 4 个随机数 $U1 - U4$. 若 $U1 \leqslant 0.5$ 时子代取式 (2-10), 否则取式(2-11), 得到 n个子代, 记其二进制为$\{ia(j, k, i)\}$. 把 $U2, U3$转化成小于 e的整数:

$$IU1 = \text{int}(U2 \cdot e) \tag{2-12}$$

$$IU2 = \text{int}(U3 \cdot e) \tag{2-13}$$

设变异率 p_m 为子代个体发生变异的概率, 子代个体 $ia(j, k, i)$ 的两点变异, 即变换如下

$$ia(j, k, i) = \begin{cases} \text{当}U4 \leqslant p_m, \text{且}k \in \{IU1, IU2\}\text{时}, \text{原}k\text{位值为1时变为0} \\ \text{原}k\text{位值为0变为1} \\ \text{其他情况不变} \end{cases} \tag{2-14}$$

利用随机数 $U1$ 以 0.5 的概率选取杂交后生成的两个子代个体的任一个, 利用 $U2, U3$ 来随机选取子代个体串将发生变异的两个位置, 利用 $U4$ 来控制子代个体发生变异的可能性.

步骤 7: 进化迭代. 由步骤 6 得到的 n 个子代个体作为下一轮进化过程的父代, 算法转入步骤 3, 如此循环往复, 使群体的平均适应度值不断提高, 直到得到满意的个体或达到预定的进化迭代次数, 则算法终止. 此时适应度值最高的个体对应的解即为所求优化问题的解.

上述遗传算法中, 当两点交叉改为单点交叉时, 就成为简单遗传算法 (Simple Genetic Algorithm, SGA)[3], 又称标准遗传算法. 以上是简单遗传算法的主要计算步骤. 虽然遗传算法本身也是一类随机性优化方法, 但它与传统的基于梯度的确定性优化方法相比, 克服了因线性引起的不稳定性和依赖于初始点的选择而易陷入局部极小点等缺点, 并且它本身是一类全局寻优方法, 不需计算目标函数的偏导数, 其定义域可任意设定, 只要求对于输入, 可计算出具有可比较的正的输出即可. 与传统的优化方法相比, 遗传算法的每步搜索都要利用已有寻优信息来指导解空间的搜索, 它把搜索到的优秀信息遗传到下一代, 而把劣点予以淘汰, 因而它是一类自适应优化方法; 遗传算法在运行过程中保持多个当前解, 这样不仅使近似解的优化程度有所提高, 同时也使得并行计算容易进行, 且可获得近似加速的效果. 遗传算法与传统优化方法关于寻优表现出较好的稳健性. 也就是说 GA 是一种理想的鲁棒优化方法.

归纳起来, 遗传算法的如下显著特性 [2].

(1) 适应性强: GA 只要求优化问题是可行的, 对搜索空间没有任何特殊要求, 可以是离散的、非线性的、多峰值的或高维的、带噪声的. 在算法运行中只利用了目标函数值信息, 没有利用导数等其他信息. 它与所示的问题的性质无关.

(2) 全局优化: GA 是多点、多路径搜索寻优, 且各路径之间有信息交换, 而不是单点、单路径 "登山". 它同时从一代个体点群开始并行攀登多峰, 并通过杂交算子在各个可行解之间交换信息, 这使得它可以有效地在整个解空间寻优, 能以较大的概率找到全局最优解或准全局最优解, 即使在所定义的适应度函数是不连续的、非规则的或有噪声的情况下. 因此, GA 是一类稳健的全局优化方法.

(3) 编码特征: GA 通过编码将优化变量转换成与基因类似的数字编码串结构, 遗传信息储存在其中, 可进行各种遗传操作, 相应地有解码过程. GA 的操作对象就是这些数字编码串, 而不是变量本身, 而且编码技术在 GA 中一般是不变的, 基于编码机制的 GA 用简单的杂交算子、变异算子等模拟了人类探索和发明创造等思维过程中存在的信息交换、渗透和激励机制, 从而可以方便地处理离散性问题和连续性问题.

(4) 概率搜索: GA 在选择操作时, 用概率规则而不是确定性规则来引导搜索过程向适应度函数值逐步改善的搜索区域方向发展, 这就克服了传统随机性优化方法的盲目性, 只需较少的计算量就能找到问题的全局近似解; 在杂交、变异操作过程中也是采用随机方式进行的. 由于 GA 使用概率规则指导搜索, 所以能搜索离散的、有噪声的或多峰的复杂空间.

(5) 隐含并行性: GA 通过控制群体中 n 个数字串能使 GA 利用较少的数字串来搜索可行域中的大量区域, 从而只花较少的代价就能找到问题的全局求解. GA 这种隐含并行性是它优于其他优化算法最主要的因素, 因此它特别适合于处理复杂的优化问题.

(6) 自适应性: GA 具有潜在的学习能力, 能把注意力集中在解空间中适应度函数值最高的部分, 发掘出目标区域, 因此它适用于具有自适应与学习能力的系统.

(7) 应用的广泛性: GA 兼有确定性优化方法与随机性优化方法的长处, 只要求目标函数和约束条件具有可计算性, 不要求梯度存在, 因此它的适应范围很广. 与传统的非线性方法相比, GA 利用选择、杂交、变异操作有可能在更加广阔的范围内寻找问题的潜在解, 故它适于处理各类非线性问题, 并能有效地解决传统方法难以解决的某些复杂问题.

(8) 算法的简单性和通用性: GA 易于写出一个通用算法, 以求解许多不同的优化问题. 它只需做很小的修改即可适应新的问题.

因为遗传算法本质上是一种智能优化方法, 直接面向优化问题, 与传统的优化方法相比, 它具有一系列优点, 其结果是一组好的解而不是单个解, 这为解的使用者提供了可选择的机会, 所以它特别适合于处理水资源工程中复杂的非线性优化问题. 对于一个具体水问题, 只需选择或编写一种具体的遗传算法方案, 按待求问题的目标函数定义一个适应度函数, 然后就可以用 GA 来求解了, 而不管实际问题的解, 空间是否连续、线性或可导, 且 GA 有全局优化的能力. 这一系列的优化特征是 GA 在水资源工程优化问题中能广泛应用的理论依据.

从 SGA 计算过程中可以看出它主要是由基因编码、产生初始群体、评价个体优劣、选择、杂交、变异等五系列演变过程组成的, 其核心技术包括两方面内容: 一是选择方法, 选出的解就具有良好的特征或适应值, 以便产生优良的后代, 同时在解, 空间应相当分散, 以保证求得全局最优解; 二是遗传算子应具备良好的计算特征, 即一方面要保留原有解的优良特性, 另一方面要有恢复丢失的重要信息或优良特征的功能. 目前的遗传算法的研究尚处于初期, 它本身在理论上和实践上都尚待完善, 因而在应用上受到较大的限制, 主要表现在如下四个方面: ①在 SGA 拓扑结构方面还没有指导性的理论. 解群规模、选择方式、收敛判据、杂交变异方式等控制参数均需经验确定, 也有可能出现早熟收敛, 使得它并不一定总是获得全局最优解. ② SGA 的全局优化能力部分来自于初始群体的随机生成和杂交算子. 但由于群体的有限性与解空间的高维性之间的矛盾, 使得搜索的全局性受到极大限制, 另外, 变异操作也赋予 SGA 一定的全局搜索能力, 但由于变异概率常常取得较小, 从而使得这些少量变异新个体被大量老个体 “同化”, 而且当早熟个体的数量大大超过变异个体的数量时, “同化” 作用就非常迅速. 特别是有限的群体规模和选择操作不可避免地使 SGA 存在 “近亲繁殖”、早熟收敛的缺陷. ③从它的计算机理来看,

GA 最适于解决缺乏解析知识、复杂的、有噪声的和随时间变化的动态系统. 目前, SGA 更适于组合优化问题, 对实变量的优化问题不太适合. ④ SGA 通常需要比较长的计算时间. 所有这些均需进一步深入研究和改进, 以完善其理论基础和拓扩其应用领域. 在 SGA 的实际应用中, 为了满足具体的应用要求, 可从以下各方面对 SGA 进行改进.

2.2 遗传算法可行的改进措施

2.2.1 控制参数的设置

SGA 中需要设置的参数主要有编码长度 e, 群体规模 n, 杂交概率 p_c, 变异概率 p_m 等, 这些参数的设置对 SGA 的运行性能影响很大.

SGA 计算是针对基因码进行的, 二进制编码时串长度 e 取决于实际问题变量的取值范围和对解精度要求.

群体规模 n 是指第一代个体的总数目, 也等于初始群体的个体数目. 显然初始群体的分布影响 GA 的计算结果, 而每代的运算量影响总计算时间, 所以 n 对计算结果和计算时间都有影响, 为了使初始群体在解空间均匀分布, n 不能取太小, 如果选得太小将不能保证群体的多样性, 出现全局收敛的概率会大大降低; 反之, 如果选得太大, 不但增加了计算时间, 而且也不能有效地改进进化迭代的解. 确定 n 的大小要综合考虑收敛速度和计算量; 同时, n 的确定与所求问题的非线性程度和复杂程度有关, 非线性越强、问题越复杂, n 应越大. 目前 n 的确定还只能依靠经验选定.

杂交概率 p_c 越大, 优秀个体出现的概率越大, 新旧个体替换快, 收敛快. p_c 的经验取值为 0.25 ~1[4].

变异是 GA 模拟生物在自然环境中由于各种偶然因素引起的基因突变过程. SGA 中 p_m 一般取 0 ~0.01 内的一个数 [4]. 理论上, p_m 越大, SGA 拓新搜索区域的能力越强, 产生新个体越多, 优秀个体出现的概率越大, 因此找到全局最优解的可能性越大. 但是, p_m 越大, 导致个体经常在变异, 使 SGA 的收敛性越差, 降低了收敛速度; p_m 取值太小, 个体产生变异的能力不够, 会出现整个群体过早地演变成同一个体, 但这个个体极可能是一个局部极小点.

在 SGA 中这些控制参数是不变的. Scaffer 建议 SGA 的最优参数范围是: $n = 20 \sim 30$, $p_c = 0.75 \sim 0.95$, $p_m = 0 \sim 0.05$. 目前常用的范围是 [5]: $n = 20 \sim 200$, $p_c = 0.5 \sim 1$, $p_m = 0 \sim 0.05$[6].

目前许多学者认识到这些算法参数需要随 GA 的运行进程而作自适应变化, 以使 SGA 具有更好的鲁棒性、全局最优性和寻优效率. 例如, 根据操作串的适应度值来调整参数 p_c, p_m 的大小, 使 p_c, p_m 随进化迭代次数而变化.

2.2.2 编码方式的改进

编码是 GA 应用中首要问题, 也是 GA 理论中的基础. 从数值优化的观点来看,将优化问题的解表示为数字串的形式称为编码, 编码的逆过程是解码. 正是编码操作使得遗传算法可直接对结构对象进行操作, 从而使其具有广泛的应用领域. 不合适的编码不仅影响 GA 的收敛速度, 而且也会极大地影响 GA 的搜索效率, 因此在应用 GA 时需认真考虑编码方案. 对于具体问题, 选择或设计一种便于 GA 求解的编码方法经常需要对问题有深入的了解. 理论上, 不同的编码方式会影响杂交、变异等 GA 操作算子的形式, 进一步会影响到 GA 的进化层次. 例如, 二进制编码的进化层次是个体串中的基因, 而实数 (即浮点数) 编码中, 每个个体用与解向量同样长的浮点数向量编码, 个体中每个分量初始时均需在约束域内选取, 并且遗传算子也需要修改, 以保证每个个体经它们作用后仍在可行域内. 常用的修改方式是: 对变异算子, 个体的每个分量以完全相同的概率在约束范围内随机取值; 对杂交算子, 用一点或两点交叉, 则杂交点位置需处在各分量之间, 而更为常用的杂交方式是采用两个配对个体的线性组合 [7].

另外, 编码时也必须考虑所要求解的问题的特征, 如变量的约束条件, 所采用的编码方式除了必须保证不丢失全局最优解, 还应该考虑 GA 的求解效率, 并尽量避免产生不可行解, 这样可以提高计算速度. 除此以外, GA 的编码方式也可根据应用问题的具体环境而作相应的变化, 可突破传统的一维数字串编码形式, 而采用二维数字矩阵或更高维的数字立方体编码方式. 考虑问题的专门知识而设计的编码方式常常比通用的编码方法效率更高.

2.2.3　选择算子的改进

选择算子的操作主要源于生物进化过程中适者生存、不适者淘汰的规则. 在选择中, 适应度值低的个体趋向于淘汰 (删除), 而适应度高的个体将趋于被保留 (复制), 所以选择算子的作用效果是提高了群体的平均适应度值, 但同时也可能损失群体的多样性. 选择操作在总体上决定着个体向着目标函数值改善的方向前进. 选择算子并没有产生新个体, 且群体中最佳个体的适应度值也不会得到提高. 改进选择算子的目的是为了避免有效基因的缺失, 提高 GA 的全局收敛性和搜索效率. 选择操作与编码方式无关, 而与适应度函数有关. 由于适应度函数的分布特性与具体问题不同, 因此一律采用 SGA 的比例选择方式是不恰当的. 可以采用适当的适应度函数变换 [7], 而排序选择方式与适应函数的分布和取值无关, 故常被采用. 另外, 现代数学手册中采用基于序的评价函数值, 而后计算每个个体的累积概率进而进行选择操作, 使选择只与个体的序号有关, 避开适应度函数的影响 [8].

2.2.4　杂交算子的改进

杂交算子的操作主要源于生物群体内部染色体的信息交换机制, 即通过两个父代个体的杂交产生新的个体, 杂交产生的子代一般与其父代不同, 并且彼此也不相同, 每个子代都包含两个父代个体的遗传因子. 杂交算子的作用是可以产生新个体, 从而检测搜索空间中的新点, 它有可能使群体中最佳个体的适应度值有所提高. 同时需降低对有效基因的破坏率, 以免杂交后的子代反而不如父代的生存即适应能力强.

变异算子的操作可采用单点、两点、均匀等变异方式. 刘勇等 [7] 介绍采用点态变异算子, 即先在个体串上随机选取一些位置, 然后把这些位置上的值用随机选取的值来替换 [7]. 此外, 还可根据优化问题的领域知识来设计变异算子, 如君洪超等提出如下连续变异算子: $y = x + r$, 其中, x, y 为变异前后个体的变量值, r 为随机实数 [9].

2.2.5 算法终止条件的改进

多数改进方法是基于某种判定标准, 判定群体已收敛并不再有进化趋势后作为终止条件. 例如, 根据连续几代个体的平均适应度值的差小于某个较小的正数值 ε, 也可根据群体中最佳个体适应度值与平均适应度值之差小于某个极小正值 ε, 作为终止条件. 但是, 由于实际优化问题的复杂性和 GA 本身的运行机理尚不完全清楚, 应用中常用经验固定进化迭代次数作为遗传算法的终止条件的.

2.2.6 改进父代替换方式

可按一定的比例从父代群体中选择部分最佳个体直接进入下一代个体而成为其一部分. 遗传算法经过了近四十年的发展, 开始逐渐走向成熟, 尤其在数值优化领域得到了广泛应用. 目前, 人们对 SGA 已进行了大量改进, 并应用于更广泛的领域. 这些改进的 GA 之间及其与 SGA 之间已有很大的差别, 甚至与其他的进化算法的界限难以区分. 事实上, GA 只是提供了一类基本框架, 它是一种算法体系, 根据不同观点, 针对不同类型的问题, 结合不同的算法可以编制出不同的遗传算法. 这也是 GA 具有较强生命力的原因之一.

2.3 基于实数编码的加速遗传算法的改进

2.3.1 算法的计算原理

标准遗传算法的编码采用二进制编码, 它所构成的基因是一个二进制编码符号串. 编码过程烦琐, 且精度受到字串长度的限制, 如要求更高的精度, 则不得不以增加字串的长度为代价, 计算量大, 结果使进化过程变得十分缓慢, 有时易出现早熟收敛. 同时, 二进制编码不便于反映所求问题的特定知识, 因此不便于开发针对问题专门知识的遗传运算算子. 这里提出了一种改进的基于实数编码的加速遗传算法, 使算法的寻优性能大大地增强, 本书简称为突数编码的加速遗传算法 (Real Coded Accelerating Genetic Algorithm, RAGA), 克服了二进制编码的缺点. 具体改进方案如下.

(1) 采用实数编码. 其优点有以下六点: ①适合于在遗传算法中表示较大的数; ②适合于精度要求较高的遗传算法; ③便于搜索较大的解空间; ④便于遗传算法与经典优化方法混合使用; ⑤便于设计针对问题的专门知识型遗传算子; ⑥便于处理

复杂的决策变量约束条件.

(2) 在个体适应度评价时采用了基于序的评价函数, 使其不受实际目标值的影响.

(3) 在进化迭代时, 把每次遗传操作所产生的子代保存下来, 即各种遗传操作是并行进行的, 而后将所有子代统一进行评价, 再从中依据适应度值选取与群体总数相同的最优个体作为下一次进化的父代, 因此从整体上看实际搜索的范围比 SGA 广, 实现了 GA 的并行计算, 这样能尽可能地保证个体的多样性, 选出更优越的个体解, 并能加速进化时间.

(4) 在应用中发现 SGA 对各种实际优化问题的搜索空间 (优化变量的范围空间) 的大小变化的适应能力较差, 计算量大, 容易出现早熟收敛现象. 而利用 SGA 运行过程中搜索到的优秀个体所囊括的空间来逐步调整优化变量的搜索空间, 可使算法的寻优速度大大提高, 即加快收敛速度, 称为加速遗传算法 (Accelerating Genetic Algorithm, AGA). 经过大量实例验证, 结果表明 AGA 对 SGA 在收敛速度和全局优化性能方面均有明显的提高 [10]. 将以上四种方案综合便形成为改进的基于 RAGA.

RAGA 的建模步骤如下.

一般优化问题多为如下最小化问题:

$$\begin{aligned} &\min \quad f(x) \\ &\text{s.t.} \quad a(j) \leqslant x(j) \leqslant b(j) \end{aligned} \tag{2-15}$$

步骤 1: 优化变量的实数编码. 采用如下线性变换

$$x(j) = a(j) + y(j)(b(j) - a(j))\,(j = 1, 2, \cdots, p) \tag{2-16}$$

式中, f 为优化的目标函数, p 为优化变量的数目; 式 (2-16) 把初始变量区间 $[a(j), b(j)]$ 上的第 j 个待优化变量 $x(j)$ 对应到 $[0,1]$ 区间上的实数 $y(j)$, $y(j)$ 即为 RAGA 中的遗传基因. 此时, 优化问题所有的变量对应的基因顺次连在一起构成问题解的编码形式 $(y(1), y(2), \cdots, y(p))$, 称为染色体. 经编码, 所有优化变量的取值均变为 $[0,1]$ 区间, RAGA 直接对各优化变量的基因进行以下遗传过程的各种操作.

步骤 2: 父代群体的初始化. 设父代群体规模为 n, 生成 n 组 $[0,1]$ 区间上的均匀随机数 (简称随机数), 每组有 p 个, 即 $\{u(j,i)\}(j = 1, 2, \cdots, p; i = 1, 2, \cdots, n)$(以下同), 把各 $u(j,i)$ 作为初始群体的父代个体值 $y(j,i)$. 把 $y(j,i)$ 代入式 (2-16) 得优化变量值 $x(j,i)$, 再经式 (2-15) 得到相应的目标函数值 $f(i)$, 把 $\{f(i)\}(i = 1, 2, \cdots, n)$ 按从小到大的排序, 对应个体 $\{y(j,i)\}$ 也跟着排序, 目标函数值越小则该个体适应能力越强, 称排序后最前面的 k 个个体为优秀个体, 使其直接进入下一代.

步骤 3: 计算父代群体的适应度评价. 评价函数用来对种群中的每个染色体 $y(j,i)$ 设定一个概率, 以使该染色体被选择的可能性与其种群中其他染色体的适应性成比例. 染色体的适应性越强, 被选择的可能性越大. 基于序的评价函数 (用 $\text{eval}(y(j,i))$ 来表示) 是根据染色体的序进行再生分配, 而不是根据其实际的目标值. 设参数 $\alpha \in (0,1)$ 给定, 定义基于序的评价函数为

$$\text{eval}(y(j,i)) = \alpha(1-\alpha)^{i-1}, \quad i = 1,2,\cdots,N \tag{2-17}$$

这里 $i=1$ 意味着染色体是最好的, $i=N$ 说明是最差的.

步骤 4: 进行选择操作, 产生第一个子代群体 $\{y_1(j,i)|j=1,2,\cdots,p\}$. 选择过程是以旋转赌轮 N 次为基础的. 每次旋转都为新的种群选择一个染色体. 赌轮按每个染色体的适应度来选择染色体. 选择过程可以表述如下.

每个染色体 $y(j,i)$ 计算累积概率 $q_i, i=0,1,2,\cdots,N$,

$$\begin{cases} q_0 = 0, \\ q_i = \sum_{j=1}^{i} \text{eval}(y(j,i)), \quad j=1,2,\cdots,p, i=1,2,\cdots,N \end{cases} \tag{2-18}$$

从区间 $[0,q_i]$ 中产生一个随机数 r;

若 $q_{i-1} < r \leqslant q_i$, 则选择第 i 个染色体 $y(j,i)$;

重复步骤 2 和步骤 3 共 N 次, 这样可得到 N 个复制的染色体, 组成新一代个体. 在上述过程中, 并没有满足条件 $q_N=1$. 实际上, 可以将所有的 q_i 除以 q_N, 使得 $q_N=1$. 新得到的概率同样与适应度成比例. 只要不介意概率方面解释上的困难, 这一点就不会影响进化过程.

步骤 5: 对父代的种群进行杂交操作. 首先定义杂交参数 p_c 作为交叉操作的概率, 这个概率说明种群中有期望值为 $p_c \cdot N$ 个染色体将进行交叉操作. 为确定交叉操作的父代, 从 $i=1$ 到 N 重复以下过程: 从 $[0,1]$ 中产生随机数 r, 如果 $r<p_c$, 则选择 $y(j,i)$ 作为一个父代. 用 $y_1'(j,i), y_2'(j,i), \cdots$ 表示选择的父代, 并把它们随机分成下面的配对:

$$(y_1'(j,i), y_2'(j,i)), \quad (y_3'(j,i), y_4'(j,i)), \quad (y_5'(j,i), y_6'(j,i)), \cdots$$

当父代个体数为奇数时, 可以去掉一个染色体, 也可以再选择一个染色体, 以保证两两配对. 下以 $(y_1'(j,i), y_2'(j,i))$ 为例解释交叉操作过程. 采用算术交叉法, 即首先从 $(0,1)$ 中产生一个随机数 c, 然后, 按下列形式在 $y_1'(j,i)$ 和 $y_2'(j,i)$ 之间进行交叉操作, 并产生如下的两个后代 X 和 Y

$$X = c \cdot y_1'(j,i) + (1-c) \cdot y_2'(j,i), \quad Y = (1-c) \cdot y_1'(j,i) + c \cdot y_2'(j,i) \tag{2-19}$$

如果可行集是凸的, 这种凸组合交叉运算在两个父代可行的情况下, 能够保证两个后代也是可行的. 但是, 在许多情况下, 可行集不一定是凸的, 或很难验证其凸性, 此时必须检验每一后代的可行性. 如果两个后代都可行, 则用它们代替其父代, 产生新的随机数 c, 重新进行交叉操作, 直到得到两个可行的后代为止. 仅用可行的后代取代其父代, 当新一代个体不可行时, 也可采取一些修复策略使之变成可行染色体.

经过以上杂交操作第二代群体 $\{y_2(j,i)|j=1,2,\cdots,p; i=1,2,\cdots,n\}$.

步骤 6: 进行变异操作. 定义变异参数 p_m 作为遗传系统中的异概率, 这个概率表明, 种群中将有期望值为 $p_m \cdot N$ 个染色体用来进行变异操作. 进行变异的父代选择过程与交叉操作相似, 由 $i=1$ 到 N, 重复下列过程: 从区间 $[0,1]$ 中产生随机数 r, 如果 $r<p_m$, 选择染色体 $y(j,i)$ 作为变异的父代, 对每一个选择的父代用 $y_3'(j,i)$ 表示, 按下面的方法进行变异. 在 $\mathbf{R}^n$ 中随机选择变异方向 d, 如果

$$y_3'(j,i)+Md(i=1,2,\cdots,p) \tag{2-20}$$

是不可行的, 那么置 M 为 $(0,M)$ 上随机数, 直到可行为止, 这样能够保持群体的多样性. 其中 M 是足够大的数. 如果在预先给定的迭代次数内没有找到可行解, 则置 $M=0$, 无论 M 为何值, 总用 $X=y_3'(j,i)+Md$ 代替 $y_3'(j,i)$.

经过变异操作得到新一代种群 $\{y_3(j,i)|j=1,2,\cdots,p;i=1,2,\cdots,n\}$.

步骤 7: 演化迭代. 由前面的步骤 4 ~ 步骤 6 得到的 $3n$ 个子代个体, 按其适应度函数值从大到小进行排序, 选取最前面的 $(n-k)$ 个子代个体作为新的父代个体种群. 算法转入步骤 3, 进行下一轮演化过程, 重新对父代个体进行评价、选择、杂交和变异, 如此反复.

步骤 8: 上述 7 个步骤构成 SGA. 由于 SGA 的寻优效率明显依赖于优化变量初始化区间的大小, 初始化区间越大, SGA 的有效性越差, 而且不能保证全局收敛性. 研究表明, SGA 中的选择算子、杂交算子操作的功能随进化迭代次数的增加而逐渐减弱, 在应用中常出现在远离全局最优点的地方 SGA 即停止寻优. 故此, 根据对 GA 的选择、杂交、变异这三个算子的寻优性能的分析和大量数据实验, 采用加速的方法进行处理, 具体如下: 用第一、二次进化所产生的优秀个体变化区间作为下次迭代时优化变量的新的变化空间, 如果进化的次数过多将减弱加速算法的寻优能力. 算法转入步骤 1, 重新运行 SGA, 如此加速, 则优秀个体的变化区间逐步缩小, 与最优点的距离越来越近, 直至最优个体的目标函数值小于某一设定值或算法运行达到预定加速次数, 算法结束. 此时把当前群体中最优个体作为 RAGA 的寻优结果.

2.3.2　算法的测试

例　求二元函数

$$f(x,y)=\sin^2 3\pi x+(x-1)^2(1+\sin^2\pi y)+(y-1)^2(1+\sin^2 2\pi y) \tag{2-21}$$

x,y 在 $[-10,\quad 10]$ 区间内的最小值问题, 它有 900 个局部最小点 [11]. 在群体规模为 300, 优秀个体数目为 20, 杂交概率取为 0.8, 变异概率取为 0.2 的情况下, RAGA 加速循环 7 次得到最小目标函数值为 0.00000 的结果, 见表 2.1.

表 2.1　用 RAGA 求解例题的结果

加速次数	优秀个体的变化区间		最小目标函数值 $f(1)$
	x	y	
1	$-10.0000, 10.0000$	$-10.0000, 10.0000$	0.04182
3	0.36752, 1.96581	0.08106, 1.87551	0.00006
6	0.99599, 1.00041	0.97251, 1.04358	0.00000
7(最优解)	0.99998	0.99996	0.00000

2.3.3 RAGA 在水资源工程中的应用

1. RAGA 在溢流坝下游收缩断面水深计算中的应用

溢流坝下游收缩断面水深 h_c 的计算问题是重要的水力学问题, 它是泄水建筑物下游的消能工程设计的科学依据. 目前 h_c 计算的常用方法为试算法、图解法和迭代法, 这些方法都存在计算精度低、计算量大, 有时要求较高的计算数学的理论知识, 这很大程度上影响了这些方法在生产实践中的推广应用. 故此, 本书应用 RAGA 把其视为一般的非线性优化问题来处理, 并用实例进行了验证.

1) RAGA 计算溢流坝下游收缩断面水深的方法

设溢流坝槽底的水平面为基准面, 则溢流坝上游断面和下游收缩断面的能量方程为

$$P+H_0=h_c+q^2/(2g\varphi^2h_c^2) \tag{2-22}$$

式中, P 为溢流坝顶到下游槽底的高差 (m), h_c 为收缩断面的水深 (m), q 为单宽流量 (m^2/s), g 为重力加速度 (m/s^2), φ 为溢流坝的流速系数, H_0 为坝上全水头 (m), 由堰流公式得

$$q=m(2g)^{0.5}H_0^{3/2} \tag{2-23}$$

式中, m 为流量系数. 而相应于单宽流量的临界水深为

$$h_k=(\alpha q^2/g)^{1/3} \tag{2-24}$$

式中, α 为溢流坝的动能修正系数, 其他符号意义同上.

从式 (2-22) 可以看出该式是关于收缩断面水深 h_c 的三次方程, 常用的求解 h_c 的方法有试算法、图解法和迭代法. 试算法的过程如下, 先假设一系列的 h_c 值, 而后根据式 (2-22) 求出对应的一系列 $P+H_0$ 值, 在坐标上点绘出 h_c 与 $P+H_0$ 的关系曲线, 在该曲线上, 根据已知 $P+H_0$ 的值查找出对应的 h_c 值, 即为所求.

图解法与试算法相似, 即对式 (2-22) 两边同时除以临界水深, 可设 $\zeta_0=(p+H_0)/h_k$, $\zeta_c=h_c/h_k$, 当断面为矩形时, 式 (2-24) 中 $\alpha=1$, 则式 (2-22) 变为

$$\zeta=\zeta+1/(2\varphi^2\zeta_c^2) \tag{2-25}$$

根据式 (2-25), 以 ζ 为参数, 由假设的一系列 ζ_c 值计算出对应一系列 ζ_0, 进而绘制 $\zeta_c\sim\zeta_0$ 曲线, 然后由已知的 φ 和 ζ_c, 在上述曲线上查得对应的 ζ_c, 则所求的 $h_c=\zeta_ch_k$. 从以上两种方法不难看出, 手动计算量较大, 精度不高, 难于与现代计算机技术相结合实现计算自动化.

迭代法是根据式 (2-23) 构造如下迭代函数 [12]:

$$h_c=q/[\varphi(2g(P+H_0-h_c))^{1/2}] \tag{2-26}$$

首先假定 h_c 值, 然后按式 (2-25) 得到 h_c 计算值, 若计算值与假设值之差大于允许误差 d, 则把计算值作为新的假定值, 继续由式 (2-25) 求 h_c 的计算值; 直到计

算值与假设值之差小于允许误差 d 为止, 此时把计算值作为最终计算结果. 迭代法便于编写计算机程序, 计算精度也便于控制, 问题的关键在于如何构造具有物理意义且收敛的迭代公式和合理的选取初始值, 这要求较高的计算数学的理论知识. 若用式 (2-22) 的变形得到如下迭代公式:

$$h_c = P + H_0 - q^2/(2g\varphi^2 h_c^2) \tag{2-27}$$

进行迭代计算, 则其收敛的 h_c 计算值大于临界水深, 这与生产实际中 h_c 均小于临界水深不符, 所以不能用式 (2-27) 作迭代计算 [12].

实际上, 收缩断面水深 h_c 的计算问题等价于以下优化问题:

$$\min f(h_c) = |P + H_0 - h_c - q^2/(2g\varphi^2 h_c^2)| \tag{2-28}$$

式中, $|\ |$ 为取绝对值, 且有 $h_c < h_k$, 式 (2-28) 是关于待求变量 h_c 的非线性优化问题. 可以使用本书提出的 RAGA 方便快捷地求解.

2) *应用实例*

为了便于比较, 本书采用如下实例 [13]: 已知溢流坝坝顶高出下游河底 $P = 15\text{m}$, 下泄单宽流量 $q = 15.00\text{m}^2/\text{s}$, 流量系数 $m = 0.49$, 动能修正系数 $\alpha = 1.1$, 流速系数 $\varphi = 0.936$, 需求溢流坝下游收缩断面水深 h_c.

解　由式 (2-9) 可计算坝上水头 $H_0 = 3.63\text{m}$, 根据式 (2-24) 求得临界水深 $H_k = 2.93\text{m}$. 现用 RAGA 计算求解收缩断面水深 h_c, 目标函数取为式 (2-28), h_c 的初始变化区间 [0, 2.93] , 种群个体数目为 400, 杂交概率取为 0.8, 变异概率取为 0.2, 用 RAGA 加速 2 次, 得到所求的 h_c 的值, 见表 2.2, 为了比较, 其中也列出了文献 [14] 的迭代法、文献 [13] 的 AGA 方法和文献 [15] 的试算法的相应计算结果.

表 2.2　用 RAGA 计算溢流坝下游收缩断面水深 h_c

不同的计算方法	h_c 的计算结果/m	最优目标函数取 $f(1)$
RAGA(加速 2 次)	0.858266	0.00000000
AGA(加速 5 次)	0.858672	0.00000000
试算法	0.860000	0.00129572
迭代法	0.858686	0.00001336

实例计算结果说明, RAGA 不但收敛速度快, 而且计算精度相当高, 明显高于传统的算法; 全局优化效果好, 结果可靠, 对计算数学的理论知识要求不高, 易于被理解和采用, 实用性强.

2. RAGA 在梯形断面明渠临界水深计算中的应用

临界水深是明渠水力学中的一个重要的水力参数, 是判别明渠流态的一个重要的标志, 在水力设计及计算中经常使用, 在确定水面曲线、溢流坝下游收缩断面水深等方面具有广泛的工程应用背景. 其计算方程式是一个高次方程, 对于梯形断面明渠没有直接的解析解. 故此, 在工程上常用试算法、图解法、近似公式法和迭代法. 前两种方法的主要缺点是计算量大、赏常规计算精度低, 使用不方便; 而后两种方法必须注意它们的适用条件 (如公式参数的取值范围、迭代法的收敛性等), 否则所得结果的精度难以满足工程实际的要求. 这里在前人的研究基础上, 从优化的角度出发, 应用本书提出的 RAGA 来求解该问题.

1) 梯形断面明渠临界水深的计算

临界水深计算的基本公式为

$$\frac{\alpha Q^2}{g}=\frac{A_k^3}{B_k} \tag{2-29}$$

式中, α 为动能修正系数; Q 为过水流量, 单位为 m^3/s; g 为重力加速度; h_k 为临界水深, 单位为 m; A_k 为相应临界水深的过水面积, 单位为 m^2; B_k 为相应于 h_k 时的水面宽度, 单位为 m. 因为 A_k, B_k 均为 h_k 的函数, 所以式 (2-29) 是 h_k 的高次方程, 无法用常规方法求解. 由水力学知识, 得 $A_k=(b+0.5m_1h_k+0.5m_2h_k)h_k$, $B_k=(b+m_1h_k+m_2h_k)$. 将此以上两式代入式 (2-29), 整理得

$$(\alpha q^2/g)^{1/3}=\frac{(1+0.5m_1h_k/b+0.5m_2h_k/b)h_k}{(1+m_1h_k/b+m_2h_k/b)^{1/3}} \tag{2-30}$$

式中, b 为梯形断面底宽; 单宽流量 $q=Q/b$; m_1, m_2 分别为梯形断面两侧的边坡系数. 由于遗传算法需确定优化变量的取值范围, 即基因的变化区间. 故下面讨论待优化变量 h_k 的取值范围.

令 $x=0.5m_1h_k/b+0.5m_2h_k/b$, 显然, $x\geqslant 0$, 当且仅当断面为矩形时 $x=0$, 所以

$$x+3x^2+x^3\geqslant 0 \tag{2-31}$$

在式 (2-31) 的两边分别加上 $1+2x$, 得

$$(1+3x+3x^2+x^3)=(1+x)^3\geqslant 1+2x>0 \tag{2-32}$$

把 x 代入式 (2-29) 并结合式 (2-32), 得

$$\frac{(\alpha q^2/g)^{1/3}}{h_k}=\frac{(1+x)}{(1+2x)^{1/3}}\geqslant 1 \tag{2-33}$$

即

$$h_k\leqslant(\alpha q^2/g)^{1/3}=h_R \tag{2-34}$$

式中, h_R 即为与梯形断面底宽相同的矩形断面明渠的临界水深. 式 (2-34) 说明, 梯形断面临界水深小于或等于与其断面底宽相同的矩形断面明渠的临界水深. 欲求解 h_k, 等价于求解以下非线性优化问题:

$$\min_{h_k\in[0,h_R]} f(h_k)=\left|\frac{(\alpha q^2/g)^{1/3}-(1+0.5m_1h_k/b+0.5m_2h_k/b)h_k}{(1+m_1h_k/b+m_2h_k/b)^{1/3}}\right| \tag{2-35}$$

式中, $|\cdot|$ 为取绝对值; $f(h_k)$ 为优化目标函数; h_k 为优化变量. 作为一种全局的优化方法, RAGA 可简捷地求解出式 (2-35) 的最优解.

2) 应用实例

采用与金菊良等所写文献中的例 1 相同的计算实例 [16]: 已知梯形明渠底宽 $b = 10\text{m}$, 梯形断面两侧的边坡系数 $m_1 = m_2 = 1$, 动能修正系数 $\alpha = 1$, 重力加速度 $g = 9.81\text{m/s}^2$, 单宽流量 $q = 790\text{m}^2/\text{s}$, 求临界水深 h_k. 现用 RAGA 求解, 目标函数取为式 (2-35), 由式 (2-34) 求得 $h_k \leqslant h_R = 39.9204\text{m}$, 由此可得 h_k 的初始化区间为 [0, 39.9204], RAGA 群体规模的优秀个体数目分别为 300 和 20, 用 RAGA 加速循环 3 次, 即求得最优结果 $h_k = 21.91976141$.

本例采用试算法求得的真值 $h_k^* = 21.91976141$[17]. 与本书 RAGA 方法求得的结果完全吻合. 表 2.3 列出了上例不同文献的计算结果, 并将其求得的 h_k 值代入本书的目标函数式 (2-34) 中求出相应的目标函数值, 进行了精度比较.

表 2.3　不同文献计算梯形明渠的临界水深的精度比较

文献序号 [i]	计算结果 h_k /m	目标函数值 min$f(h_k)$
[18] (AGA 方法)	21.913	0.01743
[40] (Steffensen 迭代法)	21.91976141	0.00000
[39] 近似公式法	21.92509373	0.01374
[32] 迭代法	21.91976141	0.00000
本书 RAGA 方法	21.91976141	0.00000

本书的计算结果明显优于其他文献. 精度相当高, 适应性强, 与文献 [16] 相比精度高得多. 与文献 [18] 相同, 但文献 [18] 的计算推导过程明显比本书复杂得多, 计算量大. 而本书计算过程简单, 且易于形成通用的计算机程序、算法稳健, 收敛速度快. 由此说明, RAGA 的确是一种快速的非线性全局优化方法.

3. RAGA 在洪灾损失风险频率分析曲线参数优化中的应用

频率分析理论与技术是目前洪水危险性长期概率预测的重要研究内容, 而频率曲线的线型选择和频率曲线的参数估计是其中的两个基本内容. 曲线线型的选择是一个不确定性的问题, 通过大量实践来逐步解决. 我国规范推荐的常用线型是皮尔逊三型 (P- Ⅲ) 分布曲线. 该曲线是一条一端有限一端无限不对称的单峰、正偏曲线, 数学上常称伽马分布, 其概率密度函数为

$$f(x) = \frac{\beta^\alpha}{\Gamma(\alpha)}(x - \alpha_0)^{(\alpha-1)}\mathrm{e}^{-\beta(x-\alpha_0)} \tag{2-36}$$

式中, $\Gamma(\alpha)$ 是伽马函数; α, β, α_0 是三个参数, 显然这三个参数确定以后, 该密度函

数随之确定, 且这三个参数与总体的三个统计参数 $\bar{x}$, c_v, c_s 具有下列关系:

$$\begin{aligned} \alpha &= \frac{4}{c_s^2} \\ \beta &= \frac{2}{\bar{x}c_v c_s} \\ \alpha_0 &= \bar{x}\left(1-\frac{2c_v}{c_s}\right) \end{aligned} \tag{2-37}$$

工程水文计算中, 一般需求出指定频率 P 所相应的随机变量取值 x_p, 即求出的 x_p 满足下述等式:

$$P = P(x \geqslant x_p) = \frac{\beta^\alpha}{\Gamma(\alpha)}\int_{x_p}^{\infty}(x-\alpha_0)^{(\alpha-1)}\mathrm{e}^{-\beta(x-\alpha_0)}\mathrm{d}x \tag{2-38}$$

式中, $\Gamma(\alpha) = \int_0^\infty x^{\alpha-1}\mathrm{e}^{-x}\mathrm{d}x$[19]. 该分布曲线需要估计的参数有三个, 即均值 E_x, 变差 c_v 和偏态系数 c_s. 关于这些参数的估计方法大体可分为两类: 一类是参数统计法, 即先假定洪水特征的总体分布线型, 而后根据样本资料利用统计学的方法来估计该分布所含的参数, 如矩法、极大似然法等, 另一类是配线法, 首先假定理论频率曲线的线型并计算样本 $\{x_i\}$ 的频率 $\{p_i\}$, 其次假定理论频率曲线的一组参数, 从中找出与样本点据 $\{x_i, p_i\}$ 拟合得最好的那条曲线. 可见配线法是一种最优曲线拟合方法. 在实际工作中, 洪灾频率曲线参数估计多采用比较直观、面向拟合目标的配线法. 根据最优准则函数能否定量表示, 可分为目估配线法和准则配线法. 目估配线法的准则函数无法定量表示, 配线结果因人而异, 且与工作者的主观愿望和经验有关; 准则函数法本质上是一种非线性最优化方法, 一般取优化准则函数为

$$\mathrm{Min}\ f(E_x, C_v, C_s) = \sum_{i=1}^{n}|y_i' - y_i|^q \tag{2-39}$$

式中, E_x, c_v, c_s 为 P Ⅲ型曲线的对应参数, y_i', y_i 分别为样本和理论频率曲线的横坐标或纵坐标, q 为正数, n 为样本容量. 当 $q=1$ 时优化准则函数为离差绝对值和准则 (ABS); 当 $q=2$ 时为离差平方和准则 (LS).

(1) 用 RAGA 优化频率曲线分析参数.

从上可看出, 配线法实际是一种使总体样本误差最小的全局优化的描述, 而在使用过程中由于传统的方法误差大, 较难取得真正意义上的最优参数, 鉴于 RAGA 具有很好的全局的优化能力, 本书将频率分析法与 RAGA 相结合, 取纵坐标离差绝对值和准则 (ABS), 利用 RAGA 的强全局优化能力优化 P- Ⅲ型分布曲线的三个参数, 目标函数选为式 (2-39) 应用于实例当中进行尝试.

(2) 应用实例.

现根据频率曲线分析参数理论结合 RAGA 方法, 根据全国 1950 年至 2000 年洪水受灾情况 (表 2.4), 计算全国洪水灾害受灾率超越概率分布见表 2.5, 各参数的最优解见表 2.6.

表 2.4　全国 1950～2000 年洪水灾害受灾情况表

年份	播种面积	受灾面积	受灾率/%	序号	年份	受灾率/%	超越概率
1950	14018.0	655.9	4.68	1	1998	19.59	0.019230769
1951	14023.5	417.3	2.98	2	1991	16.44	0.038461538
1952	14125.6	279.4	1.98	3	1996	13.38	0.057692308
1953	14610.8	718.7	4.92	4	1994	12.72	0.076923077
1954	14872.5	1613.1	10.85	5	1993	11.09	0.096153846
1955	15200.8	524.7	3.45	6	1954	10.85	0.115384615
1956	15684.2	1437.7	9.17	7	1964	10.47	0.134615384
1957	15712.5	808.3	5.14	8	1963	9.96	0.153846153
1958	15604.0	427.9	2.74	9	1985	9.88	0.173076923
1959	15111.7	481.3	3.18	10	1995	9.59	0.192307692
1960	14400.8	1015.5	7.05	11	1956	9.17	0.211538461
1961	14210.0	891.0	6.27	12	1997	8.64	0.230769230
1962	14022.9	981.0	7.00	13	1999	8.49	0.250000000
1963	14123.5	1407.1	9.96	14	1983	8.45	0.269230769
1964	14258.6	1493.3	10.47	15	2000	8.34	0.288461538
1965	14329.1	558.7	3.90	16	1988	8.25	0.307692307
1966	14309.2	250.8	1.75	17	1990	7.96	0.326923076
1967	14209.8	259.9	1.83	18	1989	7.73	0.346153846
1968	14287.9	267.0	1.87	19	1984	7.37	0.365384615
1969	14308.7	544.3	3.80	20	1960	7.05	0.384615384
1970	14348.7	312.9	2.18	21	1962	7.00	0.403846153
1971	14356.5	398.9	2.78	22	1986	6.36	0.423076923
1972	14377.8	408.3	2.84	23	1992	6.32	0.442307692
1973	14487.3	623.5	4.30	24	1961	6.27	0.461538461
1974	14855.2	643.1	4.33	25	1980	6.25	0.480769230
1975	14954.5	981.7	4.56	26	1977	6.09	0.500000000
1976	14972.3	419.7	2.80	27	1987	6.03	0.519230769
1977	14933.3	909.5	6.09	28	1981	5.94	0.538461538
1978	15010.4	282.0	1.88	29	1982	5.78	0.557692307
1979	14850.1	677.5	4.56	30	1957	5.14	0.576923076
1980	14637.9	914.6	6.25	31	1953	4.92	0.596153846
1981	14515.7	862.5	5.94	32	1950	4.68	0.615384615
1982	14475.5	836.1	5.78	33	1979	4.56	0.634615384
1983	14399.3	1216.2	8.45	34	1975	4.56	0.653846153
1984	14422.1	1063.2	7.37	35	1974	4.33	0.673076923
1985	14362.6	1419.7	9.88	36	1973	4.30	0.692307692
1986	14387.8	915.5	6.36	37	1965	3.90	0.711538461
1987	14400.2	868.6	6.03	38	1969	3.80	0.730769230
1988	14486.9	1194.9	8.25	39	1955	3.45	0.750000000
1989	14655.4	1132.8	7.73	40	1959	3.18	0.769230769
1990	14836.2	1180.4	7.96	41	1951	2.98	0.788461538
1991	14958.6	2459.6	16.44	42	1972	2.84	0.807692307
1992	14900.7	942.3	6.32	43	1976	2.80	0.826923076
1993	14774.1	1638.7	11.09	44	1971	2.78	0.846153846
1994	14824.1	1885.9	12.72	45	1958	2.74	0.865384615
1995	14987.9	1436.7	9.59	46	1970	2.18	0.884615384
1996	15238.1	2038.8	13.38	47	1952	1.98	0.903846153
1997	15211.1	1313.5	8.64	48	1978	1.88	0.923076923
1998	11378.1	2229.18	19.59	49	1968	1.87	0.942307692
1999	11316.1	960.52	8.49	50	1967	1.83	0.961538461
2000	10846.3	904.501	8.34	51	1966	1.75	0.980769230

表 2.5 洪灾频率分析计算的各风险水平下的受灾率(RAGA 参数估计)

概率/%	受灾率/%	概率/%	受灾率/%
1	19.593	50	5.679
2	17.961	60	4.751
3	16.794	70	3.907
5	15.133	75	3.503
10	12.603	80	3.101
20	9.814	85	2.695
25	8.863	90	2.268
30	8.063	95	1.783
40	6.725	97	1.543

表 2.6 全国洪水灾害受灾率超越概率分布计算表(信息扩散理论)

受灾率/%	概率/%	受灾率/%	概率/%	受灾率/%	概率/%
0.2	99.99685672	5.6	55.45359946	11.0	10.29055549
0.4	99.98534266	5.8	53.45872812	11.2	9.47950733
0.6	99.94902983	6.0	51.18259952	11.4	8.83932018
0.8	99.85035671	6.2	48.69822360	11.6	8.37703343
1.0	99.61908643	6.4	46.18097636	11.8	8.06185434
1.2	99.15072165	6.6	43.81601524	12.0	7.83306738
1.4	98.32869071	6.8	41.71094823	12.2	7.61980713
1.6	97.07171707	7.0	39.86785368	12.4	7.36220630
1.8	95.38130781	7.2	38.21466615	12.6	7.02624253
2.0	93.34920426	7.4	36.65322513	12.8	6.60856424
2.2	91.10910888	7.6	35.08816253	13.0	6.13160726
2.4	88.76851607	7.8	33.43744523	13.2	5.63441704
2.6	86.37946857	8.0	31.64582392	13.4	5.15734566
2.8	83.96759295	8.2	29.70902015	13.6	4.74311229
3.0	81.57722502	8.4	27.69066906	13.8	4.41822286
3.2	79.27783100	8.6	25.70692280	14.0	4.19133361
3.4	77.12475238	8.8	23.87576231	14.2	4.05184294
3.6	75.11598172	9.0	22.26002124	14.4	3.97699873
3.8	73.18560777	9.2	20.84286049	14.6	3.94206380
4.0	71.23794087	9.4	19.55062174	14.8	3.92746293
4.2	69.19831642	9.6	18.30296754	15.0	3.92028642
4.4	67.05344045	9.8	17.05456726	15.2	3.91143379
4.6	64.86243923	10.0	15.80491527	15.4	3.89101104
4.8	62.73017979	10.2	14.57892522	15.6	3.84446298
5.0	60.75024474	10.4	13.40007046	15.8	3.75217667
5.2	58.94390368	10.6	12.28318064	16.0	3.59512987
5.4	57.23047684	10.8	11.23807061	16.2	3.36602719

由表 2.5 可知, 受灾率超过 2.268%的发生概率为 90%, 受灾率超过 12.603%的概率为 10%左右, 相当于十年一遇.

(3) 为了便于比较 RAGA 的计算精度及准确度, 现采取另一种较新的实用方法 —— 信息扩散理论对上例进行计算分析, 具体建模过程如下.

基于信息扩散理论的洪灾风险评估模型 [20−22]

设某一洪水灾害指标区域为

$$U = \{u_1, u_2, \cdots, u_i, \cdots, u_n\} \tag{2-40}$$

现有该灾情指标的观测样本:

$$Y = \{y_1, y_2, \cdots, y_i, \cdots, y_m\} \tag{2-41}$$

所谓信息扩散, 即对 Y 中观测值 $y_i\,(1 \leqslant j \leqslant m)$, 按一定的规则将其携带的信息扩散到 U 中的所有的点. 目前常用的正态扩散模型, 即

$$f_j(u_i) = \frac{1}{h\sqrt{2\pi}} \exp\left[-\frac{(y_j - u_i)^2}{2h^2}\right] \tag{2-42}$$

式中, h 为扩散系数, 反映每个样本点的信息向周围扩散的幅度. 一般当样本数量增多时, h 逐渐减小, 即每一样点作为 “其周围的代表” 这一性质逐渐减弱. 黄崇福根据两点择近的原则, 给出的计算公式如下:

$$h = \begin{cases} \dfrac{1.6987(b-a)}{(m-1)}, & 1 < m \leqslant 5 \\ \dfrac{1.4456(b-a)}{(m-1)}, & 6 < m \leqslant 7 \\ \dfrac{1.4230(b-a)}{(m-1)}, & 8 < m \leqslant 9 \\ \dfrac{1.4208(b-a)}{(m-1)}, & 10 \leqslant m \end{cases} \tag{2-43}$$

式中, a, b 分别为样本中的最小值、最大值, m 为样本的个数.

通过信息扩散, 就将观测值 y_i 变成了以 $f_j(u_i)$ 为隶属度函数的模糊子集 y^*, 为了使风险评估中, 每一集值地位均相同, 需对隶属函数 $f_j(u_i)$ 进行归一化处理, 令

$$C_j = \sum_{i=1}^{n} f_j(u_i) \tag{2-44}$$

归一化处理后隶属函数为

$$g_{y_j}(u_i) = \frac{f_j(u_i)}{C_j} \tag{2-45}$$

对所有样本均进行以上处理, 并计算:

$$q(u_i) = \sum_{j=1}^{m} g_{y_j}(u_i) \tag{2-46}$$

$$Q=\sum_{i=1}^{n}q(u_i) \tag{2-47}$$

则样本落在 u_i 处的频率值:

$$p(u_i)=q(u_i)/Q \tag{2-48}$$

$P(u_i)$ 可作为灾情 X 为 u_i 的概率, 超越概率可采用下式计算:

$$P(u\geqslant u_i)=\sum_{k=i}^{n}p(u_k) \tag{2-49}$$

现利用信息扩散理论对洪水灾害风险水平进行评价分析, 结果见表 2.6.

由表 2.6 可知, 受灾率超过 1%的概率为 99.62%左右; 受灾率超过 9.4%的概率为 20%左右, 相当于五年一遇. 由表 2.5 根据带权平均值法公式求数学期望 [23]:

$$\hat{u}=\sum_{i=1}^{n}(p_i u_i) \tag{2-50}$$

计算年期望受灾率为 6.5473%. 与遗传算法进行参数估计所得洪灾频率分析 (P- Ⅲ型曲线) 计算结果 (表 2.5) 比较接近, 后者期望值为 6.9254%. 同时本书又列出了不同参数估计方法的计算结果, 比较见表 2.7, 可见用 RAGA 求解的结果是最优的.

表 2.7 频率曲线不同的参数估计方法的计算结果比较

参数估计方法	E_x	C_v	C_s	离差绝对值和
矩 法	6.9254	0.66	1.51	281.26
极大似然法	6.9254	0.66	1.58	294.51
RAGA	6.9254	0.6600	1.5766	1.1472
信息扩散法	6.5473	0.6642	1.5861	1.1298

4. RAGA 在分区给水系统优化中的应用

在大型灌溉系统中, 由于给水区域较大, 输水距离较远或是地形高差显著, 常常采用分区给水. 分区给水主要有以下两点原因: 一是可使管网不超过管道所能承载的压力; 二是可降低给水的动力费用, 但目前管道所能承受的压力随着科技的发展在不断地提高, 相应的造价也较高, 故总的来说, 都是从经济角度出发, 进行分区给水 [24].

灌区给水所需动力费用在给水成本中占相当的比例, 故从供水能量利用程度的角度来评价分区给水的经济性具有实际意义. 根据分区方式不同, 能量节省的情况也不同. 为了使给水系统的分区达到最优, 先要分析能量的浪费与分区界线及相关变量之间的关系, 找出目标函数, 并在约束条件下求其最优解, 本节提出用改进的实码遗传算法 (简称 RAGA) 来优化目标函数.

(1) 供水所需总能量的组成分析. 供水所需总能量可分为必须能量和浪费能量两部分: 必须能量一部分用来满足最小服务水头的需要, 另一部分用来克服沿程阻力损失. 由于水泵的扬程是根据控制点所需最小服务水头来确定的, 除控制点外的各点水头大多高于实际所需的水头而形成能量富余, 那么这部分多余的能量便是在供水过程中浪费掉的能量.

现以图 1 所示的管路系统为例 [24], 对供水能量的每部分作分析计算. 设给水区域地形平坦, 全区用水量均匀, q 为沿线流量; H 为所要求的最小服务水头; θ 为水力坡度线与水平面的夹角 (设水力坡度线沿程均匀下降); h 为总水头损失; OA 长为 l. 泵站设在 A 点, 建立如图 2-1 所示的坐标.

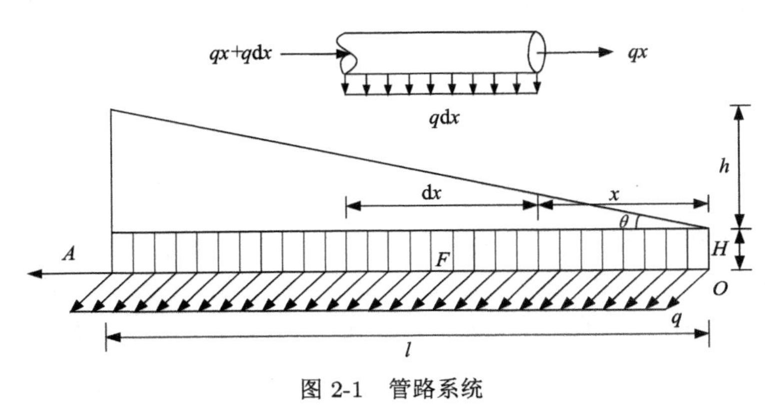

图 2-1 管路系统

在距控制点 O 的距离为 x 处的点取微段 $\mathrm{d}x$, 对供水能量进行分析. 取 $qx+q\mathrm{d}x$ 的流量流经微段, 其能量消耗可分为满足最小服务水头的需要的能量 ΔE_1、克服微段阻力所需的能量 ΔE_2 及能量富余而浪费的能量 ΔE_3. 流量 $qx+q\mathrm{d}x$ 流经微段 $\mathrm{d}x$ 时, 有一部分能量没有消耗而传到其后的管段. 故单位时间内 $\Delta E_1, \Delta E_2, \Delta E_3$ 的值为

$$\Delta E_1=\rho gH(q\mathrm{d}x);\quad \Delta E_2=\rho g(x\tan\theta)(qx);\quad \Delta E_3=\rho g(q\mathrm{d}x)(x\tan\theta)$$

对上述三式沿 OA 积分, 可得单位时间内保证最小服务水头所需能量 E_1、克服阻力所需能量 E_2 和所浪费的能量 E_3:

$$E_1=\rho gH\int_0^l(q\mathrm{d}x)=\rho gHl \tag{2-51}$$

$$E_2=\rho gH\int_0^l(qx)(\mathrm{d}x\tan\theta)=\frac{1}{2}\rho gql^2\tan\theta \tag{2-52}$$

$$E_3=\rho g\int_0^l(q\mathrm{d}x)\cdot(x\tan\theta)=\frac{1}{2}\rho gql^2\tan\theta \tag{2-53}$$

因此, 单位时间内给水系统所耗总能量

$$E=E_1+E_2+E_3 \tag{2-54}$$

那么, 给水系统中的能量利用率 (用 P 表示):

$$P=\frac{E_1+E_2}{E}=\frac{E-E_3}{E}=1-\frac{E_3}{E} \tag{2-55}$$

从式 (2-55) 可看出, 对一个给定的供水系统来说, 每一用水点和最小服务水头是一定的, 故 E_1 为不变的; E_2 为克服阻力所消耗的能量, 欲降低该部分能量, 可行的方法是增大管径, 随之而来的是投资成本相应提高, 从经济角度考虑是不合理的. 所以对于给定管路的供水系统的有效利用能量 (E_1+E_2) 是相对固定的. 故欲提高能量利用率, 只能减小浪费掉的富余能量 E_3, 这里提出通过选择合理的分区以使供水浪费的能量减小 (即降低总的供水能量) 的办法来提高能量和利用率, 对于较大的给水系统采用分区给水以提高能量的利用率是必要的. 分区数目越多, 能量的利用率就超高, 但过多的分区会增加基建投资和管理费用, 应从全局考虑, 本书仅提出一种新的优化方法供决策者参考使用.

(2) 大型灌区分区给水的优化目标函数计算. 分区给水的关键是寻找合理的分区界线, 确定各分区给水系统所控制的区域及各分区的泵站位置. 同一给水区域, 分界线不同, 则能量的利用率也不同. 下面对采用串联分区给水的优化问题进行的分析 [24].

如图 2-2 所示, 坡地面积为 OAB 所围成的等腰三角形, 其顶角为 2β, OA 长为 l. 全区用水量非均匀, 沿线流量 $q(x)$ 满足 $\mathrm{d}x$ 微段的出流量与阴影面积成正比, 即 $q(x)=Kx\tan\beta, K$ 为常数. 如图 2-3 所示, 设坡地面与水平面的角度为 θ, 水力坡度线沿程均匀下降, 与水平面的夹角为 γ, 要求的最小服务水头均匀为 H, 总水头损失为 h, 集中给水时泵站设在 A 点. 集中给水时泵的扬程为 H_p, 当将分区点设在距 O 点 $l/\sqrt{2}$ 处 (即将整个坡地分为两个等面积的区域) 时, 串联供水一级泵站的扬程为 H_{p1}, 二级泵站的扬程为 H_{p2}, 则分区前后能量节省值为

$$\Delta E=\frac{1}{4\sqrt{2}}\rho gKl^3(\sin\theta+\cos\theta\tan\gamma)\cdot\tan\beta \tag{2-56}$$

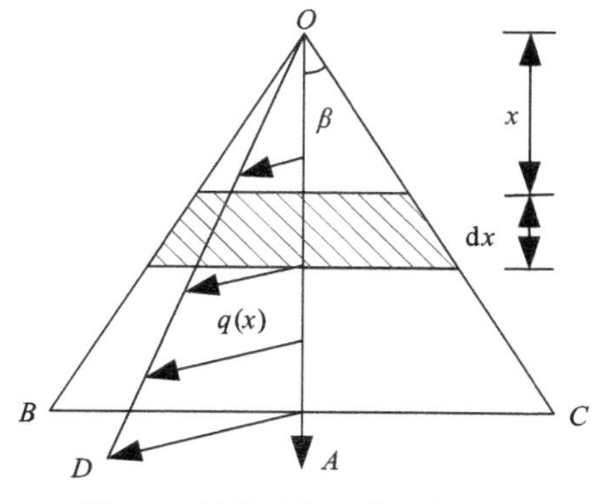

图 2-2 坡地面积及其沿线流量

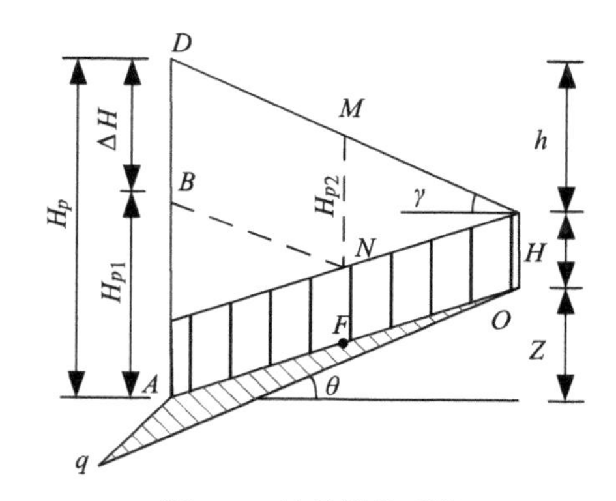

图 2-3 坡地管路系统

这一结果不一定是所能节省的最大值. 优化问题随之产生, 由图 2-3 可看出二级泵站到控制点之间能量的利用在分区前后不变, 能量的节省只能出现在一、二级泵站之间, 故本方法采用的优化目标函数如下:

$$\begin{aligned}\max f &= \max\left[\rho\Delta H\int_x^l q(x)\mathrm{d}x\right]\\ &= \max\left[\rho g(x\sin\theta + x\cos\theta\tan\gamma)\int Kx\tan\beta\mathrm{d}x\right]\end{aligned} \tag{2-57}$$

式中, x 为分界点到控制点 ($x = FO$) 的长度, 且 $x \in (0, l)$; 其他符号如图 2-3 所示. 现假设 $K = 1$, $\rho = 1$, $g = 10$, $l = 1000$, $\theta = \gamma = \pi/4$, 以上各变量单位均取国际单位 (不同的具体值并不影响最后的优化分区点的位置). 对上述优化问题采用遗传算法对单变量寻优求解. 结果见表 2.8, 与阵坤等所写文献相同, 即在 $x = \dfrac{1}{\sqrt{3}}l$ 处取得最大值.

表 2.8 RAGA 的单变量寻优结果

加速次数	X 的变化区间	最优目标函数值
1	(501.312, 891.721)	1.5468×10^5
2	(528.459, 665.419)	2.3578×10^8
3	(577.350, 577.350)	2.7216×10^9

但本书旨在寻求一种智能分区的方法, 所谓智能即自动确定分区个数及其分区点位置. 所以下面对上例采用三级串联给水区进行运算, 一、二、三级泵站的扬程分别为 H_{p1}, H_{p2}, H_{p3}, 令 RAGA 的优化变量个数为两个进行寻优, 其初始变化区间为 $X_1 \in (0, l)$, $X_2 \in (X_1, l)$, 目标函数取为

$$\begin{aligned}\max f = \max\Bigg\{&\left[\rho g(x_1\sin\theta + x_1\cos\theta\tan\gamma)\int_{x_1}^{x_2} K\tan\beta x\mathrm{d}x\right]\\ &+\rho g[x_1\sin\theta + x_1\cos\theta\tan\gamma + (x_2 - x_1)\sin\theta\\ &+(x_2 - x_1)\cos\theta\tan\gamma]\int_{x_2}^{l} K\tan\beta x\mathrm{d}x\Bigg\}\end{aligned} \tag{2-58}$$

X_1, X_2 为分区点的位置, 其他符号同上 (图 2-4), 优化结果见表 2.9.

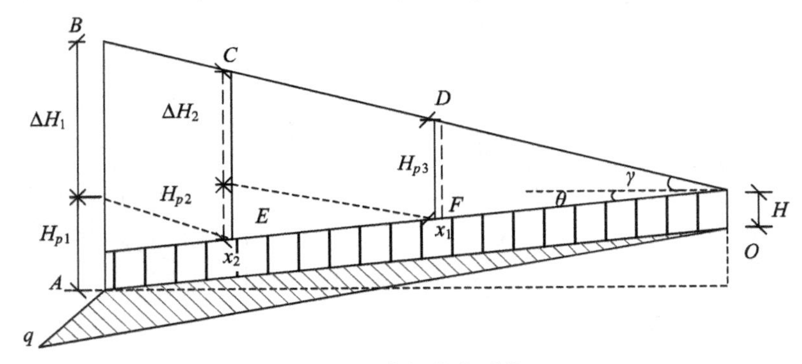

图 2-4 多级给水系统

表 2.9 RAGA 的双变量寻优结果

加速次数	X_1 的变化区间	X_2 的变化区间	最优目标函数值
3	(482.529, 901.454)	(450.657, 960.873)	1.2854×10^4
10	(526.637, 761.849)	(546.359, 786.446)	2.1025×10^9
16	(562.704, 562.704)	(562.706, 562.706)	2.7213×10^9

从表 2.9 看出, X_1 与 X_2 几乎相等, 即寻优结果仍然是采用二级给水系统, 且分区点位置与单变量寻优结果相差不多, 且考虑到投资的因素, 对于本书的例子最优化分区的方案只有一个, 这在理论上也是经得住分析的. 可见, 本书的方法是一种比较智能的分区给水优化方法, 可自动确定分区级数及分区位置, 适用于大型灌区的快速分区决策与给水系统的优化.

用 RAGA 优化分区给水系统, 计算准确、快速、易形成通用的程序 (可用于三级或三级以上, 只要分区给水所增加的投资及管理费用小于所节省的能量费用即可), 智能性高. 当然不同的给水系统有各自的特点, 我们可以对其进行详细的分析, 寻求出相应的目标函数表达式, 进而对其进行有约束的优化, 这也正是 RAGA 的长处所在, 因此用其来优化分区给水系统不失为一个高效的新方法.

5. RAGA 在天然河道水面线计算中的应用

河道水面线的计算是根据河道地形、纵横断面资料和河道糙率, 推求某一河段在某一定流量下各断面处的水位值, 从而绘出一条相应流量的水面曲线. 在原河道上修建拦河坝、水闸等水利工程, 将使建筑物上游的水位抬高, 可能会淹没部分城市、乡村和农田. 为了估计淹没范围和确定水利工程的规模, 要计算壅水水面沿河段的高度, 这时便需进行水面线的计算; 在防洪工程规划设计中要计算设计流量下的洪水水面线, 进而根据河道的预报洪量推求相应的水面曲线, 为防洪抗洪措施提供重要的决策依据.

目前计算河道水面线的常用方法是试算法、图解法和迭代法. 这些方法均是沿河道顺序地逐段推求各计算断面的水位值, 由此存在各段误差累积的问题. 故不便控制整个河段的总误差. 金菊良等提出了用加速遗传算法求解该问题, 本书用 RAGA 来解决这个问题, 具体实例解决过程如下.

1) 天然河道水面曲线计算

天然河道水面曲线计算公式为

$$Z_u+(\alpha_u+\zeta_u)\frac{Q^2}{2g\omega_u^2}=Z_d+(\alpha_d+\zeta_d)\frac{Q^2}{2g\omega_d^2}+\Delta S\frac{Q^2}{\overline{K}^2} \tag{2-59}$$

式中, $Z_u,Z_d,\alpha_u,\alpha_d,\zeta_u,\zeta_d,\omega_u,\omega_d$ 分别为相距 ΔS 的上、下游两个断面的水位、动能修正系数、局部阻力系数、过水断面面积; Q 为河道流量, $\overline{K}$ 为河道平均流量模数. 其计算公式如下:

$$\frac{1}{\overline{K}^2}=\frac{1}{2}\left(\frac{1}{K_u^2}+\frac{1}{K_d^2}\right)=\frac{1}{2}\left(\frac{n^2}{\omega_u^2R_u^{4/3}}+\frac{n^2}{\omega_d^2R_d^{4/3}}\right) \tag{2-60}$$

式中, n 为河段糙率系数, R 为水力半径, K_u, K_d 分别为上下游断面的流量模数.

把式 (2-60) 代入式 (2-59) 中, 整理得

$$\begin{aligned} &Z_u+(\alpha_u+\zeta_u)\frac{Q^2}{2g\omega_u^2}-\frac{1}{2}(Qn)^2\Delta S\frac{1}{\omega_u^2R_u^{4/3}} \\ &=Z_d+(\alpha_d+\zeta_d)\frac{Q^2}{2g\omega_d^2}+\frac{1}{2}(Qn)^2\Delta S\frac{1}{\omega_d^2R_d^{4/3}} \end{aligned} \tag{2-61}$$

从式 (2-61) 可以看出, 左端为上游断面总能量, 右端为下游断面总能量.

因为断面水力要素 ω, R 是水位 Z 的函数, 所以计算过程中必须建立各断面水位要素与水位的关系, 常采用拉格朗日 (Lagrange) 二次插值公式, 即

$$\begin{aligned} y=&y_1(x-x_2)(x-x_3)/((x_1-x_2)(x_1-x_3)) \\ &+y_2(x-x_1)(x-x_3)/((x_2-x_1)(x_2-x_3)) \\ &+y_3(x-x_1)(x-x_2)/((x_3-x_1)(x_3-x_2)) \end{aligned} \tag{2-62}$$

式中, x_1, x_2, x_3 为插值基点, y_1, y_2, y_3 为插值基点所对应的函数值, 均是已知值. 将水位 Z 当成 x, 各断面水力要素 ω, R 作为 y, 便可求得各断面水力要素值.

当流量条件不变时, 根据河道及纵横剖面, 可把研究的整个河段划分成 $(m-1)$ 个计算河段, 共有 m 个横断面, 对于河段上断面 $i-1, i$ 两个断面, 式 (2-62) 两端分别为第 $i-1$ 断面水位和第 i 断面水位的函数, 即

$$E_{i-1}(Z_{i-1})=Z_{i-1}+(\alpha_{i-1}+\zeta_{i-1})\frac{Q^2}{2g\omega_{i-1}^2}-\frac{1}{2}(Qn_{i-1})^2\Delta S_{i-1}\frac{1}{\omega_{i-1}^2R_{i-1}^{4/3}} \tag{2-63}$$

$$E_i(Z_i)=Z_i+(\alpha_i+\zeta_i)\frac{Q^2}{2g\omega_i^2}+\frac{1}{2}(Qn)^2\Delta S\frac{1}{\omega_i^2R_i^{4/3}} \tag{2-64}$$

目前推求河道水面线的常用方法是试算法、图解法和迭代法. 试算法的计算过程是: ①已知计算河段某个断面的水位 (如 Z_i), 按式 (2-64) 求函数 $E_i(Z_i)$ 值; ②假定计算河段另一断面的水位 (如 Z_{i-1}), 按式 (2-63) 求出其对应函数 $E_{i-1}(Z_{i-1})$ 值, 比较 $E_i(Z_i)$ 与 $E_{i-1}(Z_{i-1})$, 直到两个函数值之差小于允许 d 时, 所假设的值即为所求的水位值; ③将该河段求出的水位值 (如 Z_{i-1}) 作为下一计算河段已知断面的水位 (如 Z_i), 转步骤①, 如此逐段进行, $i=m, m-1, \cdots, 2$, 从而得出全河段各计算断面的水位值.

迭代法的计算过程是: 由式 (2-47) 和式 (2-48) 建立如下迭代公式:

$$Z_{i-1}=E_i(Z_i)-(\alpha_{i-1}+\zeta_{i-1})\frac{Q^2}{2g\omega_{i-1}^2}+\frac{1}{2}(Qn_{i-1})^2\Delta S_{i-1}\frac{1}{\omega_{i-1}^2R_{i-1}^{4/3}} \tag{2-65}$$

先假定 Z_{i-1} 值, 然后按式 (2-65) 得到 Z_{i-1} 的计算值 (Z_i 为已知值), 若计算值与假定值之差大于允许误差 d, 则把计算值作为新的假定值, 再按式 (2-65) 计算得到一个新的 Z_{i-1} 值, 若该值与假定值小于允许误差 d, 则把此计算值作为最终结

果; 而后, 将本河段求出的 Z_{i-1} 值作为下一个计算河段的已知 Z_i, 依次进行下去, $i=m,m-1,\cdots,2$, 得到全河段各计算断面的水位值.

由上可见, 在试算法和迭代法中, 每一个计算河段都存在计算误差 (允许误差 d), 且计算是逐段依次进行的, 首先被计算河段的误差将传递到后面的计算河段, 故存在不同河段的误差累积问题. 所以无法控制全河段的总计算误差.

对于图解法, 可采用艾斯考夫 (Escoffer) 图解法等, 在图解前, 要先作好各计算流段的断面函数曲线即 $Z_u-f'(Z_u)$ 和 $Z_d-f'(Z_d)$ 关系曲线, 具体过程可参见文献 [25], 过程也是十分麻烦. 本书提出用 RAGA 确定河道各计算断面的水位值, 以控制全河段总计算误差, 过程如下: 由式 (2-61)~ 式 (2-64) 得全河段的总误差计算式为

$$f(Z)=|E_1(Z_1)-E_2(Z_2)|+|E_2(Z_2)-E_3(Z_3)|+\cdots+|E_{m-1}(Z_{m-1})-E_m(Z_m)| \tag{2-66}$$

式中, $|\cdot|$ 为取绝对值. 从式 (2-66) 看出全河段水面曲线的计算问题实际上是求如下优化问题:

$$\min f(Z)=|E_1(Z_1)-E_2(Z_2)|+|E_2(Z_2)-E_3(Z_3)|+\cdots+|E_{m-1}(Z_{m-1})-E_m(Z_m)|$$
$$(Z_i\in[a_i,b_i],i=1,2,\cdots,m-1,\text{设全河段的最后断面的水位 } Z_m \text{ 已知}) \tag{2-67}$$

式中, $[a_i,b_i]$ 为第 i 个断面水位 Z_i 的变化范围. 该问题是以各断面水位 $\{Z_i|i=m-1,m-2,\cdots,1\}$ 作为变量的复杂多变量优化问题, 它是水位 Z_i 的高次隐含表达式, 基于以上问题的自身特点的分析, 可用 RAGA 求解.

2) *应用实例*

例 1 某河道上修建一座拦河闸, 形成闸前全段壅水. 已知河道流量为 $500\text{m}^3/\text{s}$, 闸前最高壅水 Z_4=477.15m, 自闸前最高壅水位置将上游壅水段分成 3 个计算河段, 这 3 个河段 (从上游到下游) 的长度分别为 1500m, 1020m, 570m, 动能修正系数均为 1.15, 局部阻力系数分别取 −0.33, 0, 0, 河道糙率为 0.03, 这 4 个断面 (断面号从上游到下游顺序递增) 的水力要素资料见表 2.10.

表 2.10 各断面水力要素

断面号 i	水位 Z/m	过水断面面积 A/mm^2	水力半径 R/m	断面号 i	水位 Z/m	过水断面面积 A/mm^2	水力半径 R/m
1	477.00	320	0.714	2	476.00	280	0.857
1	478.00	800	1.429	2	477.00	560	1.714
1	478.50	1120	1.857	2	478.00	960	2.429
3	476.00	280	1.714	4	476.00	240	1.517
3	477.00	440	2.143	4	477.00	380	2.143
3	478.00	640	2.714	4	478.00	560	2.857

现用 RAGA 同时计算该例各断面的水位值. 目标函数取式 (2-67). RAGA 的群体规模是算法进化过程中每代个体的总数目, 即是优化问题的试探解的个数, 在本例中就是 RAGA 每次进化迭代中所试探的水面线的条数, 优秀个体是指每代中相对目标函数最优的部分个体. 群体规模和优秀个体数目组合多为 (300, 10), (400、20) 和 (500, 30)[17], 本例采用 (400, 20) 的组合, $Pc = 0.8, Pm = 0.8$, 用 RAGA 加速循环 6 次, 得到各断面的水位值, 见表 2.11, 在该表中列出了金菊良等用 AGA 计算的结果.

表 2.11　用 RAGA 同时计算各断面的水位值

断面 i 水位值 Z/m	AGA 结果	RAGA 结果
Z_1	477.9187	477.9186
Z_2	477.6302	477.6302
Z_3	477.3954	477.3954
最优目标函数值 $\min f$	0.00000	0.00000
加速循环次数	11	6
加速循环次数	11	6

例 2　大渡河某地修建一拦河坝, 第一期工程坝前水位为 1520.00m, 在初步设计中, 要求推算各级流量下水库的回水线. 已知库区河段粗糙系数为 0.025; 某一级流量为 10600m^3/s. 在坝前从上游至下游将研究河段分为 6 个计算河段 (序号依次递增), 相邻断面间距分别为 ΔS_1=1987m, ΔS_2=3358m, ΔS_3=9324m, ΔS_4=4150m, ΔS_5=9416m, 流速水头和局部水头损失忽略不计. 各断面水力要素见表 2.12.

表 2.12　各断面水力要素

断面号 i	水位 Z/m	过水断面面积 A/m^2	水力半径 R/m	断面号 i	水位 Z/m	过水断面面积 A/m^2	水力半径 R/m
1	1521.00	1820	9.75	2	1521.00	2640	11.08
1	1522.00	1990	10.1	2	1522.00	2860	11.83
1	1523.00	2170	10.42	2	1523.00	3035	12.76
3	1520.00	3650	10.3	4	1520.00	6530	20.8
3	1521.00	3960	11.02	4	1521.00	6790	21.4
3	1522.00	4270	11.75	4	1522.00	7050	22.0
5	1520.00	373.5	25.2				
5	1521.00	379.5	25.7	6	1520.00	12410	30.1
5	1522.00	385.5	26.2				

原书中用艾斯考夫图解法求解, 计算过程烦琐, 累计总误差大, 现用 RAGA 同时计算各断面的水位值. 目标函数仍取式 (2-67), 群体规模和优秀个体数分别取 300 和 10, 其余参数与例 1 同. 用 RAGA 加速 10 次, 得到最优计算结果见表 2.13(表中列出原书中用艾斯考夫图解法求解的结果).

3) 结论

(1) 由表 2.13 可以看出: 无论从总计算误差, 还是从各断面的水位的计算结果来看, RAGA 与 AGA 几乎完全相同, 且 RAGA 编码简便, 易于操作, 较 RAGA 收敛速度提高 46%左右, 同时也验证了它是可靠的;

表 2.13　用 RAGA 同时计算各断面的水位值

断面 i 水位值 Z/m	RAGA 结果	艾斯考夫图解结果
Z_1	1522.92	1522.75
Z_2	1521.94	1521.87
Z_3	1521.10	1521.0
Z_4	1520.13	1520.10
Z_5	1520.06	1520.06
最优目标函数值 $\min f$	0.00145	2.18535

(2) 由表 2.13 看出: RAGA 可同时优化多个变量, 且计算精度极高, 沿河道总长 28235m 的绝对误差仅为 0.00145m, 而原书中的计算结果代入本书目标函数中得出总误差为 2.18535, 远低于 RAGA 的精度. 应用 RAGA 来计算天然河道水面曲线确是切实可行的.

参 考 文 献

[1] 丁晶, 金菊良, 杨晓华, 等. 基因算法在水科学中的应用 [J]. 人民长江, 1999, (8): 13–15
[2] 金菊良, 丁晶. 遗传算法及其在水科学中的应用 [M]. 成都: 四川大学出版社, 2000.
[3] 张玲, 张钹. 统计遗传算法 [J]. 软件学报, 1997, 8(5): 335–344.
[4] Grefenstette J J. Optimization of Control Parameters for Genetic Algorithms [J]. IEEE Trans.on SMC, 1986, 16(1): 122–128.
[5] 席裕庚, 柴天佑, 等. 遗传算法综述 [J]. 控制理论与应用, 1996, 13(6): 697–708 .
[6] Schaffer J D, Caruana R A, Eshelman L J, et al. A study of Control Parameters Affecting Online Performance of Genetic Algorithms for Function Optimization [C]//Proc. 3rd. Conf. Genetic Algorithms, 1989: 51–60.
[7] 刘勇, 康立山, 陈毓屏. 非数值并行算法 (第二册)—— 遗传算法 [M]. 北京: 科学出版社, 1997.
[8] 陈希儒, 郑忠国. 现代数学手册 · 计算机数学卷 [M]. 武汉: 华中科技大学出版社, 2001.
[9] 君洪超, 于福东, 施光燕, 等. 过程综合的全局优化改进遗传算法 [M]. 大连理工大学学报, 1997, 37(4): 420–424.
[10] 金菊良. 遗传算法在水资源工程中和应用研究 [D]. 四川大学水电学院, 2000, 9.
[11] 杨荣富, 金菊良, 丁晶. 保持群体多样性的遗传算法 [J]. 四川联合大学学报, 1999, 3(6):16.
[12] 宋定春. 溢流坝下游收缩断面水深计算 [J]. 四川水利, 1996, 17(6): 14–16.
[13] 金菊良, 丁晶, 杨晓华, 等. 计算溢流坝下游收缩断面水深的方法 [J]. 水利水电技术, 2001, 32(3): 20.
[14] 史晓新, 夏军. 水环境质量评价灰色模式识别模型及应用 [J]. 中国环境科学. 1997, 17(2): 127–130.
[15] 钱正英, 张光斗. 中国可持续发展水资源战略研究综合报告及各专题报告 [M]. 北京: 中国水利水电出版社, 2001(3): 128.
[16] 金菊良, 张欣莉, 丁晶, 等. 用加速遗传算法计算梯形明渠的临界水深 [J]. 四川大学学报, 2001(1): 12–15.
[17] 熊亚南. 用 Steffensen 迭代法计算梯形明渠的临界水深 [J]. 水利水电技术.2001(11): 25–27.
[18] 相振国, 等. 梯形明渠临界水深公式的研究 [J]. 河海大学学报, 1992(6): 22–24.
[19] 叶守泽. 水文水利计算. 水利水电出版社 [M]. 1922: 47–48.
[20] 魏一鸣, 金菊良, 杨存建, 等. 洪水灾害风险管理理论 [M]. 北京: 科学出版社, 2002, 1: 235–236.
[21] 黄崇福, 刘新立, 周国贤, 等. 以历史灾情资料为依据的农业自然灾害风险评估方法 [J]. 自然灾害学报, 1998, 7(2): 1–8.
[22] 黄崇福, 王家鼎. 模糊信息优化处理技术及其应用 [M]. 北京: 北京航空航天大学出版社, 1995: 42–64.
[23] 王新洲. 基于信息扩散原理的估计理论及其抗差性 [J]. 武汉测绘科技大学学报, 1999, 24(3): 240–244.
[24] 阵坤, 卢国荣, 安巍, 等. 非均匀给水系统中分区给水的优化分析 [J]. 节水灌溉, 2002(1): 27–29.
[25] 吴持恭. 水力学 (下册)[M]. 北京: 高等教育出版社, 1984.

第 3 章　马尔可夫链蒙特卡罗算法

3.1　马尔可夫链蒙特卡罗算法

蒙特卡罗方法又称统计实验方法, 属于计算科学的一个分支, 它是在 20 世纪 40 年代中期为了适应当时原子能事业的发展而发展起来的. 传统的经验方法由于不能逼近真实的物理过程, 很难得到满意的结果, 而采用蒙特卡罗方法基于随机采样的蒙特卡罗方法可以避开归一化常数求解, 可以通过选用实际问题遵循的概率统计规律, 依照该规律进行大量的统计试验, 使它的某些统计参量正好是待求问题的解, 从而能够真实地模拟实际物理过程, 故解决问题与实际非常符合, 可以得到很圆满的结果. 这也是我们采用该方法的原因. 抽取伪随机样本使其收敛到目标函数 (后验分布), 根据抽得的样本便可获得目标函数的统计特性 (如均值、方差等). 所有蒙特卡罗方法的一个基本步骤是产生服从某个目标概率分布函数的伪随机样本. 但往往蒙特卡罗方法对于随机序列的模拟要求计算量很大, 面临着计算复杂性的问题 [1]. 人们感兴趣的变量 x 通常在 $\mathbf{R}^k$ 中取值, 但有时也会在一个拓扑空间上取值. 在大多数应用中, 从一个人们感兴趣的分布中产生独立样本是不可行的. 通常情况下, 要么产生的样本是相关的, 要么产生的样本异于所要求的分布, 或二者同时发生. 马尔可夫概念于 1907 年由俄罗斯数学家马尔可夫提出, 到 20 世纪 90 年代研究人员将马尔可夫链蒙特卡罗方法引入到参数不确定性研究中用于待估参数后验分布的采样, 并采用贝叶斯统计方法充分利用待估参数的先验信息, 使得收敛速度明显提高. 经过几代数学家相继完善, 目前大大地降低了计算量, 使得随机模拟在很多领域 (物理、化学、生物、天文、地理、气象、计算机、通信等) 的计算显示出巨大的优越性 [2]. 马尔可夫链有严格的数学定义, 其直观意义可理解为: 随机系统中下一个要达到的状态仅信赖于目前所处的状态, 而与此之前的状态无关. 米特罗波利斯 - 哈斯汀 (Metropolis-Hastings, M-H) 算法是 MCMC 算法的基本框架, 是一种从某一分布为稳定分布的马氏链中产生样本, 然后使所得的样本序列的概率极限分布收敛于目标后验分布的方法. 因此, 马尔可夫链蒙特卡罗基本上是一种通过展开马氏链来获得相关样本的混合型蒙特卡罗方法. 马尔可夫链蒙特卡罗的关键是如何选择推荐分布 (转移密度) 使抽样更加有效.

MCMC 的性能很大程度上取决其采样的算法, 常用的采样算法有 Metropolis 算法 [3]、Metropolis-Hastings[2,3] 算法、吉布斯 (Gibbs) 采样和 Adapative Metropolis[4] 算法等.

3.1.1 马尔可夫链蒙特卡罗算法的基本原理

米特罗波利斯 - 哈斯汀算法是马尔可夫链蒙特卡罗算法的基本框架, 是一种从某一分布为稳定分布的马氏链中产生样本, 然后使所得的样本序列的概率极限分布收敛于目标后验分布的方法. 因此, 马尔可夫链蒙特卡罗基本上是一种通过展开马氏链来获得相关样本的混合型蒙特卡罗方法, 它将随机过程中的马尔可夫链应用到蒙特卡罗模拟中, 以实现动态模拟 (即抽样分布随模拟的进行而改变).

本质上, 马尔可夫链蒙特卡罗方法是使用马尔可夫链的蒙特卡罗积分, 已知变量的后验分布, 要求的一些后验量如均值、方差、分位数可归结为对高维的后验分布进行积分计算. 具体来看, 蒙特卡罗积分通过抽样点 $\{X^{[t]}, t=1,\cdots,n\}$ 来估计 $E[f(x)]$. 其估计公式为

$$E[f(x)] \approx \frac{1}{n}\sum_{t=1}^{n} f(X^{[t]}) \tag{3-1}$$

所以, 由 $f(x)$ 的抽样均值可得到其总体均值. 如果抽样点 $\{X^{[t]}\}$ 是独立的, 则可以增加抽样次数 n 来达到所期望的准确度.

一般来讲, 随机点 X_t 来自于分布 $\pi(x)$, 因此如何由分布 $\pi(x)$ 得到随机点至关重要. MCMC 方法就是通过构造一个平稳分布为 $\pi(x)$ 的马尔可夫链来得到随机样本. 假定要产生随机变量 $\{X^{[0]}, X^{[1]}, X^{[2]}, \cdots\}$, 则对任意 $t \geqslant 0$ 的时刻, 下一状态 $X^{[t+1]}$ 来自于对分布 $P(X^{[t+1]}/X^{[t]})$ 的抽样, 它只依赖于当前状态 $X^{[t]}$, 并不依赖于历史状态 $\{X^{[0]}, X^{[1]}, \cdots, X^{[t-1]}\}$. 这就是马尔可夫序列. 其中 $P(\cdot/\cdot)$ 称为转移核, 它不依赖于时间 t. 现在有一个问题是初始状态 $X^{[0]}$ 对 $X^{[t]}$ 有什么影响. 在给定 $X^{[0]}$ 而没有给定 $\{X^{[1]}, \cdots, X^{[t-1]}\}$ 的信息情况下, 将 $X^{[t]}$ 的条件分布记为 $P^{[t]}(X^{[t]}/X^{[0]})$.

在一般规律下, 马尔可夫链将逐渐的忽略其初始状态. $P^{[t]}(X^{[t]}/X^{[0]})$ 将最终收敛于唯一的平稳分布, 它既不依赖于 t 也不依赖于初始状态. 这说明, 不管初始值取什么, $X^{[t]}$ 的分布都能收敛到同一个分布, 即所谓的平稳分布.

事实上, 并不需要起始状态的边际分布就是 $\pi(x)$. 从不同的 $X^{[t]}$ 出发, 马尔可夫链经过一段时间的迭代后, 可以认为各个时刻的 X^t 的边际分布都是平稳分布 $\pi(x)$, 此时称它收敛. 而在收敛出现以前的一段时间, 如 m 次迭代初始迭代阶段中, 各状态的边际分布还不能认为是 $\pi(x)$, 因此在使用式 (3-1) 估计 $E[f(x)]$ 时, 应把前面的 m 个迭代值去掉, 而用后面的 $n-m$ 个迭代结果来估计, 即

$$E[f(x)] \approx \frac{1}{n-m}\sum_{t=n-1}^{n} f(X^{[t]}) \tag{3-2}$$

式 (3-2) 称为遍历平均. 由众所周知的遍历性定理, 有 $f_n \to E[f(x)], n \to \infty$.

从模拟计算的角度看, 构造的转移核使已知的概率分布 $\pi(x)$ 为平稳分布. 因此, 在采用马尔可夫链蒙特卡罗方法时, 转移核的构造具有至关重要的作用. 不同的转移核的构造方法, 导致不同的马尔可夫链蒙特卡罗方法, 如 Metropolis 方法、Gibbs 抽样方法等.

至此, 可以把马尔可夫链蒙特卡罗方法概括为如下三个步骤:

步骤 1: 在 X 上选一个 "合适" 的马尔可夫链, 使其转移核为 $P(\cdot/\cdot)$. 这里 "合适" 的含义主要指 $\pi(x)$ 应是其相应的平稳分布;

步骤 2: 由 X 中某一点 $X^{[t]}$ 出发, 用上面中的马尔可夫链产生点序列 $X^{[0]},\cdots,X^{[t]}$;

步骤 3: 对某个 m 和大的 n, 任一函数 $f(x)$ 的期望估计如下

$$E[f(x)] = \frac{1}{n-m}\sum_{t=m-1}^{n} f(X^{[t]}) \tag{3-3}$$

3.1.2 马尔可夫链蒙特卡罗期望值目标函数

一种朴素的方法是通过计算机默认产生均匀分布的随机数 α, 则 $F^{-1}(\alpha)$ 就是所需的随机数. 但该方法有局限性, 如果 $F(\cdot)$ 形式复杂, 得不到其反函数 $F^{-1}(\cdot)$, 则该方法无效.

另一种较常用的是 Rejection Sampling[5]. 若产生概率密度为 $p(x)$ 的样本困难, 设 $q(x)$ 是定义在相同区间的易产生样本的简单密度函数, 满足 $p(x) \leqslant Mq(x)$, $M < \infty$, 令

$$r(x) = \frac{p(x)}{Mq(x)} \tag{3-4}$$

按照以下步骤反复进行:

(1) 从 $q(x)$ 抽样得到 $x_i, i = 1, \cdots, N$;

(2) 产生满足 $U(0,1)$ 分布的随机变量 $u_i, i = 1, \cdots, N$, 当 $u_i \leqslant r(x_i)$, 接受 x_i, 否则舍弃 x_i, 如图 3-1 所示.

最后剩下的样本 x_i 满足分布 $p(\cdot)$. 常见的正态分布抽样就是由该方法实现的.

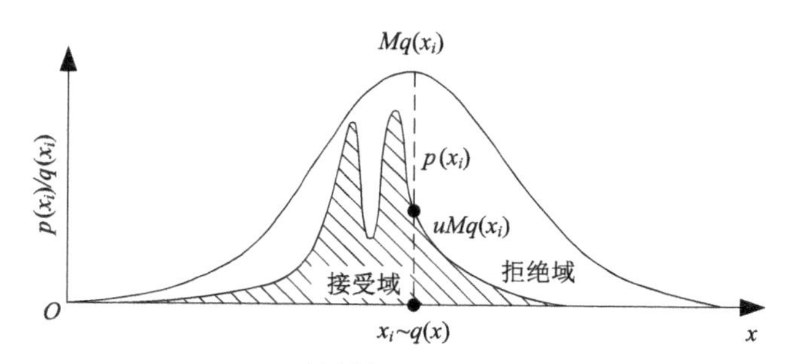

图 3-1 Rejection sampling: 抽样得到候选样本 x_i, 抽样得到均匀分布的 u, 若 $uMq(x_i) < p(x_i)$, 接受该样本, 否则舍弃之

该方法有一个局限, 有时候不能找到合理的 M 使得在 x 的全空间 χ 都有, $M \geqslant p(x)/q(x)$, 因为如果 M 过大, 某个样本 x_i 被接受的概率只有

$$\Pr(x_i\text{被接受}) = \Pr\left(u_i < \frac{p(x)}{Mq(x)}\right) = \frac{1}{M} \tag{3-5}$$

这使算法收敛过慢.

对 $\hat{h}_N$ 评价, 容易获得如下结论

$$E(\hat{h}_N) = E(h), \quad \mathrm{Var}(\hat{h}_N) = \frac{\mathrm{Var}(h)}{N}$$

可见, $\hat{h}_N$是$E_f(h(x,\varepsilon))$的无偏一致估计. 根据中心极限定理, 估计的误差有以下结论

$$\sqrt{N}(\hat{h}_N - E_f(h)) \underset{N\to\infty}{\Rightarrow} N(0, \mathrm{Var}(h)) \tag{3-6}$$

其中, $\Rightarrow$ 指依分布收敛 [6].

3.1.3 马尔可夫链蒙特卡罗处理机会约束

考虑用蒙特卡罗模拟来考察任意一个候选的决策 $u \in U$ 是否满足该机会约束 [7]. 将 u 看成随机变量, 其分布由事先假设 (如均匀分布), 按照该分布抽样得到 $u_i, i = 1, \cdots, N$, 按照 ε 的分布抽样得到样本 $\varepsilon_i, i = 1, \cdots, N$. 建立示性函数以指示 $g(u_i, \varepsilon_i)$ 是否属于 G

$$\prod_G (g_i) = \begin{cases} 1, & g_i = g(u_i,\varepsilon_i) \in G \\ 0, & g_i = g(u_i, \varepsilon_i) \notin G \end{cases} \tag{3-7}$$

则 $p(g(u_i, \varepsilon_i))$ 的估计值 $\hat{p}_N(u)$ 由式 (3-8) 得到

$$\hat{p}_N(u_i) = E\left[\prod_G (g_i)\right] = \frac{1}{N}\prod_G (g(u_i, \varepsilon_i)) \tag{3-8}$$

如果 $\hat{p}_N(u_i) \geqslant \alpha$, 则认为决策 u_i 满足机会约束 $p(g(u,\varepsilon) \in G) \geqslant \alpha$, 接受之, 否则舍弃之.

3.2 Adaptive Metropolis 算法

为了改进 M-H 的搜索速率, 自适应 Metropolis 算法便应运而生. Adaptive Metropolis(AM) 算法是 Haario[8] 于 2001 年提出的一种改进的 MCMC 采样器. 相比传统的 M-H 与 Gibbs 采样, AM 不再需要事先确定变量的转移分布, 而是决定于初始抽样的协方差. 将转移分布定义为参数空间的多维正态分布形式, 以此为依据对参数空间运行随机抽样, 其初始协方差可根据先验分布确定. 在抽样过程中根据马尔可夫链的历史抽样信息自适应地调整转移密度 (即协方差矩阵), 且可并行运算, 从而大大提高算法的收敛速度.

设 t 时刻已经抽取样本 $X_0, X_1, \cdots, X_{t-1}$, 根据这些历史样本得到转移概率分布 $q_t(\cdot|X_0, X_1, \cdots, X_{t-1})$, 并生成新的样本 Y, 根据下式计算的接受概率来判断是否接受这个新的样本:

$$\alpha(X_{t-1}, Y) = \min\left\{1, \frac{\pi(Y)}{\pi(X_{t-1})}\right\} \tag{3-9}$$

式中, π 为未归一化的目标分布.

AM 算法将转移分布 $q_t(\cdot|X_0, X_1, \cdots, X_{t-1})$ 定义为均值为 X_{t-1}, 协方差为 $\mathrm{Cov}(X_0, X_1, \cdots, X_{t-1})$ 的正态分布. 协方差的计算如下式:

$$C_i = \begin{cases} C_0, & i \leqslant t_0 \\ s_d(\mathrm{Cov}(X_0, X_1, \cdots, X_{t-1})) + s_d \varepsilon I_d, & i > t_0 \end{cases} \tag{3-10}$$

式中, ε 为一个较小的正数, 以确保 C_i 不为奇异矩阵; s_d 为一个比例因子, 依赖于变量的维数 d, 以确保接受概率在一个合适的范围内, Gelman 等 [9] 建议 d 取为 $2.4^2/d$; I_d 为 d 维单位矩阵. t_0 为初始抽样次数.

在初始抽样次数 $i \leqslant t_0$ 中 (确定初始抽样次数 t_0, 是为了消除算法初始阶段抽样不稳定对后续抽样的影响), 协方差 C_i 取固定值 C_0, 之后自适应更新.

根据协方差矩阵的经验公式, $X_0, X_1, \cdots, X_k \in \mathbf{R}^n$ 的协方差矩阵可表示为

$$\mathrm{Cov}(X_0, X_1, \cdots, X_k) = \frac{1}{i}\left(\sum_{k=1}^{i} X_k X_k^{\mathrm{T}} - (i+1)\overline{X}_i \overline{X}_i^{\mathrm{T}}\right) \tag{3-11}$$

$$\overline{X}_i = \frac{1}{i+1}\sum_{k=0}^{i} X_k \tag{3-12}$$

第 $i+1$ 次迭代的协方差根据式 (3-10)~ 式 (3-12) 计算得出, 如下式所示:

$$C_{i+1} = \frac{i-1}{i}C_i + \frac{s_d}{i}(i\overline{X}_{i-1}\overline{X}_{i-1}^{\mathrm{T}} - (i+1)\overline{X}_i\overline{X}_i^{\mathrm{T}} + X_i X_i^{\mathrm{T}} + \varepsilon I_d) \tag{3-13}$$

式中, $\overline{X}_{i-1}$ 和 $\overline{X}_i$ 为前 $i-1$ 和 i 次抽样的均值, X_i^{T} 为向量 X_i 的转置.

由上可知, AM 算法的采样机制与所有的历史样本信息 $X_0, X_1, \cdots, X_{t-1}$ 有关, 严格地说, AM 链并非真正的马尔可夫链. Haario 等 [8] 已证明了该算法的收敛性及遍历性. AM 算法的具体采样步骤如下:

(1) 初始化, $i = 0$;

(2) 初始状态 X_i 在其变量的搜索范围内随机产生并接受;

(a) 利用式 (3-2) 计算协方差 C_i;

(b) 产生推荐变量 $X^* - N(X_i, C_i)$;

(c) 按式 (3-1) 计算接受概率 α;

(d) 产生一个均匀随机数 $u - U(0,1)$;

(e) 若 $u < \alpha$, 接受 $X_{i+1} = X^*$, 否则 $X_{i+1} = X_i$;

(3) $i = i+1$, 重复 (a)~(e) 直至产生预先要求的样本数量为止.

AM 算法的最大优点就是转移分布随抽样过程自动更新, 无须事先指定. 转移密度的协方差是不断减小的, 当有新的不同样本接受时协方差的减小速率会更快, 从而使收敛速度成倍提高. 与传统 M-H 算法相比, 参数同时更新, 不再需要分组更新, 这也使计算量大大减少.

从 AM 算法的运行机制及大量试验表明, 其收敛速度及遍历程度在很大程度上取决于初始样本及初始协方差矩阵 C_0 的选取, 当初始样本和协方差矩阵选择质

量较差, 会导致 AM 算法的收敛速度缓慢, 甚至当所研究问题具有多个极值时易陷入局部最优而无法得到全局最优解. 为此, 本书采用并行机制与加速遗传算法对 AM 算法进行改进, 具体作法: 首先采用并行机制使算法并行运算, 同时产生几个线程, 每一线程执行 AM-MCMC 算法, 以此来减小初始状态对采样的影响, 然后对于每一线程内均产生 N 组的初始样本 (即加速遗传算法的种群个数), 以各组初始样本中的各接受概率之和为目标函数采用加速遗传对初始样本组进行优化, 选取目标函数最大的一组作为该线程的初始样本; 试验显示, 改进后的 AGA-AM 算法比原算法的收敛速度提高了近 25%.

3.3 MCMC 的抽样方法

MCMC 算法主要是应用在多变量、非标准形式、且各变量之间相互不独立时分布的模拟, MCMC 的关键是如何选择推荐分布 (转移密度) 使抽样更加有效. 由于在 MCMC 方法中, 转移核的构造即抽样方法起着决定性的作用, MCMC 的性能很大程度上取决其采样的算法, 所以本部分将详细讨论这个问题. 不同的抽样方法导致不同的 MCMC 方法, 常用的采样算法有 Metropolis 算法 [10]、Metropolis-Hastings[10,11] 算法、吉布斯 (Gibbs) 采样 [10] 和 Adapative Metropolis[12] 算法等.

3.3.1 AM-MCMC

作为随机模拟方法的马尔可夫链蒙特卡罗 (MCMC) 方法早已被许多学者应用到物理、天文、气象等方面. MCMC 方法的关键是如何选择推荐分布使采样更加有效. 常用的采样方法有吉布斯 (Gibbs) 采样、Metropolis-Hastings 算法和 Adaptive Metropolis (AM) 算法.

AM 算法是 Haario 于 2001 年提出的一种改进的 MCMC 采样器. 相比传统的 M-H 与 Gibbs 采样, AM 不再需要事先确定变量的推荐分布, 而是决定于初始抽样的协方差. 将推荐分布定义为参数空间的多维正态分布形式, 其初始协方差可根据先验信息确定. 在抽样过程中根据马尔可夫链的历史抽样信息自适应的调整推荐密度 (即协方差矩阵), 提高了算法的收敛速度.

设 t 时刻已经抽取样本 $q^0, q^1, \cdots, q^{t-1}$, 根据这些前期样本得到推荐分布 $q_t(\cdot\,|q^0, q^1, \cdots, q^{t-1})$ 生成新的样本 q^t, 根据式 (3-1) 计算的接受概率来判断是否接受该新样本

$$\alpha(q^t, q^{t-1}) = \min\left\{1, \frac{f(s_m\,|(q_m^t\,, q_0)g(q_m^t\,|q_0\,)}{f(s_m\,|q_m{}^{t-1}\,, q_0)g(q_m^{t-1}\,|q_0\,)}\right\} \tag{3-14}$$

式中, 各符号的意义同前述.

AM 算法将推荐分布 $q_t(\cdot|q^0, q^1, \cdots, q^{t-1})$ 定义为以 q_{t-1} 为均值, $\mathrm{Cov}(q^0, q^1, \cdots, q^{t-1})$ 为协方差的正态分布. 协方差的计算如式 (3-15) 所示. 在初始抽样

次$i \leqslant t^0$中, 协方差C_i取固定值C_0 (C_0 的确定可根据先验确定), 之后自适应更新.

$$C_i = \begin{cases} C_0, & i \leqslant t_0 \\ s_d(\mathrm{Cov}(q^0, q^1, \cdots, q^{t-1})) + s_d \varepsilon I_d, & i > t_0 \end{cases} \tag{3-15}$$

式中, ε 为一个较小的正数, 以确保 C_i 不为奇异矩阵; s_d 为一个比例因子, 依赖于变量的维数 d, 以确保接受概率在一个合适的范围内, Gelman 等 [9] 建议 s_d 取为 $2.4^2/d$; I_d 为 d 维单位矩阵, t_0 为初始抽样次数.

第 $i+1$ 次迭代的协方差根据式 (3-13) 计算得出, 即式 (3-16) 所示

$$C_{i+1} = \frac{i-1}{i} C_i + s_d(i\overline{q}_{i-1}\overline{q}_{i-1}^{\mathrm{T}} - (i+1)\overline{q}_i\overline{q}_i^{\mathrm{T}} + q_i q_i^{\mathrm{T}} + \varepsilon I_d) \tag{3-16}$$

式中, $\overline{q}_{i-1}$ 和 $\overline{q}_i$ 为前 $i-1$ 次和 i 次抽样的均值, q_i^{T} 为向量 q_i 的转置.

Haario 等证明了该算法的收敛性及遍历性. 采用比例缩小得分 (Scale Reduction Score)$\sqrt{R}$ 判别 AM-MCMC 采样序列是否收敛. Gelman 建议 $\sqrt{R} < 1.2$ 将作为多序列抽样序列收敛判断条件.

3.3.2 Metropolis 算法

令 $\pi(x) = c\exp\{-h(x)\}$ 是人们感兴趣的目标概率分布函数 (可假定所有的分布函数都可以写成这种形式). Metropolis 算法 [13] 是 Metropolis 等在 1953 年提出的一个通过展开马氏链来实现从分布 π 中采样的想法. 其算法由下面两个步骤进行迭代形成:

步骤 1: 对当前状态施加一个随机扰动, 即 $x^{(t)} \to x'$, 这里 x' 可看成是来自一个对称概率转移函数 $T(x^{(t)}, x')$, 即 $T(x^{(t)}, x') = T(x', x^{(t)})$; 计算改变量:

$$\Delta h = h(x') - h(x^{(t)}) \tag{3-17}$$

步骤 2: 产生一个均匀分布数 $u - U[0,1]$. 若 $u \leqslant \exp(\Delta h)$, 则令 $x^{(t+1)} = x'$; 否则取 $x^{(t+1)} = x^{(t)}$.

Metropolis 算法在过去的 50 多年中被广泛应用于统计物理, 是被统计学界采用并得到进一步发展的所有 MCMC 方法的基石.

3.3.3 Metropolis-Hastings 算法

Hastings 对 Metropolis 算法的推广, 便得到 Metropolis-Hastings 算法. 首先主观给定一个容易采样的转移函数 $T(x, y)$. 利用该转移函数进行下面的迭代算法算法来采样:

步骤 1: 给定当前状态 $x^{(t)}$;

步骤 2: 从转移函数 T 中抽取 y;

步骤 3: 计算 $\rho(x, y) = \min\left\{1, \dfrac{\pi(y)T(y, x)}{\pi(x)T(x, y)}\right\}$;

步骤 4: 随机产生 $u - U[0,1]$, 并令

$$x^{(t+1)} = \begin{cases} y, & u \leqslant \rho(x^{(t)}, y) \\ x^{(t)}, & \text{其他} \end{cases} \tag{3-18}$$

由以上看出, 马尔可夫链的收敛速度密切地依赖于 $T(x,y)$ 和目标分布 π. 对于离散状态空间情况, 拜斯昆证明了在统计有效性准则下, Metropolis 等的 $\rho(x,y)$ 是最优的 [13].

3.3.4 Gibbs 采样

Gibbs 采样器是一个特殊的马尔可夫链蒙特卡罗方法, 它的显著特征是通过选择一个保持 π 不变的条件分布来构造马氏链. 故它能有效地将一个高维的模拟问题转化为一系列低维的问题. 假定 $x = (x_1, x_2, \cdots, x_d)$, 随机地或固定地选择一个分向量, 设为 x_1, 然后从条件分布 $\pi(\cdot|x_{[-1]})$ 中产生新的样本 x_1' 对 x 进行更新, 其中 $x_{[A]}$ 表示对于任何下标的子集 A, 定义 $x_{[-A]} = \{x_j | j \in A^c\}$. 其算法描述如下:

(1) 对于随机型扫描吉布斯采样器, 假定当前状态为 $x^{(t)} = (x_1^{(t)}, x_2^{(t)}, \cdots, x_d^{(t)})$, 从 $\{1, 2, \cdots, d\}$ 中按给定概率分布 $(\alpha_1, \alpha_2, \cdots, \alpha_d)$ 随机地选择下标 i. 从条件分布 $\pi(\cdot|x_{[-i]}^{(t)})$ 中产生 $x_i^{(t+1)}$, 并令 $x_{[-i]}^{(t+1)} = x_{[-i]}^{(t)}$.

(2) 对于固定扫描型吉布斯采样器, 设 $x^{(t)} = (x_1^{(t)}, x_2^{(t)}, \cdots, x_k^{(t)})$. 对于 $i = 1, \cdots, d$, 从条件分布 $\pi(x_i | x_1^{(t+1)}, x_2^{(t+1)}, \cdots, x_{i-1}^{(t+1)}, x_{i+1}^{(t)}, \cdots, x_d^{(t)})$ 中抽取样本 $x_i^{(t+1)}$.

容易验证, 每一步条件更新都保持 π 的不变性. 假定当前有 $x^{(t)} - \pi$, 则 $x_{[-i]}^{(t)}$ 服从 π 的边缘分布, 这时 $\pi(x_i^{t+1} | x_{[-i]}^{(t)} \times \pi_{[-i]}^{(t)}) = \pi(x_i^{(t+1)}, x_{[-i]}^{(t)})$, 这意味着每一次条件更新后 $(x_{[-i]}^{(t)}, x_i^{(t+1)})$ 的联合分布仍然是 π.

在正则条件下, 可以证明 Gibbs 采样链是几何收敛的, 并且收敛速度依赖于变量之间的相关性. 将强相关的变量分组在一起, 可以明显地提高 Gibbs 采样的速度. Gibbs 采样之所以得到统计界青睐, 源于在每步迭代中条件分布具有广泛的适用性.

3.4 AM 算法的改进

由于 AM 算法在抽样方面的优越性, 本书采用 AM 算法进行采样. 但是 AM 算法本身也存在一定的局限性, 具体表现在 AM 算法的收敛速度及遍历程度. 从 AM 算法的运行机制及大量试验表明, 其收敛速度及遍历程度在很大程度上取决于初始样本及初始协方差矩阵 C_0 的选取, 当初始样本和协方差矩阵选择质量较差, 会导致 AM 算法的收敛速度缓慢, 甚至当所研究问题具有多个极值时易陷入局部最优而无法得到全局最优解. 为此, 解决 AM 算法初始样本及初始协方差矩阵的选取问题, 就能最大程度的对 AM 算法进行优化. 本研究采用贝叶斯理论对 AM 算法的接受概率和初始协方差的选取进行改进以提高其采用的速率和有效性, 改进的 AM 算法命名为 BAM.

3.4.1 基于贝叶斯理论的接受概率

AM 算法按照接受概率选择样本, 只有样本符合选择概率要求时方能被选用, 因此, 接受概率就成为了选择样本的一个重要标准, 接受概率选择的尺度, 直接影响到样本选择的优劣.

设 t 时刻已经抽取样本 $q^0, q^1, \cdots, q^{t-1}$, 根据这些历史得到推荐分布 $q_t(\cdot|q^0, q^1, \cdots, q^{t-1})$ 生成新的样本 q^t, 根据贝叶斯公式

$$\pi(\theta|x) = \frac{p(x|\theta)\pi(\theta)}{\int_\Theta p(x|\theta)\pi(\theta)\mathrm{d}\theta} \tag{3-19}$$

得到接受概率的公式, 来判断是否接受该新样本:

$$\alpha(q^t, q^{t-1}) = \min\left\{1, \frac{f(s_n|q_n^t, q_0)g(q_n^t|q_0)}{f(s_n|q_n^{t-1}, q_0)g(q_n^{t-1}|q_0)}\right\} \tag{3-20}$$

利用新的接受概率计算公式 (3-20) 来判断是否接受该新样本.

3.4.2 初始样本及协方差选择的优化

本研究采用 BP 人工神经网络及贝叶斯统计同时对 AM 算法进行改进, 首先利用贝叶斯统计增加后验信息来提高样本的信息量, 然后通过建立 BP 神经网络模型, 对样本的输入即初始样本及其初始协方差进行训练, 收敛速度作为输出, 以输出结果作为依据, 选取初始样本. 具体作法如下.

(1) 样本生成. 随机产生一个初始大样本, 样本个数为 p 个, 然后通过随机组合, 产生 m 组小样本, 每组小样本中所含的样本个数为 $q(q<p)$ 个;

(2) 确定样本的先验分布. 对于样本的先验分布采用无信息先验分布, 即认为样本在被选取的概率是均匀的;

(3) 确定样本的后验分布. 根据样本的先验分布, 结合贝叶斯公式, 求出样本的后验分布, 并计算其收敛速度;

(4) 构建 BP 神经网络模型. 根据样本的后验分布, 从高频率区间选取频率较高的样本 n 组, 然后将 n 组初始样本及其初始协方差矩阵 C_0 作为输入层, 将样本的收敛速度作为输出层, 进行 BP 网络训练, 直至网络收敛为止;

(5) 将选取的剩余初始样本及初始协方差矩阵输入训练完毕的 BP 网络, 进行训练, 选取目标函数最大, 即收敛速度最好的一组作为初始样本和初始协方差矩阵;

(6) 将选取的初始样本和初始协方差执行 BAM 算法.

利用贝叶斯统计筛选初始样本, 以此来增加初始状态对采样的信息总量 (代表性), 然后利用 BP 筛选收敛速度较高的样本, 因此大大缩小了初始样本和初始协方差对 AM 算法的影响; 通过试验表明, 改进后的 BAM-MCMC 算法比原 AM 算法的收敛速度提高了近 30%. 可见, 本研究对 AM 算法的改进是有效的. 本书将这种算法命名为 BAM-MCMC.

3.5 收敛准则

MCMC 研究的一个重要任务是判断并行采样序列是否收敛到后验分布. 理论上一个各向同性的采样器在 $t \to \infty$ 时一定收敛, 然而实际应用中并非如此. Gelman 等 [9] 提出了一种定量的比例缩小得分 (Scale Reduction Score)$\sqrt{R}$ 用以诊断收敛性, 得到了广泛应用. $\sqrt{R}$ 的计算方法如下:

$$\sqrt{R} = \sqrt{\frac{i-1}{i} + \frac{q+1}{q \cdot i}\frac{B}{W}} \tag{3-21}$$

$$B/i = \sum_{j=1}^{q} (u_j - \bar{u})^2/(q-1) \tag{3-22}$$

$$W = \sum_{j=1}^{q} s_j/q \tag{3-23}$$

式中, i 为每次并行运算的抽样次数; q 为并行采样的次数; B/i 为各次并行运算样本均值 u_j 的方差; $\bar{u}$ 为 u_j 的均值; W 为各次并行运算样本方差 s_j 的均值.

通常, 比例缩小得分接近 1 则表示算法达到收敛. Gelman 建议将 $\sqrt{R} < 1.2$ 或接近于 1 作为多序列抽样序列收敛判断条件 [9]. Gelman 提出的方法为多序列对比法, 研究中考察单序列是否稳定的方法有平均值法和方差法, 即判断迭代过程中的平均值和方差是否稳定. 单序列评价方法不能判别序列是否全局收敛.

3.6 RAGA-AM-MCMC 算法性能测试

本书给出两个实例, 以测试 RAGA-AM-MCMC 算法的性能.

(1) 以双峰概率密度函数

$$f(\theta) = \frac{1}{\sqrt{2\pi}}\exp\left(-\frac{1}{2}\theta^2\right) + \frac{2}{\sqrt{2\pi}}\exp\left[-\frac{1}{2}(2\theta-8)^2\right]$$

为例, 研究本文建议的 RAGA-AM-MCMC 算法的抽样性能. 该函数在 $\theta = 0$ 和 $\theta = 4$ 处各有一个峰值.

参数 θ 的初始协方差矩阵取为对角阵, 且为搜索范围的 5%, 参数的搜索范围可取为 $[-5, 8]$, 初始抽样次数 $t_0 = 100$, 并行运行次数为 $q = 5$, 每一线程中遗传算法的种群个数为 400, 每次采集样本数 $i = 1000$, 舍弃前 200 个样本, 以消除初始化阶段的影响, 经过 5 次并行采样共获得 $5 \times (1000 - 200) = 4000$ 个样本. 这 4000 个样本的采样过程如图 3-2(a) 所示, 样本密度直方图及理论概率密度曲线如图 3-2(b) 所示. 从图 3-2(a) 看出 θ 的搜索遍布了参数整个取值空间. 由图 3-2(b) 看出样本的频率直方图与理论密度曲线拟合很好. 算得的比例缩小得分 $\sqrt{R} = 1.0016$, 可以认为抽得的样本已收敛到理论分布.

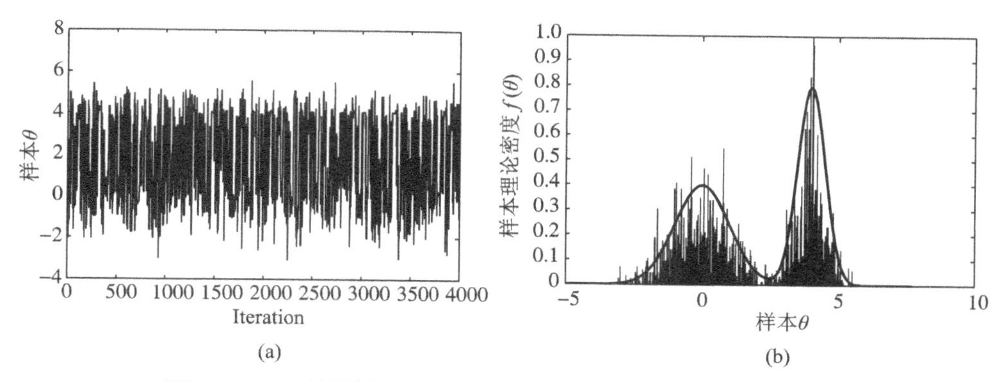

图 3-2 (a)θ 的抽样过程; (b)θ 样本的密度直方图与理论密度曲线

(2) 以两参数线性模型为例, 检验本书建议的 RAGA-AM-MCMC 算法的有效性和收敛特性. 并推求各参数的后验边缘密度及其联合概率密度.

采用的线性模型为 $y = ax + b$, 预先令 $a = 2$, $b = 1$, 即有 $y = 2x + 1$, 当 $x = [0, 1, \cdots, 10]$ 时, 得 $y = [1, 3, \cdots, 21]$. 将服从 $N(0, 0.2)$ 的 11 个随机数加到各元素上作为测量误差, 得到实测样本 y, 如图 3-3 所示.

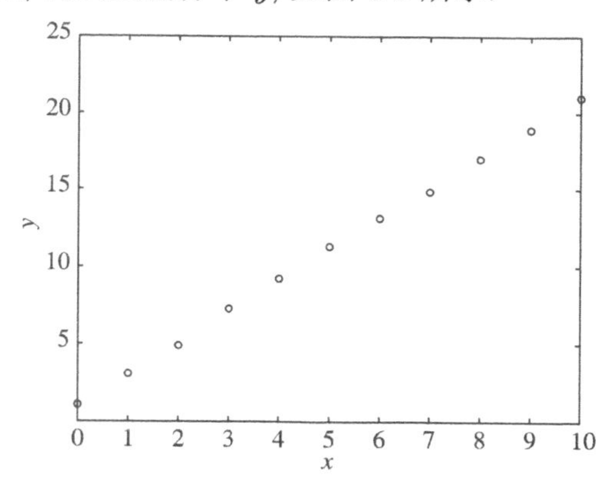

图 3-3 线性模型的实测样本数据

以 (x, y) 为实测数据, 利用 RAGA-AM-MCMC 算法对上述线性模型的参数 a, b 进行取样. 算法初始条件为: 两参数的初始协方差均取为对角阵, 且为搜索范围的 10%; 初始迭代次数 1000, 初始化阶段为 2000, 总取样次数为 10000; 并行采样 5 次共得样本为 $(10000 - 2000) \times 5 = 40000$, 每次采样中遗传算法的种群个数选为 400. 参数 a, b 的先验密度采用无信息先验, 即均匀分布. 设模型预报残差为独立同分布, 即符合正态分布 $N(0, \sigma^2)$, σ 为模型残差系列的标准差. 似然函数采用如下形式:

$$L(y|a, b) = (2\pi\sigma^2)^{-n/2} \prod_{i=1}^{n} \exp\left\{-\frac{|y_i - y_i^*|^2}{2\sigma^2}\right\} \tag{3-24}$$

即似然函数的核函数为

$$L(y|a, b) \propto \exp\left\{-\frac{1}{2}\sum_{i=1}^{n}\left(\frac{e_i}{\sigma}\right)\right\} \tag{3-25}$$

式中, y^* 为模型预报值; n 为实测资料序列的长度; e_i 为残差; 其他符号意义同前.

AGA-AM-MCMC 算法运行约 186s(未改进的算法运算时间为 263s) 结束, 所抽得 40000 个样本的均值为 [1.99, 1.01], 即 $a = 1.99$; $b = 1.01$, 与预先指定的几乎相同, 说明 RAGA-AM-MCMC 算法能够很好地获取总体样本的统计特征. 从后验密度直方图可见, 两参数均服从正态分布 (图 3-4). 从参数 a 和 b 的后验联合密度可见其只有一个全局最优解 (2, 1), 此时联合密度达到最大 (图 3-5).

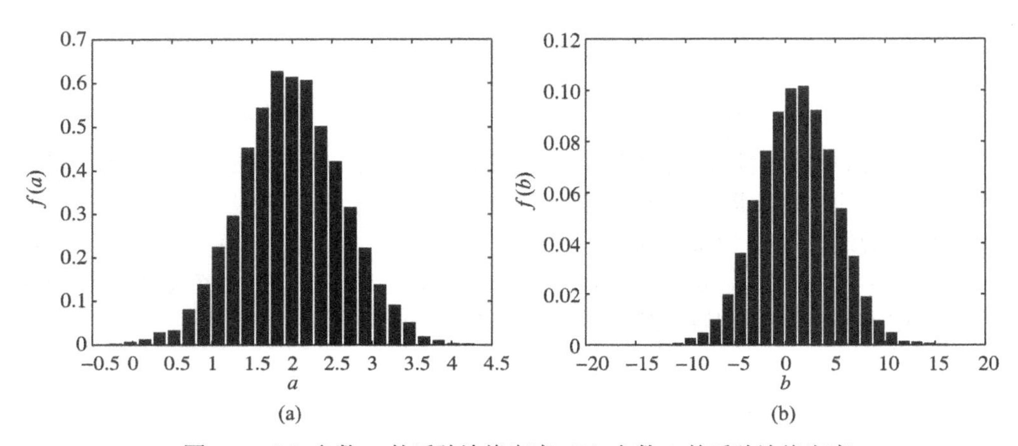

图 3-4　(a) 参数 a 的后验边缘密度; (b) 参数 b 的后验边缘密度

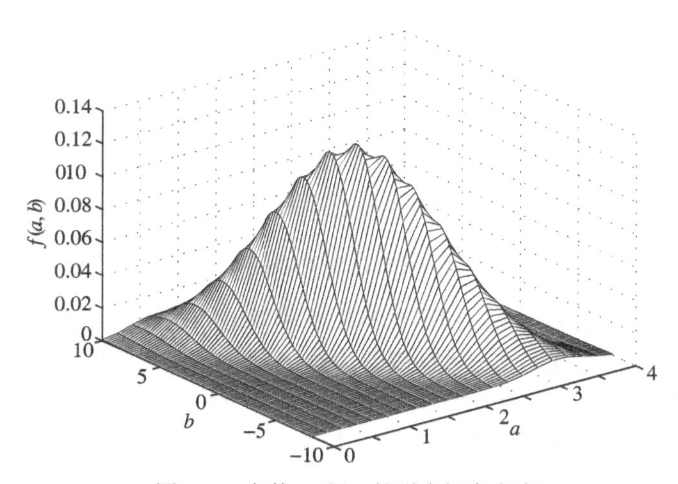

图 3-5　参数 a 和 b 的联合概率密度

图 3-6 给出了采样过程中两个参数比例缩小得分的迭代迹线, 从中看出第 2000 次取样后的 $\sqrt{R} < 1.2$ 且接近于 1, 故满足 3.5 节的收敛条件. 图 3-7(a)、图 3-7(b) 给出了两个参数在采样过程中后验均值和后验方差的迭代迹线, 从图 3-7 中看出当迭代次数超过 2000 时样本后验均值和后验方差均趋于平稳, 这说明在此迭代次数以后所取样本的统计特征已接近总体统计特征, 即所取样本已收敛到总体分布.

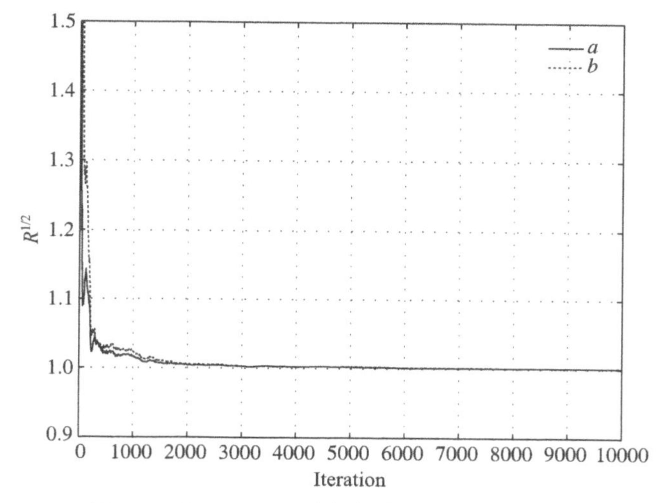

图 3-6 参数 a 和 b 的比例缩小得分的进化过程

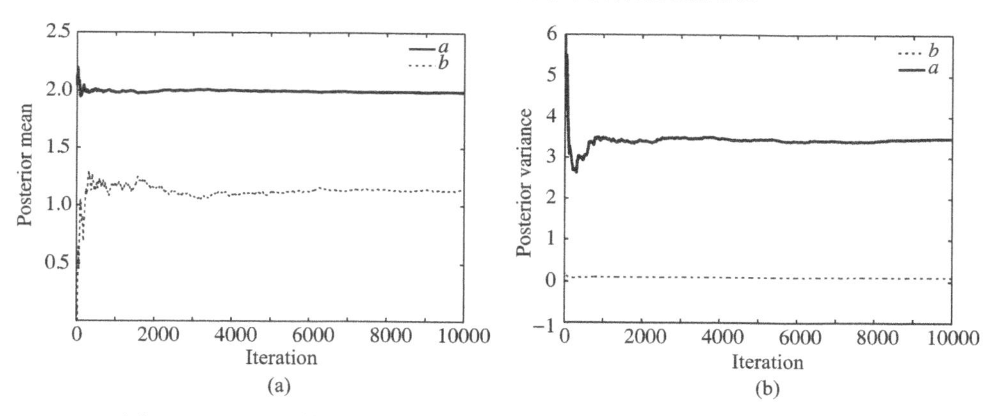

图 3-7 (a) 两参数的后验均值迭代迹线; (b) 两参数的后验方差迭代迹线

从以上两个实例的测试看, 本章改进的 AM-MCMC 算法的搜索性能很好, 且收敛较原算法快.

3.7 基于 BAM-MCMC 的 BFS 基本框架

由于求解式 (1-5) 或式 (1-8) 的后验密度时, 有时会遇到方程的阶数很高因而难以求得解析解的情况. 为此, 本章采用数值解法来解决这一问题, 即利用善于数值计算的马尔可夫链蒙特卡罗算法, 并采用本研究建立的具有优化性能的 BP-BAM 算法求解贝叶斯后验密度的数值解. 以式 (1-8) 作目标函数的情况为例, 其数值求解的步骤如下 (式 (1-5) 求解过程相似):

步骤 1: 马尔可夫链蒙特卡罗算法初始化: $i=0$, $h_n^i=s_n$.

步骤 2: 调用 BP-BAM 算法, 据式 (3-7) 自适应调整协方差 C_i.

步骤 3: 从转移密度 $N(h_n^i, C_i)$ 中产生新的样本 h_n^*.

步骤 4: 将式 (1-8) 作为目标分布代入式 (3-19), 导出式 (3-20), 然后计算 h_n^* 的接受概率

$$\rho(h_n^i, h_n^*) = \min\left\{1, \frac{\dfrac{f(s_n|h_n^*)g(h_n^*|h_0)}{\displaystyle\int_{-\infty}^{\infty} f(s_n|h_n^*)g(h_n^*|h_0)\mathrm{d}h_n^*}}{\dfrac{f(s_n|h_n^i)g(h_n^i|h_0)}{\displaystyle\int_{-\infty}^{\infty} f(s_n|h_n^i)g(h_n^i|h_0)\mathrm{d}h_n^i}}\right\} \tag{3-26}$$

由于 $\displaystyle\int_{-\infty}^{\infty} f(s_n|h_n^*)g(h_n^*|h_0)\mathrm{d}h_n^* = \int_{-\infty}^{\infty} f(s_n|h_n^i)g(h_n^i|h_0)\mathrm{d}h_n^i = C$, 其中 C 为归一化常数. 故式 (3-19) 变为

$$\rho(h_n^i, h_n^*) = \min\left\{1, \frac{f(s_n|h_n^*)g(h_n^*|h_0)}{f(s_n|h_n^i)g(h_n^i|h_0)}\right\} \tag{3-27}$$

从式 (3-19) 到式 (3-20) 的变化, 也就是马尔可夫链蒙特卡罗算法能够避开求归一化常数而使抽样收敛到目标分布的原因所在.

步骤 5: 生成一个均匀随机数 $u - U[0, 1]$.

步骤 6: 如 $u < \rho(h_n^i, h_n^*)$, $h_n^{i+1} = h_n^*$, 否则 $h_n^{i+1} = h_n^i$.

步骤 7: $i = i + 1$, 重复步骤 1～ 步骤 7, 直到抽得足够的样本为止.

步骤 8: 根据所抽取样本进行统计分析, 绘出密度直方图 (拟合出样本理论密度曲线), 求出样本的均值与方差等样本总体统计特征.

基于 BAM-MCMC 的 BFS 基本框架可用于模型参数的不确定分析, 也可用于具有若干参数水文模型预报量不确定性分析.

参 考 文 献

[1] 龚光鲁, 钱敏平. 应用随机过程教程及其在算法与智能计算中的应用 [M]. 北京: 清华大学出版社, 2003.

[2] Gilks W R, Richardson S, Spiegelhalter D J. Markov Chain Monte Carlo in practice [M]. London: Chapman & Hall, 1996//128Chib S. Greenberg E. Understanding the Metropolis Hastings algorithm[J]. American Statistician, 1995, 49(4): 327–335.

[3] 陈希儒, 郑忠国. 现代数学手册 · 随机数学卷 [M]. 武汉: 华中科技大学出版社, 2000.

[4] Camron D S, Beven K J, Tawn J, et al. Flood frequency estimation by continuous simulation for a gauged upland catcment (with uncertainty) [J]. Journal of Hydrology, 1999, 219(4): 169–187.

[5] Robert C P, Casella G. 2004. Monte Carlo Statistical Methods [M]. 2nd ed. New York: Springer-Verlag.

[6] Robert C P, Casella G. 1999. Monte Carlo statistical methods [M]. New York: Springer-Verlag.

[7] Pagnoncelli B K, Ahmed S, Shapiro A. 2009. Sample Average Approximation Method for Chance Constrained Programming: Theory and Applications [J]. Journal of Optimization Theory and Applications, 142(2): 399–416.

[8] Harrio H, Saksman E, Tamminen J. An adaptive Metropolis algorithm [J]. Bernoulli, 2001, 7(2): 223–242.

[9] Gelman A, Carlin J B, Stren H S, et al. Bayesian data analysis [M]. London: Chapmann and Hall, 1995.

[10] 陈希儒, 郑忠国. 现代数学手册 · 随机数学卷 [M]. 武汉: 华中科技大学出版社, 2000.

[11] Chib S. Greenberg E. Understanding the Metropolis-Hastings algorithm[J]. American Statistician, 1995, 49(4): 327–335.

[12] Camron D S, Beven K J, Tawn J, et al. Flood frequency estimation by continuous simulation for a gauged upland catcment (with uncertainty) [J]. Journal of Hydrology, 1999, 219(4): 169–187.

[13] Metropolis N, Rosenbluth A W, Rosenbluth M N, et al. Equation of state calculations by fast computing machines [J]. The Journal of Chemical Physics, 1953, 21(6): 1087–1091.

第4章　BP 神经网络模型

人工神经网络模型 (Artificial Neural Network, ANN) 是从模拟人脑生物神经网络的信息存储和加工机制入手, 以数学和物理方法以及信息处理的角度对人脑神经网络进行抽象, 而建立的某种简化模型. 目前对神经网络的定义尚不统一, 例如, 美国神经网络学家 Hecht Nielsen 关于人工神经网络的一般定义是: “神经网络是由多个简单的处理单元彼此按某种方式相互连接而形成的计算系统, 该系统是靠其对外部输入信息的动态响应来处理信息的. ” 美国国防高级研究计划局关于人工神经网络的解释是: “人工神经网络是一种由许多简单的并行工作的处理单元组成的系统, 其功能取决于网络的结构、连接强度以及各单元的处理方式.” 综合人工神经网络的来源、特点及各种解释, 可以简单表述为: 人工神经网络是一种旨在模仿人脑结构及其功能的信息处理系统. 它的研究可追溯到 19 世纪, 开始于 1890 年美国著名心理学家 W. James 关于人脑结构与功能的研究, 中间几经起伏, 至 1987 年首届国际人工神经网络学术会议为开端, 迅速在全世界范围内进入人工神经网络的研究应用热潮. 中国最早涉及人工神经网络的著作是涂序彦先生等于 1980 年发表的《生物控制》一书, 书中将 “神经网络控制论” 单独设为一章, 系统地介绍了神经元和神经网络的结构、功能和模型, 随着 20 世纪 80 年代在世界范围的复苏, 国内也逐步掀起了人工神经网络的研究热潮 [1].

神经网络是人脑及其活动的一个理论化的数学模型, 它由大量的处理单元通过适当的方式互连构成, 是一个大规模的非线性自适应系统. 也正是它有良好的数学描述, 可以用适当的慢性子线路来实现, 更可以方便地用计算机程序加以模拟. 它具有联想记忆、非线性映射、分类与识别、优化计算、知识处理等功能.

神经网络的基本功能如下四点.

(1) 联想记忆: 由于 ANN 具有分布存储信息和并行计算性能, 所以它具有对外界刺激信息和输入模式进行联想记忆的能力, 能存储较多的复杂模式和恢复记忆的信息. 它通过预先存储信息和学习机制进行自适应训练, 能够从不完全信息和噪声干扰中恢复原始的完整信息, 这一能力其在模式识别和分类方面具有巨大潜在应用价值.

(2) 非线性映射: 在实际问题中, 许多系统的输入与输出之间存在复杂的非线性, 很难用传统的数理方程建立这些系统的数学模型, 而合理的神经网络通过对系统的输入输出样本进行学习, 自动抽取并分布式存储输入输出数据间的映射关系于网络的所有连接中, 以任意精度逼近任意复杂的非线性映射. 这一性能可使其作为多维非线性函数的通用非解析数学模型.

(3) 分类与识别: 对系统的输入样本分类实际上是在样本空间找出符合分类要

求的分割区域, 则每个区域内样本就属于一类.

(4) 优化计算: 神经网络可把待求解问题的可变参数设计为网络的状态, 将目标函数设计为网络的能量函数. 神经网络经过动态训练过程达到稳定状态时对应的能量函数最小, 从而其稳定状态就是问题的最优解. 这种优化计算不需要对目标函数求导, 其结果是网络自动给出的.

4.1 人工神经网络设计

4.1.1 ANN 的基本知识

一个人工神经网络的神经元模型和结构描述了一个网络如何将它的输入矢量转化为输出矢量的过程. 人工神经网络的实质体现了网络输入和输出之间的一种函数关系. 通过选取不同的模型结构和激活函数, 可以形成各种不同的人工神经网络, 得到不同的输入、输出关系式, 并达到不同的设计目的, 完成不同的功能. 故在利用人工神经网络解决实际问题之前, 必须首先了解人工神经网络的模型结构及其特性以及对其输出矢量的计算.

1. 人工神经元的基本模型

神经元是 ANN 的基本处理单元, 它一般是一个的多输入, 单输出的非线性元件. 神经元输出除受输入信号的影响外, 同时也受神经元内部其他因素的影响, 所以常常在人工神经元的建模中加入一个额外输入信号, 称为偏差 (Bias), 有时也称为阈值或门限值. 一个具有 r 个输入分量的神经元如图 4-1 所示. 其中, 输入向量 $p_j(j=1,2,\cdots,r)$ 通过与和它相乘的权值分量 $w_j(j=1,2,\cdots,r)$ 相连, 以 $\sum\limits_{j=1}^{r} w_j p_j$ 的形式求和后, 形成激活函数 $f(\cdot)$ 的输入. 激活函数的另一个输入是神经元的偏差 b, 如图 4-1 所示.

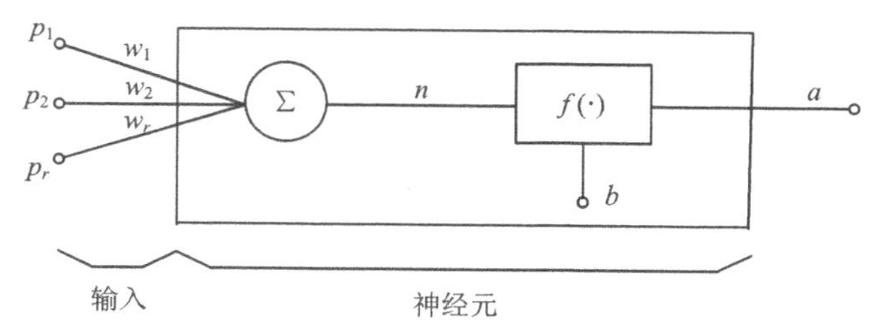

图 4-1 单个神经元模型图

权值 w_j 和输入 p_j 的矩阵形式可以由 W 的行矢量以及 P 的列矢量来表示:

$$W=(w_1,w_2,\cdots,w_r),\quad P=(p_1,p_2,\cdots,p_r)^{\mathrm{T}}$$

神经元模型的输出矢量可表示为

$$A=f(W\times P+b)=f\left(\sum_{j=1}^{r} w_j p_j+b\right) \tag{4-1}$$

从式 (4-1) 可看出偏差实际上也是一个权值, 只不过是它具有固定常数为 1 的值罢了. 在网络的设计中, 偏差可使得激活函数的图形左右移动从而增加解决问题的可能性.

2. 激活函数

激活函数 (Activation Transfer Function) 是一个神经元及网络的核心. 网络解决问题的能力功效除了与网络结构有关, 在很大程度上取决于网络所采用的激活函数.

激活函数的基本作用是 [2]:

(1) 控制输入对输出的激活作用;

(2) 对输入、输出进行函数转换;

(3) 将可能无限域的输入变换成指定的有限范围内的输出.

常用的激活函数如下:

(a) 阈值型. 该激活函数将任意输入转化为 0 或 1 的输出, 函数 $f(\cdot)$ 为单位阶跃函数, 这种转移函数常用在具有识别和分类功能的网络中. 如图 4-2 和图 4-3 所示, 此函数的神经元的输入输出关系为

$$A = f(W \times P + b) = \begin{cases} 1, & W \times P + b \geqslant 0 \\ 0, & W \times P + b < 0 \end{cases} \tag{4-2}$$

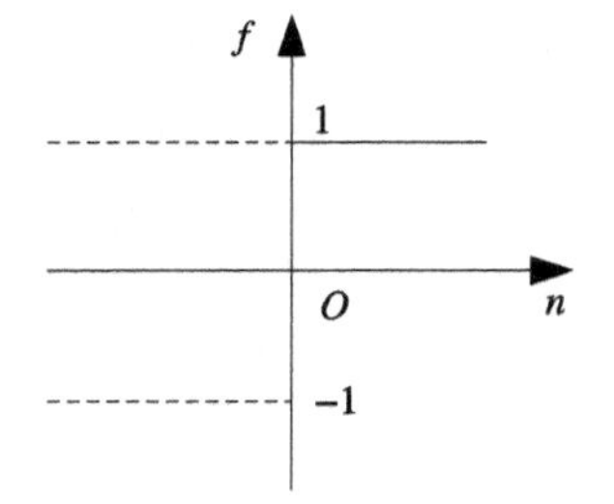

图 4-2　没有偏差的阈值型激活函数

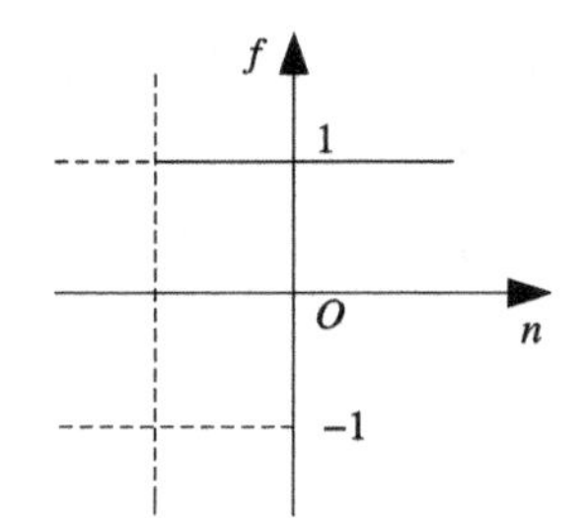

图 4-3　带有偏差的阈值型激活函数

(b) 线性型. 线性激活函数使网络的输出等于加权输入之和再加上偏差, 如图 4-4 和图 4-5 所示. 这种转移函数常用在输出层中, 该函数的输入输出关系为

$$A = f(W \times P + b) = W \times P + b \tag{4-3}$$

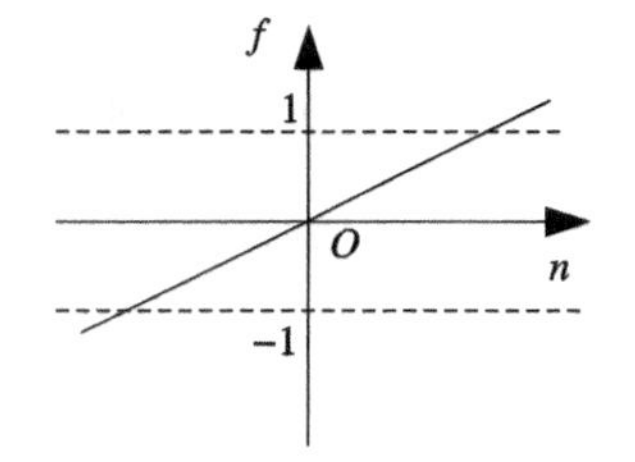

图 4-4　没有偏差的线性激活函数

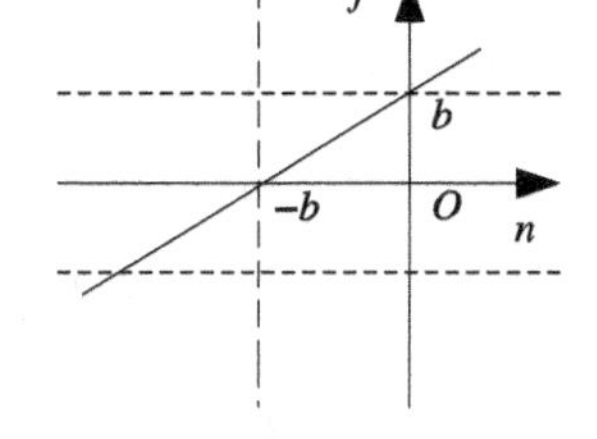

图 4-5　带有偏差的线性激活函数

(c) S 型激活函数 (Sigmoid). S 型激活函数可以将任意输入压缩到 (0, 1) 内, 如图 4-6 和图 4-7 所示. 该类激活函数常用对数或双曲正切等一类 S 型的曲线来表示. 对数 S 型激活函数关系为

$$f = \frac{1}{1 + \exp[-(n + b)]} \tag{4-4}$$

而双曲正切 S 型曲线函数关系为

$$f = \frac{1 - \exp[-2(n + b)]}{1 + \exp[-2(n + b)]} \tag{4-5}$$

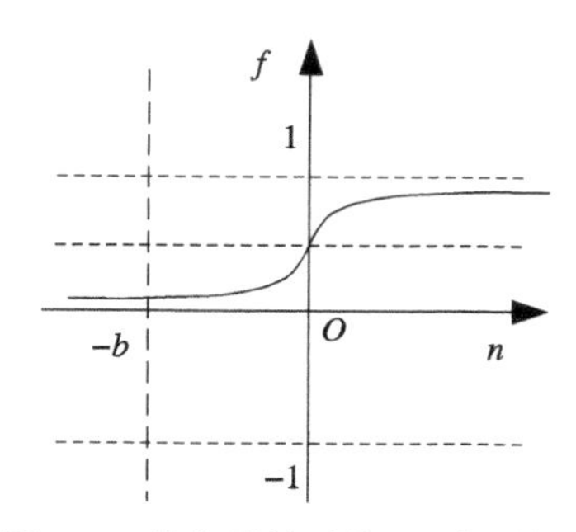

图 4-6 带偏差的对数 S 型函数

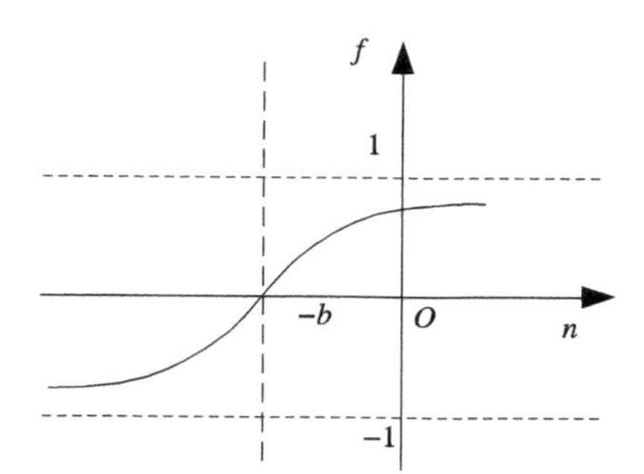

图 4-7 带偏差的双曲正切 S 型函数

S 型转移函数之所以被广泛地应用, 除了它的非线性的处处连续可导, 更重要的是由于该函数对信号有一个较好的增益控制: 在输入值比较小时, 该函数具有一个较大的增益; 当输入的值比较大时, 该函数有一个较小的增益, 这为防止网络进入饱和状态提供了良好的支持. 因此这种转移函数多用在隐层中.

4.1.2 ANN 的拓扑结构

为了表示一般性, 这里介绍多层神经网络的拓扑结构. 对于一个 ANN, 每层都有一个权矩阵 W, 一个偏差矢量 B 和一个输出矢量 A, 而为了便于不同层的矢量矩阵相互区别, 在各层矢量矩阵名称后加上层号以区别各层变量, 例如, 对第一层的权矩阵及输出矢量分别用 $W1$ 和 $A1$ 来表示, 对第二层的这些变量表示为 $W2$ 和 $A2$ 等, 依此类推. 一个三层的神经网络结构如图 4-8 所示.

图 4-8 中所示网络中有 r 个输入矢量, 第一隐层有 S_1 个神经元, 第二隐层有 S_2 个神经元, 第三层输出层有 S_3 个神经元. 通常不同的层有不同神经元数, 而每个神经元都带有一个输入为 1 的偏差值, 多层神经网络的中间层 (除输入层和输出层外的所有层, 或称隐层) 的每层作用不同. 如图 4-8 所示中为有两个隐层的三层神经网络.

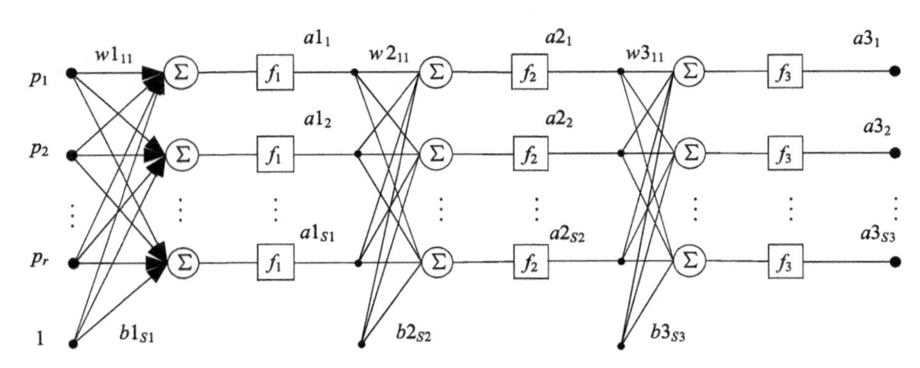

图 4-8 三层神经网络结构图

4.2 BP 学习算法

BP-ANN 是目前在各领域应用最为广泛的一种人工神经网络. Rumelhart 和 McCelland 领导的科学家小组于 1986 年在*Parallel Distributed Processing*一书中, 对具有非线性连续转移函数的多层前馈网络的误差反向传播 (Error Back Propagation, BP) 算法进行了详尽的分析. BP 算法的基本思想是学习过程由信号正向传播与误差的反向传播两个过程组成. 正向传播时, 输入样本从输入层输入后, 经各隐层的计算处理后传向输出层. 若输出层的各层实际输出与期望的输出 (教师信号) 不符或超出了允许的误差范围, 则算法转入反向传播阶段. 误差的径向传播是将误差各单元的输出误差以特定的方式分别通过隐层向输入层逐层反传, 计算每一层的误差信号, 以该误差信号作为各单元的权值调整依据. BP 算法中的正向传播和误差反传过程中的权值调整是不断循环进行的, 这同时也是神经网络学习的过程. 当网络输出达到预定的精度或预定的训练次数, 权值调整结束.

4.2.1 BP 算法的网络误差的确定和权值的调整

在多层前馈 BP 网络的应用中, 以图 4-9 所示的单隐层网络的应用最为普遍. 所谓三层包括了输入层、隐层和输出层. 在三层前馈网络中, 输入为 $X=(x_1,x_2,\cdots,x_r)^{\mathrm{T}}$, 再加入 $x_0=1$, 可为隐层引入阈值; 隐层输出向量为 $Y=(y_1,y_2,\cdots,y_m)^{\mathrm{T}}$, 再加入 $y_0=1$, 可引入阈值; 输出层的输出向量为 $O=(o_1,o_2,\cdots,o_k,\cdots,o_l)^{\mathrm{T}}$; 期望输出向量为: $d=(d_1,d_2,\cdots,d_k,\cdots,d_l)^{\mathrm{T}}$. 输入层到隐层间的权值矩阵 $V=(V_1,V_2,\cdots,V_j,\cdots,V_m)$, 其中列向量 V_j 为隐层第 j 个神经元对应的权向量; 隐层到输出层间的权值矩阵 $W=(W_1,W_2,\cdots,W_k,\cdots,W_l)$, 其中列向量 W_k 为输出层第 k 个神经元对应的权向量. 在隐层中的转移函数多采用 S 型激活函数, 可有效地避免出现过饱和现象; 而输出层多采用线性函数, 以适应实际问题的需要.

网络误差的定义如下 (以三层神经网络为例, 拓扑结构如图 4-9 所示):

$$E=\frac{1}{2}(d-o)^2=\frac{1}{2}\sum_{k=1}^{l}(d_k-o_k)^2 \tag{4-6}$$

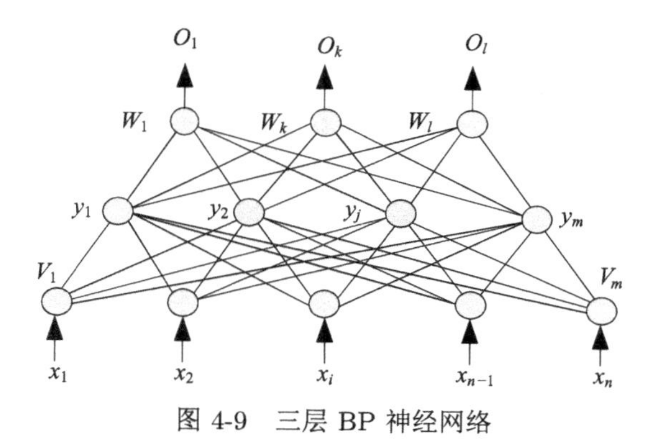

图 4-9 三层 BP 神经网络

式 (4-5) 展开至隐层, 得

$$E=\frac{1}{2}\sum_{k=1}^{l}\left[d_k-f\left(\sum_{j=0}^{m}w_{jk}y_j\right)\right]^2 \tag{4-7}$$

进一步展开至输入层, 得

$$E=\frac{1}{2}\sum_{k=1}^{l}\left\{d_k-f\left[\sum_{j=0}^{m}w_{jk}f\left(\sum_{i=0}^{n}v_{ij}x_i\right)\right]\right\}^2 \tag{4-8}$$

由式 (4-8) 可看出, 网络的输入误差是各层权值 w_{jk},v_{ij} 的函数, 因此不断调整权值就可以改变误差 E 使之达到预定的精度.

BP 算法的权值调整计算公式为

$$\left\{\begin{array}{l}\Delta w_{jk}=\alpha\delta_k^o y_j=\alpha(d_k-o_k)o_k(1-o_k)y_j\\ \Delta v_{ij}=\alpha\delta_j^y x_i=\alpha\left(\sum\limits_{k=1}^{l}\delta_k^o w_{jk}\right)y_j(1-y_j)x_i\end{array}\right. \tag{4-9}$$

式中, α 为学习速率, 其他符号意义同上.

4.2.2 BP 算法的反向传播流程

误差反向传播的过程就是通过计算输出层的误差 e_k, 然后与输出层激活函数的一阶导数相乘求得 δ_{ki}. 由于隐层没有直接给出期望输出, 故利用输出层的 δ_{ki} 进行误差反向传递来求隐层权值的变化量 Δw_{ki}. 而后计算 $e_i=\sum\limits_{k=1}^{l}\delta_{ki}w_{ki}$, 并同理通过将 e_i 与该层激活函数的一阶导数相乘, 而求得 δ_{ij}, 以此求出前一层权值的变化量 Δv_{ij}. 若前面还有隐层, 沿用上述方法依此类推, 直到将输出 e_k 误差逐层反传推算至第一层为止. 直观过程如图 4-10 所示.

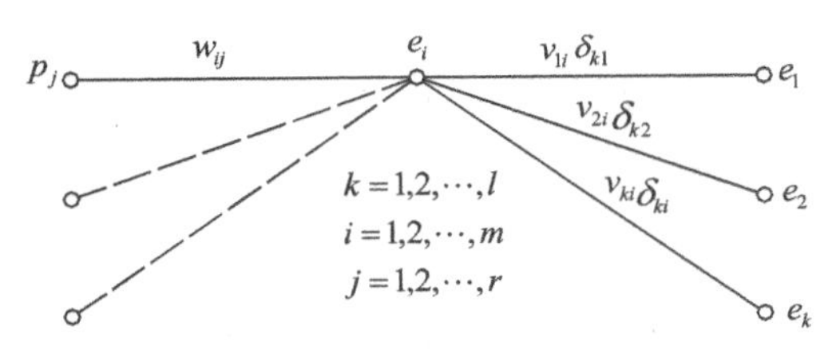

图 4-10 误差反向传播流程图

4.2.3 BP 算法的限制与不足

虽然反向传播算法得到广泛的应用, 但它也存在自身的不足, 其主要表现在训练过程不确定上 [2]. 具体如下:

(1) 训练时间较长. 对于某些特殊的问题, 运行时间可能需要几个小时甚至更长, 这主要是因为学习速率太小所致, 可以采用自适应的学习速率加以改进.

(2) 完全不能训练. 训练时由于权值调整过大使激活函数达到饱和, 从而使网络权值的调节几乎停滞. 为避免这种情况, 一是选取较小的初始权值, 二是采用较小的学习速率.

(3) 易陷入局部极小值. BP 算法可以使网络权值收敛到一个最终解, 但它并不能保证所求为误差超平面的全局最优解, 也可能是一个局部极小值. 这主要是因为 BP 算法所采用的是梯度下降法, 训练是从某一起始点开始沿误差函数的斜面逐渐达到误差的最小值, 故不同的起始点可能导致不同的极小值产生, 即得到不同的最优解. 如果训练结果未达到预定精度, 常常采用多层网络和较多的神经元, 以使训练结果的精度进一步提高, 但与此同时也增加了网络的复杂性与训练时间.

(4) 在训练过程中学习新样本同时有遗忘旧样本的趋势, 从而影响网络的泛化能力.

4.2.4 BP 算法的改进与应用

由于上述 BP 算法的主要缺点, 在实际应用中, BP 算法很难胜任, 因此出现了许多改进算法. BP 算法的改进主要有两种途径: 一种是改变 BP 网络自身的学习方法; 另一种是与其他的算法耦合, 结合其他算法的优点, 改善 BP 算法的缺点.

1. 改善 BP 学习方法

BP 算法的改进有两种主要途径: 一种是采用启发式学习算法; 另一种则是采用基于数值最优化理论的训练方法.

启发式学习算法, 就是对于表现函数梯度加以分析, 从而改进算法, 其中包括由动量的梯度下降法 (Traingm)、有适应 lr 的梯度下降法 (Traindm)、有动量和自适应 lr 的梯度下降法 (Traindx) 和能复位的 BP 训练法 (Trainrp) 等.

1) 有动量的梯度下降法

动量法降低了网络对于误差曲面局部细节的敏感性. 梯度下降法在修正权值时, 只是按照 k 时刻的负梯度方向修正, 并没有考虑到以前积累的经验, 即以前时

候的梯度方向, 从而常常使学习过程发生震荡, 收敛缓慢. 为此有人提出了如下的改进算法:

$$\omega_{ji}(k+1)=\omega_{ji}(k)+\eta[(1-\alpha)D(k)+\alpha D(k-1)] \tag{4-10}$$

其中, $D(k)$ 表示 k 时刻的负梯度, $D(k-1)$ 表示 $k-1$ 时刻的负梯度, η 学习率, $\alpha\in[0,1]$ 是动量因子, 当 $\alpha=0$ 时, 权值修正只与当前负梯度有关系, 当 $\alpha=1$ 时, 权值修正就完全取决于上一次的循环的负梯度了. 这种方法所加入的动量项实质上相当于阻尼项, 它减小了学习过程的振荡趋势, 从而改善了收敛性.

2) 有适应 lr 的梯度下降法

在前面介绍的梯度下降法中, 学习速率对于整个训练过程中有很大的影响, 训练成功与否与学习率的选取关系很大. 如果在训练过程中合理地改变学习率, 会避免以上的缺陷. 有自适应 lr 的学习算法就能自适应调整学习率, 从而增加稳定性, 提高速度和精度.

3) 弹性梯度下降法

多层神经网络的隐层大多数采用 sigmoid 型传递函数, 这类函数有成为 “挤压” 函数. 因为它们将没有边界限制的输入信号压缩到有限的输出范围内, 当输入量很大或者很小时, 输出函数的斜率接近于 0. 那么当应用梯度下降法训练多层网络时, 其梯度数量级会很小, 从而使得权值和阈值的调整范围减小, 也就是说, 即使没有达到最优值, 也会形成训练停止的结果. 弹性梯度下降法就能够消除这种影响.

应用弹性梯度下降法训练 BP 网络时, 权值整取决于表现函数导数的正负号, 而导数的数量级对权值修正并没有影响. 其原理如下: 权值变化的大小由不同的修正值决定. 当前两次训练时导数的正负号有改变, 权值和阈值的修正值随着参数 delt_inc 增加; 当前两次训练时导数正负号有改变, 权值和阈值的修正值随着参数 delt_dec 减小; 如果导数为 0, 则修正值不变. 这样调整的结果是, 权值的变化呈振荡趋势, 不过权值变化量逐渐减小了. 如果权值变化连续几次都在同一个方向, 则需增加权值变化的量级.

2. 利用其他算法优化 BP 神经网络

1) 粒子群算法优化 BP 神经网络

将 IPSO 用于训练 BP 网络的方法是: 粒子群中每个粒子的位置表示 BP 网络中当前迭代中的权值集合, 每个粒子的维数由网络中起连接作用的权值的数量和阈值个数决定. 以给定训练样本集的神经网络输出误差作为神经网络训练问题的适应函数, 适应度值表示神经网络的误差, 误差越小则表明粒子在搜索中具有更好的性能. 粒子在权值空间内移动搜索使得网络输出层的误差最小, 改变粒子的速度即更新网络的权值, 以减少均方误差 (MSE). 通过这种方式, 优化搜索训练神经网络的权值和阈值来获得更小的 MSE. 每次迭代过程中产生 MSE 最小的粒子为目前全局最优的粒子. 本网络采用隐层数目可变的方法, 即一开始放入较多的隐层节点, 随着训练过程的进行, 逐步修减掉在网络训练中不起作用的节点. 对于每一神经元, 若在训练过程中, 其连接权的数值的绝对值小于事先确定的数值 ε, 则删除此神经节点.

2) 利用遗传算法 (GA) 优化 BP 神经网络结构

由于 BP 网络的初始权值是随机给定的. 所以每次训练的次数和最终的权值会略有不同, 这就是说, 网络的寻优不具有唯一性, 会出现局部极小; 另外, 初始权值给定的 "盲目性", 也导致了训练次数的较多, 收敛速度慢到有时让人难以忍受. 鉴于此, 如果在 BP 网络算法之前, 能用一种有效的方法大致搜索出一定的权值范围, 以此时的权值作为 BP 算法的初始权值, 可以解决 BP 算法的易陷入局部极小、收敛速度慢和引起振荡效应等缺点. GA 是采用群体进化的方式, 故有别于以往的单线索对目标函数空间搜索的优化算法, 它是对目标函数空间进行多线索的并行搜索, 同时对多个可行解进行检查, 并通过基本操作算子产生新的 "基因", 不会陷入局部极小, 可以有效地处理优化问题; 其次, 它在使用中, 需要的信息较少, 且放松了对目标函数值的要求, 仅通过复制、交叉和变异运算就能以较大的概率在解空间中搜索到全局最优或次优解. GA 法具有的特点使它成为改进 BP 网络的理想工具之一.

3) 利用模拟退火算法 (SA) 优化 BP 神经网络

BP 算法的众多改进方案都基于误差按梯度方向下降, 这样显然会对误差函数空间局部结构敏感, 却失去了对全局最小点的方向感. 为克服这一不足, 下面将提出模拟退火算法, 该方法是蒙特卡罗迭代求解法的一种启发式搜索算法. 基于固体物质的退火过程与一般组合优化问题的相似性, 在对固体物质退火时, 通常先将它加热熔化, 使其中的粒子可以自由运动, 然后随着温度的逐渐下降, 粒子也逐渐形成了低能态的晶格. 若在凝结点附近的温度下降速度足够慢, 则固体物质一定会形成最低能量的基态. 对于组合优化问题来说具有类似的过程. 组合优化问题解空间中的每一点都代表一个解, 不同的解有不同的目标函数值, 所谓优化, 就是在解空间里寻找目标函数的最小或最大解.

正是由于 BP 算法的建立, 使得多层神经网络的学习训练成为可能, 并有效地解决了不同领域的模式识别问题, BP 算法通过对网络实施学习训练、样本采集, 以梯度下降法迭代求解权值, 实现了 I/O 的非线性映射. 从数学上讲, 对权值的求解是一非线性优化问题. 由于采用梯度方法, 当学习速率 A、动量矩 B 选取很小的值时, 将不可避免的滑入局部最小点. 显然迭代过程陷入局部最小点, 并在其附近引起迭代步数的无限增长. 由此可见, BP 算法对能量空间高低分布的判别是盲目的, 它只可能对邻近区域的最小点敏感. 当能量空间分布复杂时, BP 算法将失去方向感, 梯度下降就很难奏效. 为此我们才引入模拟退火理论, 将两种算法结合起来, 用模拟退火算法启发性的指明方向以跳出局部最小点, 以 BP 方法加快迭代, 按梯度向滑入全局最小点, 减少无用的搜索过程. 通过对正弦函数迭代学习的仿真试验, 证明模拟退火算法不仅是大范围收敛的, 而且具有良好的收敛速度和很好的精确度.

本书尝试利用神经网络模型获取贝叶斯概率预报中的先验密度、似然函数与后验密度, 并进行实例验证.

4.2.5 SABP 算法的应用

为了检验 SABP 算法的性能, 下面将其应用到实际问题中去实践, 并与有关文献中采用的算法的计算结果进行比较.

本章以洪灾对水稻的易损性分析为例, 来考察 SABP 算法的性能. 水稻在不同的生育阶段、不同受淹水深和不同受淹历时所造成的产量影响程度则不同. 水稻的洪水灾害易损模型是指水稻的减产率与水稻生育期、淹水深度、淹水历时等减产影响因素的函数关系 [3]. 显然, 这是一个高维非线性函数映射问题, 从这一点出发, 运用 BP 算法进行求解在理论上是可行的.

例 根据文献 [4] 中表 1 给出的水稻易损性试验结果, 见表 4.1. 其中, 第 1 栏的值为 1 时代表水稻的分蘖始期, 第 2 栏的值为 1 时代表水稻的分蘖盛期, 第 3 栏的值为 1 时代表水稻的分蘖后期, 第 4 栏的值为 1 时代表水稻拔节孕穗期, 第 5 栏的值为 1 时代表水稻的抽穗开花期, 第 6 栏的值为 1 时代表水稻的乳熟期, 第 7 栏的值为 1 时代表水稻的黄熟期, 第 8 栏的值为水稻的淹水历时 (单位: 天), 第 9 栏值为受淹水深与株高的比值, 第 10 栏为水稻受淹减产率 (单位: %), 其值为正时表示水稻增产, 其值为负表示水稻减产. 共有105组训练样本, 最后7行为检测样本.

因此神经网络的输入层的神经元的个数为 9, 即为表 4.1 中的第 1 栏至第 9 栏, 输出神经元的个数为 1, 选择三层网络, 经训练后确定其隐层的神经元的个数为 14, 网络结构为 9-14-1.

由于各输入分量的物理意义不同, 为使其在网络训练开始时具有同等重要的地位, 防止净输入值过大而使神经元输出饱和, 继而使权值调整进入误差曲面的平坦区, 要对输入输出数据进行归一化处理, 使其均转化为 $[0,1]$ 或 $[-1,1]$ 区间的值. 当输入或输出向量的各分量量纲不同时, 应对不同的分量在其取值范围内分别进行变换; 当各分量物理意义相同且为同一量纲时应在整个数据范围内确定最大值 $x_{\max}$ 和最小值 $x_{\min}$, 进行统一变换处理.

归一化处理的方法常见的有以下两种.

将数据变换为 $[0,1]$ 区间的值的变换公式为

$$\bar{x} = (x_i - x_{\min})/(x_{\max} - x_{\min}) \tag{4-11}$$

式中, x_i 代表输入或输出数据, $x_{\min}$ 代表数据变化的最小值, $x_{\max}$ 代表数据变化的最大值.

将数据变换为 $[-1,1]$ 区间的值的变换公式为

$$x_{\text{mid}} = (x_{\max} + x_{\min})/2$$

$$\bar{x}_i = (x_i - x_{\text{mid}})/[(x_{\max} - x_{\min})/2] \tag{4-12}$$

式中, x_{mid} 代表数据变化范围内的中间值, 按上述方法变换后, 处于中间值的原始值数据转化为零, 而最大值和最小值分别转换为 1 和 −1. 当输入或输出向量中的某个分量取值过于密集时, 对其进行以上预处理可将数据点拉开距离.

基于以上的分析, 对本例的数据根据式 (4-11) 进行处理. 利用 SABP 训练 3213 次, 网络收敛, 此时网络能量函数最小值为 7.2953×10^{-4}. 105 组训练样本的误差总和为 309.201, 平均误差为 2.945. 每个样本的对应网络输出值见表 4.1 中第 11 栏, 最后 7 行为检测样本, 网络预测总误差为 19.538. 在第 12 栏列出了文献 [4] 用 MAGA-BP 算法计算结果, 其 105 组训练样本总误差和为 133.823, 平均误差为 1.2475, 预测样本总误差为 21.037, 见表 4.2, 且还列出了文献 [5] 列出的 AGABP 算法的计算结果. 由表 4.2 可以看出, SABP 算法无论在训练时间, 还是在预测精度上都是比较优越的. 可见, 用一个神经网络就能描述出水稻各个生长期的受淹函数, 因此研究 SABP 在水问题中的应用是有实际意义的.

表 4.1 用 SABP 分析水稻洪灾易损性的结果

(1)	(2)	(3)	(4)	(5)	(6)	(7)	(8)	(9)	(10)	SABP	MAGABP
1	0	0	0	0	0	0	2	0.50	−5.850	−7.229	−5.842
1	0	0	0	0	0	0	2	0.75	−8.440	−8.534	−8.923
1	0	0	0	0	0	0	2	1.10	−13.490	−12.430	−16.115
1	0	0	0	0	0	0	4	0.50	−9.730	−4.704	−8.047
1	0	0	0	0	0	0	4	0.75	−10.130	−15.952	−10.255
1	0	0	0	0	0	0	4	1.10	−27.170	−28.275	−28.925
1	0	0	0	0	0	0	6	0.50	−9.100	−11.987	−9.316
1	0	0	0	0	0	0	6	0.75	−39.570	−31.829	−32.719
1	0	0	0	0	0	0	6	1.10	−55.670	−52.800	−55.635
1	0	0	0	0	0	0	8	0.50	−17.210	−17.688	−17.533
1	0	0	0	0	0	0	8	0.75	−33.260	−39.846	−29.488
1	0	0	0	0	0	0	8	1.10	−72.220	−74.058	−70.689
1	0	0	0	0	0	0	10	0.50	−18.460	−17.254	−13.239
1	0	0	0	0	0	0	10	0.75	−42.690	−38.738	−37.287
1	0	0	0	0	0	0	10	1.10	−89.950	−89.775	−90.547
0	1	0	0	0	0	0	2	0.50	−5.680	−7.167	−5.708
0	1	0	0	0	0	0	2	0.75	−15.710	−12.510	−11.559
0	1	0	0	0	0	0	2	1.10	−20.100	−21.654	−20.278
0	1	0	0	0	0	0	4	0.50	−10.290	−8.419	−7.335
0	1	0	0	0	0	0	4	0.75	−11.870	−13.097	−9.696
0	1	0	0	0	0	0	4	1.10	−15.450	−16.034	−15.465
0	1	0	0	0	0	0	6	0.50	−3.140	−8.637	−8.664
0	1	0	0	0	0	0	6	0.75	−9.710	−7.179	−9.874
0	1	0	0	0	0	0	6	1.10	−18.740	−14.793	19.497
0	1	0	0	0	0	0	8	0.50	−3.740	−2.013	−5.337
0	1	0	0	0	0	0	8	0.75	−1.530	−4.653	−1.986
0	1	0	0	0	0	0	8	1.10	−36.120	−39.584	−36.178
0	1	0	0	0	0	0	10	0.50	−3.320	−1.262	−9.932

续表

(1)	(2)	(3)	(4)	(5)	(6)	(7)	(8)	(9)	(10)	SABP	MAGABP
0	1	0	0	0	0	0	10	0.75	−23.470	−26.035	−14.237
0	1	0	0	0	0	0	10	1.10	−98.440	−96.329	−95.241
0	0	1	0	0	0	0	2	0.50	0.060	−0.972	0.061
0	0	1	0	0	0	0	2	0.75	−0.020	7.508	−0.470
0	0	1	0	0	0	0	2	1.10	−5.080	−7.791	−4.198
0	0	1	0	0	0	0	4	0.50	19.040	12.171	−20.118
0	0	1	0	0	0	0	4	0.75	14.520	10.485	−11.759
0	0	1	0	0	0	0	4	1.10	−31.410	−28.066	−25.938
0	0	1	0	0	0	0	6	0.50	−3.240	1.887	−3.716
0	0	1	0	0	0	0	6	0.75	−5.510	−5.042	−5.512
0	0	1	0	0	0	0	6	1.10	−53.960	−56.206	−55.211
0	0	1	0	0	0	0	8	0.50	−16.700	−10.158	−12.486
0	0	1	0	0	0	0	8	0.75	−15.720	−22.174	−15.375
0	0	1	0	0	0	0	8	1.10	−84.080	−81.796	−82.198
0	0	1	0	0	0	0	10	0.50	−6.860	−11.627	−7.222
0	0	1	0	0	0	0	10	0.75	−36.870	−34.768	−37.745
0	0	1	0	0	0	0	10	1.10	−96.500	−98.573	−91.044
0	0	0	1	0	0	0	2	0.50	−47.760	−46.079	−47.637
0	0	0	1	0	0	0	2	0.75	−69.670	−71.001	−66.843
0	0	0	1	0	0	0	2	1.10	−77.150	−76.756	−74.652
0	0	0	1	0	0	0	4	0.50	−39.390	−42.77	−39.393
0	0	0	1	0	0	0	4	0.75	−76.070	−71.885	−75.284
0	0	0	1	0	0	0	4	1.10	−86.550	−85.137	−84.257
0	0	0	1	0	0	0	6	0.50	−69.400	−65.816	−68.732
0	0	0	1	0	0	0	6	0.75	−79.610	−88.125	−81.892
0	0	0	1	0	0	0	6	1.10	−95.740	−95.376	−94.547
0	0	0	1	0	0	0	8	0.50	−85.900	−84.916	−86.575
0	0	0	1	0	0	0	8	0.75	−97.100	−97.255	−93.809
0	0	0	1	0	0	0	8	1.10	−97.750	−99.645	−94.643
0	0	0	1	0	0	0	10	0.50	−86.370	−89.185	−82.263
0	0	0	1	0	0	0	10	0.75	−96.330	−95.038	−94.403
0	0	0	1	0	0	0	10	1.10	−100.00	−96.533	−94.675
0	0	0	0	1	0	0	2	0.50	−11.600	−10.350	−11.881
0	0	0	0	1	0	0	2	0.75	−40.780	−47.301	−40.601
0	0	0	0	1	0	0	2	1.10	−75.960	−78.550	−72.944
0	0	0	0	1	0	0	4	0.50	−10.260	−3.701	−10.726
0	0	0	0	1	0	0	4	0.75	−79.340	−65.618	−78.117
0	0	0	0	1	0	0	4	1.10	−98.200	−97.073	−93.855
0	0	0	0	1	0	0	6	0.50	−3.020	−25.760	−1.584
0	0	0	0	1	0	0	6	0.75	−85.710	−84.509	−86.281
0	0	0	0	1	0	0	6	1.10	−100.00	−103.860	−94.347
0	0	0	0	1	0	0	8	0.50	−71.430	−51.687	−71.022
0	0	0	0	1	0	0	8	0.75	−90.360	−92.589	−92.177
0	0	0	0	1	0	0	8	1.10	−100.00	−100.370	−94.567
0	0	0	0	1	0	0	10	0.50	−67.660	−75.256	−77.426

续表

(1)	(2)	(3)	(4)	(5)	(6)	(7)	(8)	(9)	(10)	SABP	MAGABP
0	0	0	0	1	0	0	10	0.75	−100.00	−99.615	−93.895
0	0	0	0	1	0	0	10	1.10	−100.00	−98.539	−94.649
0	0	0	0	0	1	0	2	0.50	−18.380	−17.541	−18.380
0	0	0	0	0	1	0	2	0.75	−21.640	−21.253	−23.241
0	0	0	0	0	1	0	2	1.10	−25.710	−28.681	−25.732
0	0	0	0	0	1	0	4	0.50	−7.010	−5.945	−12.447
0	0	0	0	0	1	0	4	0.75	−13.390	−17.001	−17.493
0	0	0	0	0	1	0	4	1.10	−31.720	−25.84	−34.927
0	0	0	0	0	1	0	6	0.50	−0.060	−3.047	−1.834
0	0	0	0	0	1	0	6	0.75	−21.030	−15.327	−21.525
0	0	0	0	0	1	0	6	1.10	−21.360	−25.325	−21.358
0	0	0	0	0	1	0	8	0.50	−5.040	−4.829	−9.514
0	0	0	0	0	1	0	8	0.75	−13.300	−15.331	−10.445
0	0	0	0	0	1	0	8	1.10	−31.860	−30.932	−34.709
0	0	0	0	0	1	0	10	0.50	−13.600	−12.811	−9.683
0	0	0	0	0	1	0	10	0.75	−22.040	−22.258	−11.752
0	0	0	0	0	1	0	10	1.10	−45.080	−45.668	−45.198
0	0	0	0	0	0	1	2	0.50	0.940	0.712	0.167
0	0	0	0	0	0	1	2	0.75	0.680	−1.299	0.167
0	0	0	0	0	0	1	2	1.10	0.530	0.995	0.167
0	0	0	0	0	0	1	4	0.50	−0.100	1.639	0.167
0	0	0	0	0	0	1	4	0.75	−0.050	0.192	0.167
0	0	0	0	0	0	1	4	1.10	−0.070	0.527	0.167
0	0	0	0	0	0	1	6	0.50	0.360	0.826	0.167
0	0	0	0	0	0	1	6	0.75	0.250	−0.891	0.167
0	0	0	0	0	0	1	6	1.10	0.530	−0.087	0.167
0	0	0	0	0	0	1	8	0.50	0.190	−0.426	0.167
0	0	0	0	0	0	1	8	0.75	0.340	0.699	0.167
0	0	0	0	0	0	1	8	1.10	0.470	2.320	0.167
0	0	0	0	0	0	1	10	0.50	−0.060	−0.403	0.167
0	0	0	0	0	0	1	10	0.75	−0.180	2.053	0.167
0	0	0	0	0	0	1	10	1.10	0.270	−0.366	0.167
1	0	0	0	0	0	0	5	0.75	−24.85	−23.752	−21.210
0	1	0	0	0	0	0	10	1.00	−77.02	−73.886	−72.729
0	0	1	0	0	0	0	6	0.60	−4.148	0.188	−1.706
0	0	0	1	0	0	0	3	0.75	−72.87	−67.586	−77.57
0	0	0	0	1	0	0	8	0.90	−94.49	−99.317	−94.004
0	0	0	0	0	1	0	7	1.10	−26.61	−26.901	−21.195
0	0	0	0	0	0	1	5	1.10	0.23	−0.339	0.167

表 4.2　不同算法对水稻易损性分析计算结果的精度比较

算法	训练次数	训练样本总误差	训练样本平均误差	检测样本总误差
SABP	3213	309.201	2.945	19.538
AGABP	—	729.29	6.946	22.765

由于网络的初始权值选取采用随机生成, 加之 ANN 的训练结果与其有着紧密的联系, 不同的初始权值, 训练产生的网络性能大相径庭, 可能陷入误差函数的局部最优甚至可能导致训练失败. 因此, 正确的选取初始权值, 变为很重要的一个环节, 同时不同的隐层神经元的个数也极大地影响着 ANN 的性能, 隐层神经元的作用是从样本中提取并存储其内在的规律, 与其相连的每个权值都是增强网络映射能力的一个参数. 隐层神经元个数太少, 则网络从样本集中获取的信息能力弱, 太多又可能出现 "过度吻合" 问题, 从而降低了网络的泛化能力. 此外, 太多的隐层神经元还会增加训练时间. 目前还没有一个确定的方法用来确定隐层神经元的个数, 多数是经验公式 (参见文献 [1]). 在第 2 章提出的基于实数编码的加速遗传算法是一种优秀的全局寻优的非线性优化方法, 在这里对 BP 算法做进一步的改进, 即采用 RAGA 先对网络结构和初始权值进行全局优化, 求出对具体问题的最优初始网络结构和权值及阈值, 使网络训练在一开始就有一个好的开端, 正所谓 "好的开始是成功的一半", 从而保证网络训练达到误差函数的全局最优点. 对新的标准 BP 算法进行上面提出的三方面的改进后, 本书命名为基于实码加速遗传算法与模拟退火算法的 BP 算法 (简称 RAGASABP).

参 考 文 献

[1] 韩力群. 人工神经网络理论、设计及应用 [M]. 北京: 化学工业出版社, 2002.
[2] 丛爽. 面向 MATLAB 工具箱的神经网络理论与应用 [M]. 合肥: 中国科学技术大学出版社, 1998.
[3] 雷清华. 汉江平原水稻受淹实验研究 [J]. 灌溉排水, 1991, 10(2): 21–26.
[4] 朱耀良. 水稻受淹程度对产量影响的实验研究//刘昌明, 等. 低洼地灾害与治理实验 [M]. 大连: 大连出版社, 1990: 146–156.
[5] 周激流. 遗传算法理论及其在水问题中应用的研究 [D]. 四川大学工学博士学位论文, 2000: 93–95.

第 5 章　确定性水文模型

水文模型的出现是对水循环规律研究和认识的必然结果, 在水资源开发利用、防洪减灾、水库规划与设计、道路与桥梁设计、城市规划、非点源污染模拟与评价、人类活动的流域响应等诸多方面都得到了十分广泛的应用. 目前的一些学术研究热点, 如生态需水量研究、水资源可再生性维持机理等均需要水文模型的支持. 近几年来, 随着计算机技术和一些交叉学科的发展, 流域水文模型研究工作也产生了根本性的变化, 其突出趋势主要反映在计算机技术、空间技术、遥感 (RS) 技术等方面的应用. 分布式水文模型受到了广泛关注, 而遥感与地理信息系统 (GIS) 技术为水文模型的研究和应用带来了新的机遇和挑战 [1,2]. 伴随着人口膨胀、水资源短缺、环境污染加剧和气候变化影响日益凸现, 水文科学研究领域不断拓展并趋于综合, 传统的集总式水文模型已经难以满足不同研究领域对水文模型的需求, 确定性水文模型逐步成为研究气候变化的水文响应、非点源污染过程模拟、水资源综合管理、土地利用/覆被变化的水文响应等重大科学问题不可或缺的工具. 确定性水文模型在进行水文规律研究和解决生产实际问题中起着重要的作用. 随着现代科学技术的飞速发展, 以计算机和通信为核心的信息技术在水文水资源及水利工程科学领域的广泛应用, 使流域水文模型的研究得以迅速发展. 对于防洪减灾, 流域水文模型是现代实时洪水预报调度系统的核心部分, 是提高预报精度和增长遇见期的关键技术; 对于水资源可持续利用, 流域水文模型是水资源评价、开发、利用和管理的理论基础; 对于水环境和生态系统保护, 流域水文模型是构建面污染模型和生态评价模型的主要平台. 此外, 流域水文模型还是分析研究气候变化和人类活动对洪水、水资源和水环境影响的有效工具.

许多人认为随着模型结构的完善、资料获取手段的改善、测量技术的发展, 以及水文资料质量的提高, 模型参数优选问题将最终消失. 而实际情况恰恰相反, 随着水文模型的不断发展与完善, 人们对模型参数优选的需求也越来越高, 相继引入了各种新的参数优选技术. 实践表明, 一个有效的参数优选方法不仅要识别模型的系统误差, 还需要识别参数优选问题内在各目标函数之间的关系. 水文学家投入大量的精力来研究水文模型参数自动优选技术, Gupta(1998 年) 对其进行了总结, 发现研究的重点主要集中在以下四个方面.

(1) 实测资料中各种误差的统计方法. 例如, Sorooshian与Dracup[3], Sorooshian[4], Sorooshian 等 [5] 提出了最大似然函数法 (Maximum Likelihood Functions) 来统计观测资料的误差. Hoerl[6] 等提出了抗差估计理论以减小观测资料中的系统误差与粗差; 包为民等 [7,8] 也对抗差估计理论作了大量的理论与应用研究.

(2) 寻求一种能够真正解决水文模型参数优选问题的最佳参数优选方法. 参

数优选方法一般分为局部寻优与全局寻优. 局部寻优简单易行, 但对参数初值要求较高且往往不易求得全局最优解, 如罗森布瑞克法 (Rosenbrock)[9]、单纯形法 (Simplex)[10] 等; 全局寻优则能够从整个参数空间中寻求全局最优解, 如基因法 (Genetic)[11], SCE-UA (Shuffled Complex Evolution) 法 [12−15] 等.

参数优选分为手工优选 (如试错法) 和自动优选两种. 手工优选最终选定的参数值因人而异, 与个人经验和所受的训练以及对模型结构的理解程度有关, 该法主要的不足之处是难以判断优选过程何时达到最优, 以及所得到的解是否为最优解. 随着计算机技术的迅猛发展, 参数自动优选方法得到了普遍的应用, 提高了参数优选的效率, 弥补了工作人员经验的不足, 增加了模拟结果的客观性与可信度, 但它还不能完全替代手工优选, 通常需要与手工优选交互使用 [16].

(3) 如何选取最佳的资料进行参数优选, 才能得到最优的参数优选结果. Kuczera[17], Sorooshian 等 [5], Gupta 和 Sorooshian[18], Yapo 等 [19] 通过对资料的分析研究, 发现水文资料的代表性、一致性、稳定性对水文模型参数优选的影响远远大于所选资料的数量对模型率定的影响. 水文资料的质量依赖于数据中所包含的有关水文过程信息的多少和数据本身存在的误差. Gupta 与 Sorooshian[18] 认为数据包含的信息多少取决于水文过程的变幅, 如果数据涵盖了丰水、中水、枯水年, 则认为数据中包含的水文信息较多. 我们总是希望信息足够多而误差尽可能小, 但实际上, 由于测量仪器的系统偏差、传输故障、估计误差的存在, 水文资料的误差不可避免. 因此对模型率定数据要慎重选取, 需要对其进行三性 (代表性、可靠性和一致性) 审查.

(4) 如何统计待率定模型 (模型结构与模型参数) 的不确定性, 并且将这种不确定性转化为模型输出的不确定性. 对于水文模型与参数优选的不确定性研究方兴未艾. Spear 和 Hornberger[20], Kuczera[17], Freer 等 [21−22], Franks 和 Beven[23] 等提出了可行性的统计分析方法来研究模型参数的不确定性; Krzysztofowicz 等则提出了贝叶斯预报处理器 (BPF)[24] 和水文不确定性处理器 (HUP)[25] 来分析模型结构与参数以及水文资料的不确定性.

另外, 传统的水文模型参数优选技术逐渐显示出多方面的局限性, 主要表现在以下两个方面 [16].

(1) 传统的水文模型参数优选技术通常难以求得唯一的全局最优解, 这是由于传统的参数优选方法大多采用经典统计学方法, 根据实测点据来拟合经验模型, 而由此产生了一些长期存在且不合理的假定所致.

(2) 随着多输入多输出水文模型的产生及其广范应用, 传统的水文模型参数优选技术在率定该类模型时的局限性越来越突出.

过去的十几年中, 大量的寻求并解决上述问题的方法, 特别是对洪水预报不确定性的研究频频出现在有关文献资料中.

例如, Beven 和 Binley[26], Freer 等 [22] 将蒙特卡罗法与贝叶斯方法耦合起来, 提出用来描述模型参数与预报结果不确定性之间关系的 GLUE (Generalized Likelihood Uncertainty Estimation) 法; van Straten 和 Keesman[27] 提出了 MCSM (Monte Carlo Set Membership) 法; Klepper 等 [28] 提出了 PU 法 (Prediction Uncertainty Method). 上述各种方法仍存在需进一步完善之处, 如 GLUE 法需要人为主观选取参数的先验分布、似然函数、模型优选终止条件等. 但它们毕竟是一种大胆的尝试, 为水文模型参数优选方法的探讨注入了新的思想与活力.

5.1 新安江模型

5.1.1 新安江模型简介

新安江模型是河海大学 (原华东水利学院) 水文系在 1973 年对新安江水库作入库流量预报时提出来的概念性流域降雨径流模型. 它把全流域分成多个单元流域, 对每个单元流域进行产汇流计算, 得出单元流域的出口流量过程. 再进行出口以下的河道洪水演算, 把各个单元流域的出流过程相加, 求得流域的总出流过程 [9]. 模型的核心是蓄满产流及基于流域蓄水容量曲线的计算模块. 模型主要适应于湿润与半湿润地区, 计算精度较高, 在国内外水文预报工作中有较好的应用. 新安江模型结构可分为蒸散发计算、产流计算、水源划分和汇流计算等四个部分, 如图 5-1 所示.

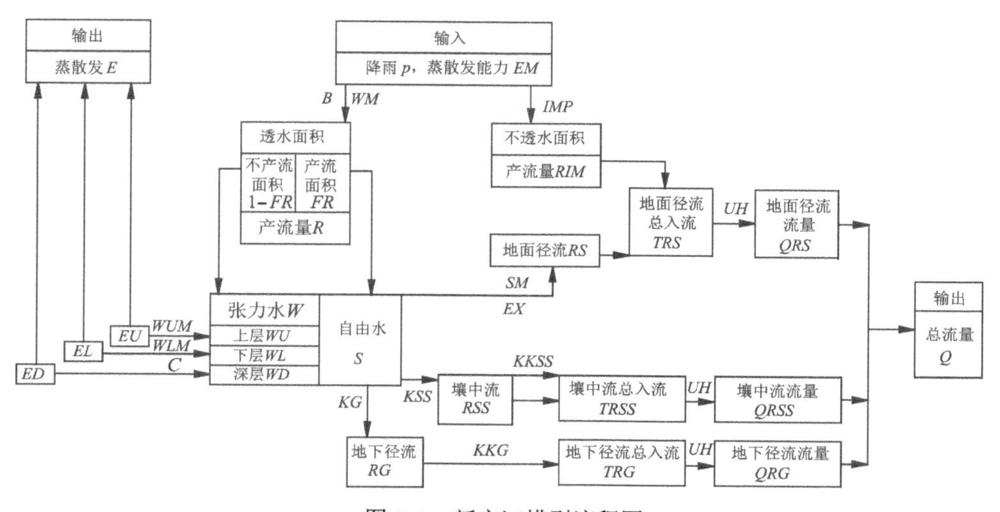

图 5-1 新安江模型流程图

(1) 蒸散发计算. 蒸散发计算采用三层蒸发计算模式. 各层蒸散发的计算原则是, 上层按蒸散发能力蒸发, 上层含水量不满足蒸发能力时, 剩余蒸散发能力从下层蒸发, 下层的蒸发量与蒸散发能力及下层蓄水量成正比, 并要求计算的下层蒸发量与剩余蒸散发能力之比不小于深层蒸散发系数 C. 否则, 不足部分由下层蓄水量补给, 当下层蓄水量不够补给时, 用深层蓄水量补给.

(2) 产流计算. 产流计算采用蓄满产流模式. 一般来说, 流域内各点的蓄水容量并不相同, 新安江模型用蓄水容量曲线来解决土壤蓄水容量空间分布不均匀对产流的影响.

(3) 水源划分. 产流量计算完毕后, 采用一个自由水蓄水库进行水源划分. 此水库设置两个出口, 出流规律均按线性水库原则出流.

(4) 汇流计算. 流域汇流计算包括坡地汇流和河网汇流两个阶段. 新安江三水源模型中把经过水源划分得到的地面径流直接进入河网, 成为地面径流对河网的总入流. 壤中流和地下径流分别经过壤中流水库和地下水蓄水库的消退, 成为对河网的总入流. 水流从进入河槽到单元流域出口的河网汇流通常采用 Muskingum 演算.

5.1.2　模型的基本思想

新安江模型的产流部分采用蓄满产流的概念: 在降水过程中, 直到包气带蓄水量达到田间持水量时才能产流. 产流后, 超渗部分为地面径流, 下渗部分为地下径流. 模型主要由四部分组成, 即蒸散发计算、蓄满产流计算、流域水源划分和汇流计算. 按照蓄满产流概念计算降水产生的总径流, 采用流域蓄水曲线考虑下垫面不均匀对产流面积变化的影响. 在径流划分方面, 对两水源按 Horton 产流理论用稳定下渗率把总径流划分成超渗地面径流和地下径流; 对三水源采用自由水蓄水库把径流划分成地面径流、壤中流和地下径流. 在汇流计算方面, 单元面积的地面径流一般采用单位线法, 壤中流和地下径流采用线性水库法计算.

5.1.3　三水源新安江模型的结构

三水源新安江模型的流程图如图 5-2 所示.

在产流计算中, 为了解决土壤湿度在面上分布不均匀的问题, 引入张力蓄水容量曲线 (图 5-3), 并以 B 次抛物线来表示降水分布均匀时, 产流面积的变化情况:

$$\alpha = 1 - \left(1 - \frac{W}{W'_m}\right)^B \tag{5-1}$$

式中, W 为点蓄水容量 (mm); W'_m 为流域最大点蓄水容量 (mm); α 为相对面积, 表示小于等于 W 的面积占流域面积的比值; B 为经验性指数.

当净雨 PE(即降水量减去蒸发量) 大于 0 时, 则产流, 否则不产流. 产流时:

$$\begin{aligned} &R = PE - (W_m - W) + W_m\left[1 - \frac{PE + W'_0}{W'_m}\right]^{1+B}, \quad PE + W'_0 < W'_m \\ &R = PE - (W_m - W), \quad PE + W'_0 \geqslant W'_m \end{aligned} \tag{5-2}$$

式中, W_m 为流域的平均蓄水容量, $W_m = \dfrac{W'_m}{1+B}$; W'_0 为 W_0 相应的纵坐标值, 即

$$W'_0 = W'_m\left[1 - \left(1 - \frac{W}{W_m}\right)^{\frac{1}{1+B}}\right] \tag{5-3}$$

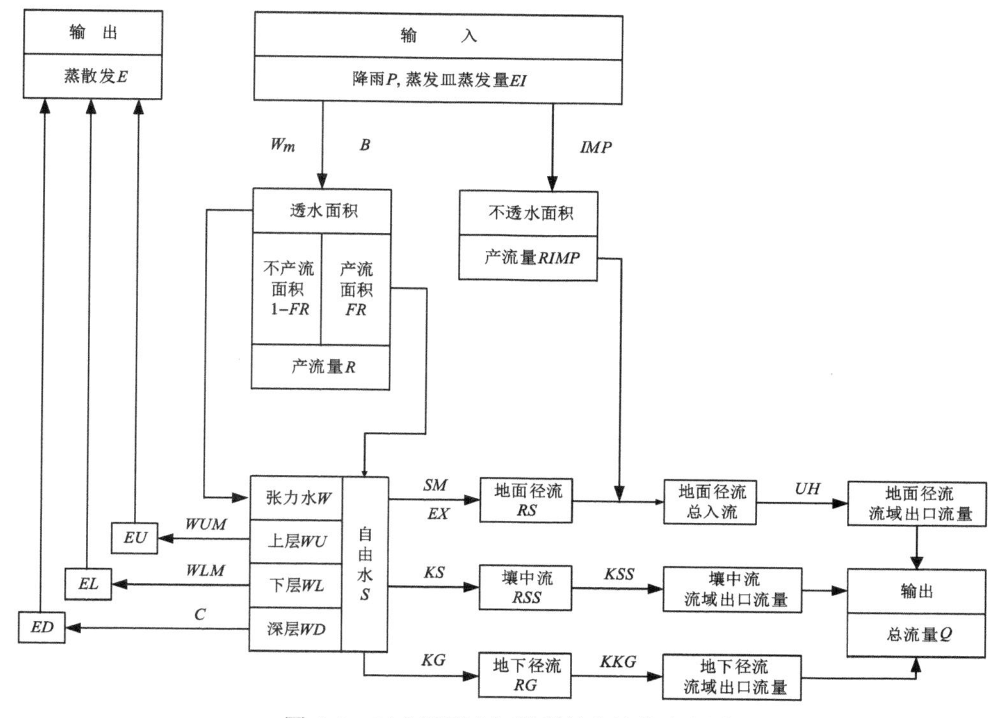

图 5-2 三水源新安江模型基本结构流程图

为了考虑土湿垂向分布的作用, 可把蒸散发计算模型分为一层、二层和三层. 在新安江模型中, 一般采用三层计算模型, 把 W_m 分为上层 WUM, 下层 WLM 与深层 WDM. 降雨先补充上层, 满足 WUM 后再补充下层, 但如果 $EL < C \times EM$, 即 $WL < C \times WLM$, 则取 $EL = C \times EM$; 但如果 $WL < C \times EM$, 已不够蒸发, 则

$$\begin{aligned} EL &= WL \\ ED &= C \times (EM - EU) - EL \end{aligned} \tag{5-4}$$

模型的另一个主要方面是对径流的划分, 目前应用最多的是三水源模型. 设立一个自由水蓄水库, 在它的调蓄下, 将总径流划分为三种水源. 在产流面积 FR 上采用自由水容量曲线将径流划分为地面径流、壤中流和地下径流 (图 5-4).

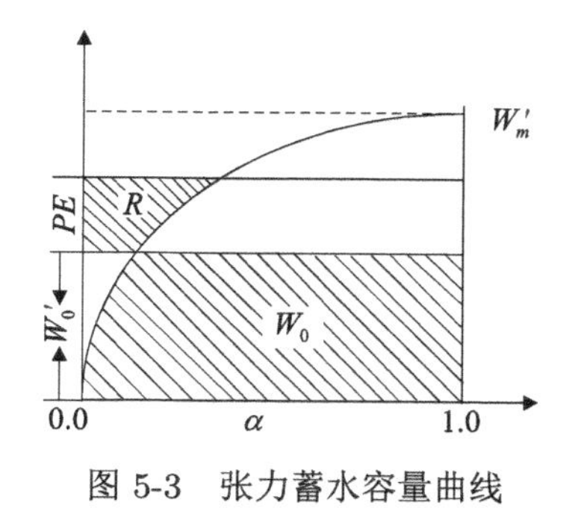

图 5-3 张力蓄水容量曲线

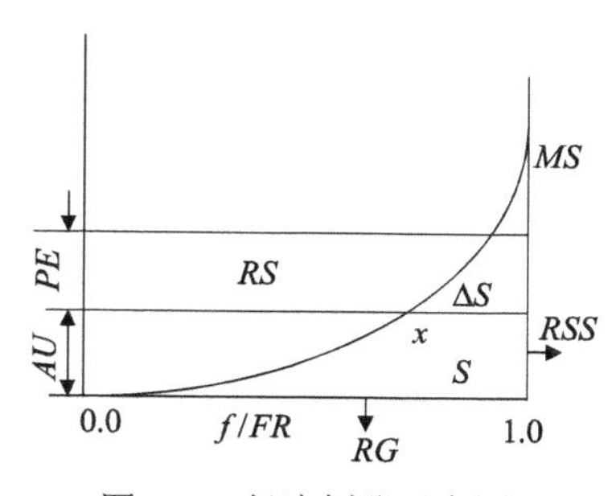

图 5-4 径流划分示意图

自由水蓄水容量曲线为

$$\frac{f}{FR}=1-\left(1-\frac{S'M}{MS}\right)^{EX} \tag{5-5}$$

式中, $S'M$ 为流域自由水蓄水容量; MS 为自由水最大的点蓄水容量; f 为自由水蓄水量小于等于 $S'M$ 的面积; EX 为抛物线指数.

平均自由蓄水容量 SM 与 MS 的关系为: $MS=SM(1+EX)$, 因此, 与自由蓄水容量相对应的蓄水容量曲线的纵坐标值 AU 可以表示为

$$AU=(1+EX)\times SM\left[1-\left(1-\frac{S}{SM}\right)^{\frac{1}{1+EX}}\right] \tag{5-6}$$

如果 $AU+PE<MS$, 则

$$RS=\left[PE-SM+S+SM\left(1-\frac{PE+AU}{MS}\right)^{1+EX}\right]\times FR \tag{5-7}$$

否则

$$RS=(PE+S-SM)\times FR \tag{5-8}$$

其余的径流量 ΔS 填存自由蓄水 S, 转换为壤中径流 RSS 和垂向地下径流 RG:

$$\begin{aligned}\mathrm{RSS}&=S\times KS\times FR\\ RG&=S\times KG\times FR\end{aligned} \tag{5-9}$$

式中, KS 为自由蓄水库对壤中流的出流系数; KG 为自由蓄水库对地下径流的出流系数; 壤中流和地下径流经线性水库分别演算到流域出口.

综上所述, 三水源新安江模型共有参数 15 个, 即产流参数: W_m, B, WUM, WLM, IMP, EX, SM, KS, KG; 蒸发系数: CKE, C; 汇流参数: KSS, KKG, N, NK.

5.1.4 基于 XAJ 模型的贝叶斯概率洪水预报

对于流量概率预报, 假设流域出口流量过程为 p 阶马尔可夫过程. 令 $Q_0=\{Q_t,Q_{t-1},\cdots,Q_{t-p+1}\}$ 为在预报时刻 t 已知的前期流量过程; Q_n 为待预报的流量过程, $n=1,2,\cdots,N$; S_n 为确定性水文模型的输出流量过程, $n=1,2,\cdots,N$; q_0,q_n,s_n 分别为水文变量 Q_0,Q_n,S_n 的实现值; n 为预见期.

根据贝叶斯公式 (2-2), 可求出实际流量 q_n 的后验密度

$$\phi(q_n|s_n,q_0)=\frac{f(s_n|q_n,q_0)g(q_n|q_0)}{l(s_n|q_0)}=\frac{f(s_n|q_n,q_0)g(q_n|q_0)}{\displaystyle\int_{-\infty}^{\infty}f(s_n|q_n,q_0)g(q_n|q_0)\mathrm{d}q_n} \tag{5-10}$$

式中, $\phi(q_n|s_n,q_0)$ 为 q_n 的后验密度; $g(q_n|q_0)$ 为 q_n 的先验密度, 只与 q_0 有关, 在预报时刻为已知; $f(s_n|q_n,q_0)$ 为 s_n 已知时 q_n 的似然函数, 反映确定性水文模型的预报能力.

由实测资料和新安江模型计算结果整理得到样本系列 $\{(h_n, h_0)_i : n = 1, 2, \cdots, N; i = 1, 2, \cdots, m\}$, $\{(s_n, h_n, h_0)_i : n = 1, 2, \cdots, N; i = 1, 2, \cdots, m\}$, 其中 n 为预见期, m 为样本序列长度; 依据这两个样本序列建立先验密度和后验密度.

1. 先验密度的 BP 网络结构

流量先验密度的 SABP 网络结构可表示为

$$Q_n = G(Q_n|Q_0) + \Xi_n \tag{5-11}$$

式中, G 为流量先验密度的非线性映射; Ξ_n 为残差, 假设服从正态分布 $N(0, \xi^2)$, 其中 ξ 为 Ξ_n 的均方差; 其余符号的意义同前述.

由于理论上只有一个隐层的神经网络可以描述任何复杂的非线性映射 [29], 因此, 流量先验密度采用只有一个隐层的神经网络结构 (图 5-5). 由式 (5-11) 可知

$$E(Q_n|Q_0 = q_0) = G(q_0) \tag{5-12}$$

$$\mathrm{Var}(Q_n|Q_0 = q_0) = \varepsilon^2 \tag{5-13}$$

因此, 流量先验密度用下列正态分布表示:

$$g(q_n|q_0) = \frac{1}{\sqrt{2\pi}\varepsilon} \exp\left(- \frac{(q_n - G(q_0))^2}{2\varepsilon^2} \right) \tag{5-14}$$

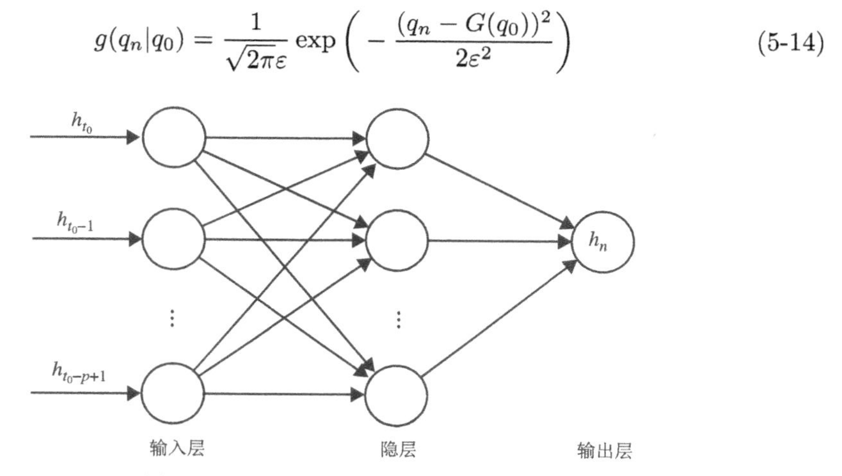

图 5-5 先验密度的 SABP 网络结构

2. 似然函数的 BP 网络结构

流量似然函数的 SABP 网络结构可表示为

$$S_n = F(S_n|q_n, q_0) + \Theta_n \tag{5-15}$$

式中, F 为似然函数的非线性映射; Θ_n 为残差, 假设服从正态分布 $N(0, \theta^2)$, 其中 θ 为 Θ_n 的均方差; 其余符号的意义同前述.

流量似然函数也采用只有一个隐层的神经网络结构 (图 5-6). 由式 (5-15) 可知

$$E(S_n|Q_n = q_n, Q_0 = q_0) = F(q_n, q_0) \tag{5-16}$$

$$\mathrm{Var}(S_n|Q_n = q_n, Q_0 = q_0) = \theta^2 \tag{5-17}$$

因此, 流量似然函数可用下列正态分布表示:

$$f(s_n|q_n, q_0) = \frac{1}{\sqrt{2\pi}\theta}\exp\left(-\frac{(s_n - F(q_n, q_0))^2}{2\theta^2}\right) \tag{5-18}$$

将所建立的流量先验密度 $g(q_n|q_0)$ 和似然密度 $f(s_n|q_n, q_0)$ 代入式 (7-1) 即可求解流量后验密度 $\phi(q_n|s_n, q_0)$. 但由于无法获得 q_n 的具体取值区间以求出归一化常数 l, 故很难求得最终解析解. 由于本书建议的 BAM-MCMC 算法具有可避免求归一化常数而通过抽取伪随机样本使其收敛到目标函数 (后验分布) 的特性, 故采用 BAM-MCMC 算法来求解流量后验密度.

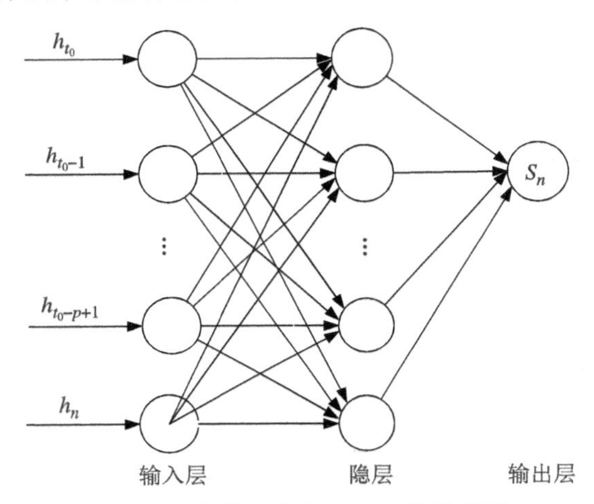

图 5-6　似然函数的 SABP 网络结构

5.1.5　实例应用

对长江三峡地区沿渡河流域业已建立了基于 XAJ(新安江三水源) 模型的确定性洪水预报. 现以该流域 21 场洪水流量资料为例检验基于 BAM-MCMC 的流量后验分布的求解过程, 从而考虑预报的不确定性, 达到概率水文预报之目的. 用其中 11 场洪水对流量先验分布及似然函数的 SABP 网络进行训练和检验, 其余 10 场洪水则用于验证预报.

1. 原始资料的处理及训练样本的选取

首先对这 21 场洪水资料进行如下式的归一化处理, 使网络的输入、输出均处于 [0, 1] 区间内以减少训练时的累积误差:

$$T = \frac{x - x_{\min}}{x_{\max} - x_{\min}} \tag{5-19}$$

式中, x 为原始数据; $x_{\max}, x_{\min}$ 为所有原始数据的最大值和最小值; T 为归一化后的数据.

将 1981~1984 年的 11 场洪水流量资料作为 4193 组训练样本对

$$\{(h_0 \to h_n)_i : i = 1, 2, \cdots, m, h_0 = (h_{01}, h_{02}, h_{03}), n = 1, 2, 3\}$$

$$\{(h_0, h_n \to s_n)_i : i = 1, 2, \cdots, m, h_0 = (h_{01}, h_{02}, h_{03}), n = 1, 23\}$$

作为训练数据对 SABP 网络进行训练.

2. BAM-MCMC 算法的初始条件

各时段流量的初始协方差矩阵 C_0 取为对角矩阵. 方差取为其搜索范围的 10%. 各时刻流量的搜索范围根据历史洪水资料确定, 本书为 $\{q_{iL}(1-0.1), q_{iU}(1+0.1)\}$, 其中 q_{iL}, q_{iU} 分别为第 i 个时刻历史流量资料的上、下界. BAM-MCMC 算法运算初始条件设为, 初始化阶段 i_0=2000, 每次采样 10000 组 (h_n, S_n), 算法并行运行 5 次, 每次初始迭代次数为 2000, 这样共随机抽取 40000 组样本.

3. 流量先验密度和似然函数

首先, 利用所有的洪水资料, 采用偏相关技术分析确定流量系列的自相关指数 P. 经分析沿渡河流域流量自相关阶数为 3, 即为输入层神经元个数. 采用经验试算法确定隐层神经元个数为 6, 输出层只有一个 h_n, 故先验密度的网络拓扑结构为 3-6-1. 因似然函数的网络输入增加相应的 XAJ 模型的预报结果, 故其输入层神经元个数为 4, 采用经验试算法确定隐层神经元个数为 8, 输出层神经元个数为 1, 即 S_n. 至此, 确定的似然函数的网络拓扑结构为 4-8-1.

本书在 n=1, 2, 3 时分别对流量的先验密度和似然密度进行训练, 以模型预测相关系数 (Corr) 和均方误差 (RMSE) 为网络训练收敛的标准. 经过试验, 对于不同预报见期 n 训练 800 次后相关系数与均方误差均达到收敛. 表 5.1 给出网络训练 800 次后的相关系数与均方误差.

表 5.1 先验密度和似然函数的相关系数及均方差

预见期	先验密度		似然函数	
	Corr	RMSE(ξ)	Corr	RMSE(θ)
1	0.988	19.539	0.982	22.209
2	0.952	23.462	0.935	25.318
3	0.872	29.582	0.838	30.218

$$\text{Corr} = \frac{\dfrac{1}{m}\sum_{i=1}^{m}(h_i - \bar{h})(h_{if} - \bar{h}_f)}{\sqrt{\dfrac{1}{m}\sum_{i=1}^{m}(h_i - \bar{h})^2} \times \sqrt{\dfrac{1}{m}\sum_{i=1}^{m}(h_{if} - \bar{h}_f)^2}} \tag{5-20}$$

$$\mathrm{RMSE}=\sqrt{\frac{1}{m-1}\sum_{i=1}^{m}(h_i-h_{if})^2} \tag{5-21}$$

式 (5-20)、式 (5-21) 中, m 为训练样本序列的长度; h_i 为流量的实测值; h_{if} 为网络预报值; $\bar{h}$ 为实测值的均值; $\bar{h}_f$ 为网络预报值的均值. 这样经过训练就可以得出不同预见期网络输出的方差即式 (5-13) 中的 ε 和式 (5-17) 中的 θ.

4. 流量后验密度的求解

利用 BAM-MCMC 算法, 令预见期 n=1(表 7.1 中 $n=1$ 时的 Corr 最大、RMSE 最小), 对 1984~1987 年的 10 场洪水进行预报. 对各场洪水的每一时刻的流量抽样 20000 个, 用这些样本的均值作为该时刻的流量预报值. 表 5.2 给出了各场洪水预报的洪峰均值、80%的洪峰置信区间、洪峰误差、确定性系数及峰现时差, 在该表中还给出了 XAJ 模型的确定性预报结果以作比较. 图 5-10 给出了各场洪水的概率预报过程与实测过程的拟合情况, 同时还给出了 XAJ 模型的预报结果, 图中显示各场洪水拟合情况都较好, 且拟合度均高于 XAJ 模型的确定性预报结果. 从表 5.2 可以看出, 本书建议基于 SABP 的 XAJ 模型的 BFS 预报的洪峰误差、确定性系数和峰现时差的精度均较 XAJ 模型有很大的改进. 洪峰误差只有两场 (870627, 870719) 在 10%以上, 其余均在 10%以下; 确定性系数均在 90%以上. 可见贝叶斯概率预报的精度明显高于 XAJ 模型的预报结果, 而且可以给出洪峰指定概率的置信区间, 定量了洪峰预报的不确定性度. 对于洪号 870627 的预报误差较大, 究其原因可能是后验信息的新安江模型预报误差很大致使 BFS 所获的后验信息较少, 从而使概率洪水的预报误差增大. 至于是否还有其他可能的原因目前尚不清楚.

表 5.2 沿渡河流域基于 BAM-MCMC 的 XAJ 模型的 BFS 预报成果表

洪号	实测峰量 /(m³/s)	计算峰量 /(m³/s)		峰量 80%的置信区	洪峰误差 /%		确定性系数		峰现时差 /h	
		XAJ	BFS	BFS	XAJ	BFS	XAJ	BFS	XAJ	BFS
840612	632	501	532	(523, 613)	6.19	−15.82	0.85	0.98	−1	0
840723	1060	982	995	(742, 1036)	1.34	−6.15	0.93	0.97	0	1
850603	235	222	243	(244, 263)	9.24	3.40	0.85	0.98	−4	−4
850621	476	515	492	(477, 542)	−4.49	3.26	0.96	0.99	−1	−1
860714	227	201	223	(224, 268)	10.95	−1.76	0.82	0.96	−1	−1
860909	844	887	874	(802, 897)	−1.52	3.52	0.88	0.99	0	0
870511	341	302	335	(394, 418)	10.93	−1.76	0.99	0.95	−1	0
870627	367	326	315	(428, 463)	−3.50	−14.23	0.85	0.96	0	0
870719	819	853	824	(886, 913)	−3.40	0.61	0.85	0.98	1	1
870821	556	480	532	(522, 537)	10.83	−4.32	0.85	0.96	0	1

以洪号 870821 为例, 图 5-7(a) 给出了洪峰的先验密度与后验密度, 图 5-7(b) 给出了比例缩小得分 $\sqrt{R}$ 的演化过程, 图 5-7(c) 给出了洪峰后验均值演化迹线, 图 5-7(d) 给出了洪峰后验方差演化迹线. 从图 5-7(b) 看出第 1000 次抽样以后的比例

缩小得分已趋近于 1, 图 5-7(c) 洪峰的均值和图 5-7(d) 的洪峰方差已趋于稳定, 说明 AGA-AM-MCMC 算法已经收敛. 图 5-8(a) 给出了 BFS 80% 置信区间的预报过程与实测过程的比较, 图 5-8(b) 给出了 BFS 均值预报与 XAJ 模型预报及实测过程的比较. 从图 5-8 中看出贝叶斯概率预报的过程线明显比 XAJ 模型的结果好, 且实测过程线几乎全包括在 80%的置信区间内.

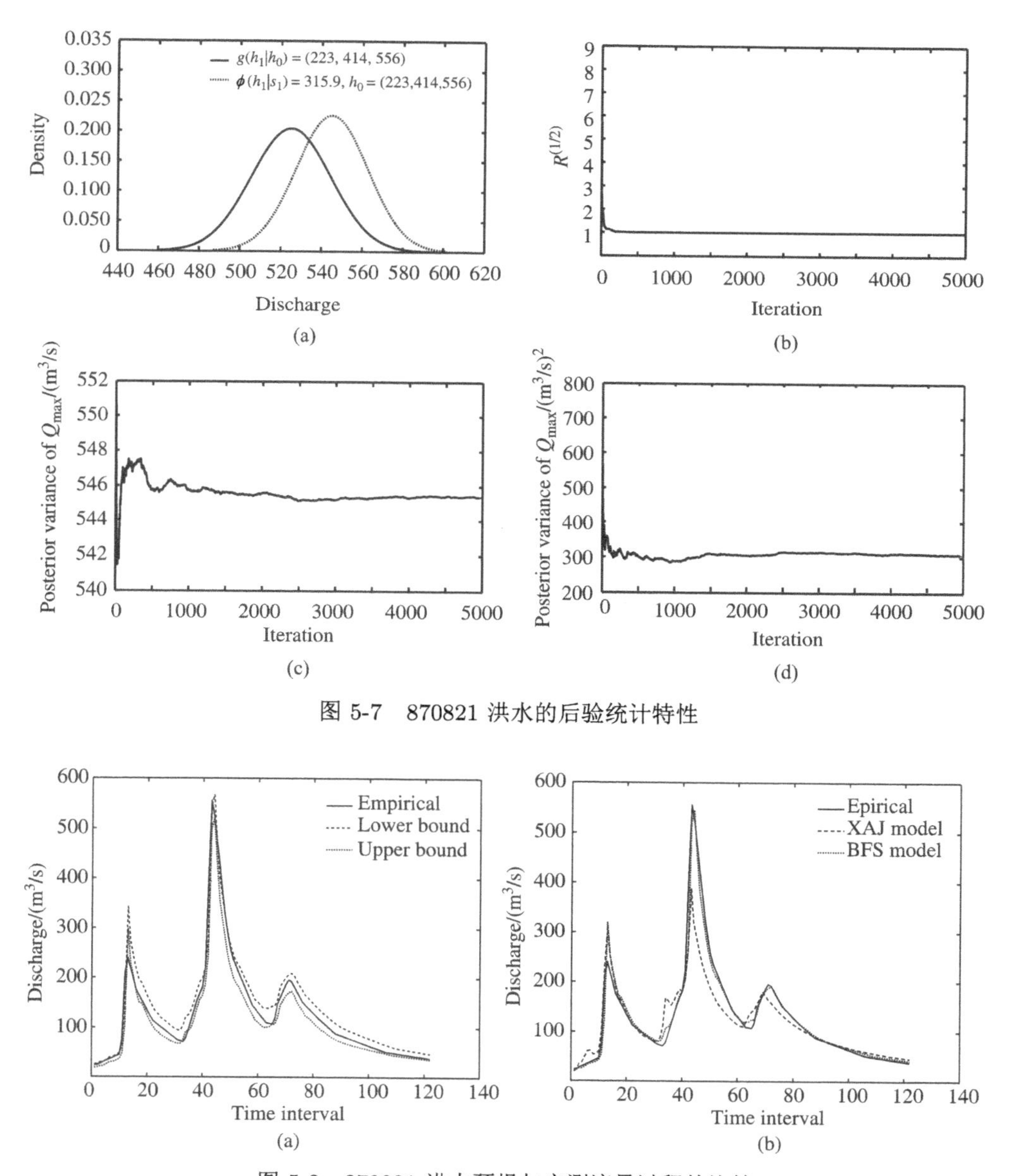

图 5-7 870821 洪水的后验统计特性

图 5-8 870821 洪水预报与实测流量过程的比较

(a) BFS 80%置信区间的预报过程与实测过程的比较; (b) BFS 均值预报与 XAJ 模型预报及实测过程的比较

5. 残差检验

目的主要是检验式 (5-11) 和式 (5-15) 的模型残差是否符合假设的正态分布. 利用卡方检验两模型的残差序列, 对于预见期 $n=1$ 时, 在置信水平为 95%时接受原假设, 故式 (5-11) 和式 (5-15) 的残差序列符合正态分布的假设成立, 即 $\varXi - N(0, 19.5^2)$, $\varTheta - N(0, 22.2^2)$. 两模型残差频率分布与理论分布的拟合情况如图 5-9 所示.

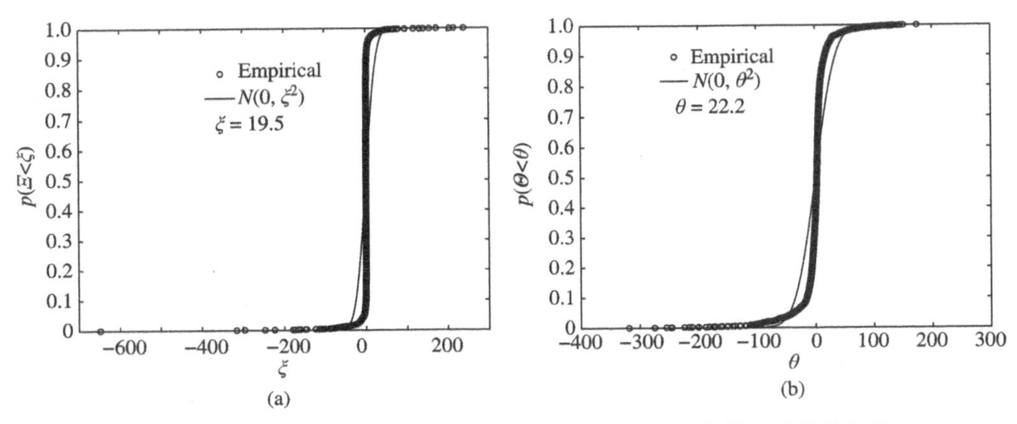

图 5-9　(a) 先验网络模型残差的检验; (b) 似然函数网络模型残差的检验

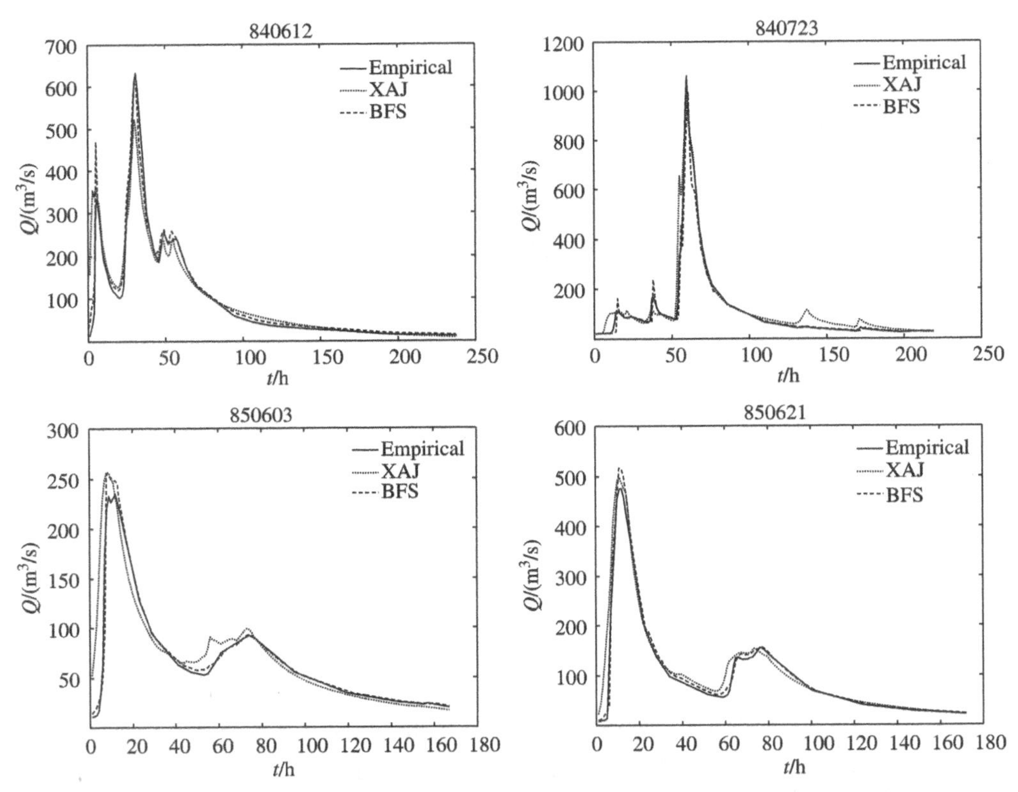

图 5-10　基于 BAM-MCMC 的 XAJ 模型的 BFS 预报与实测过程的比较

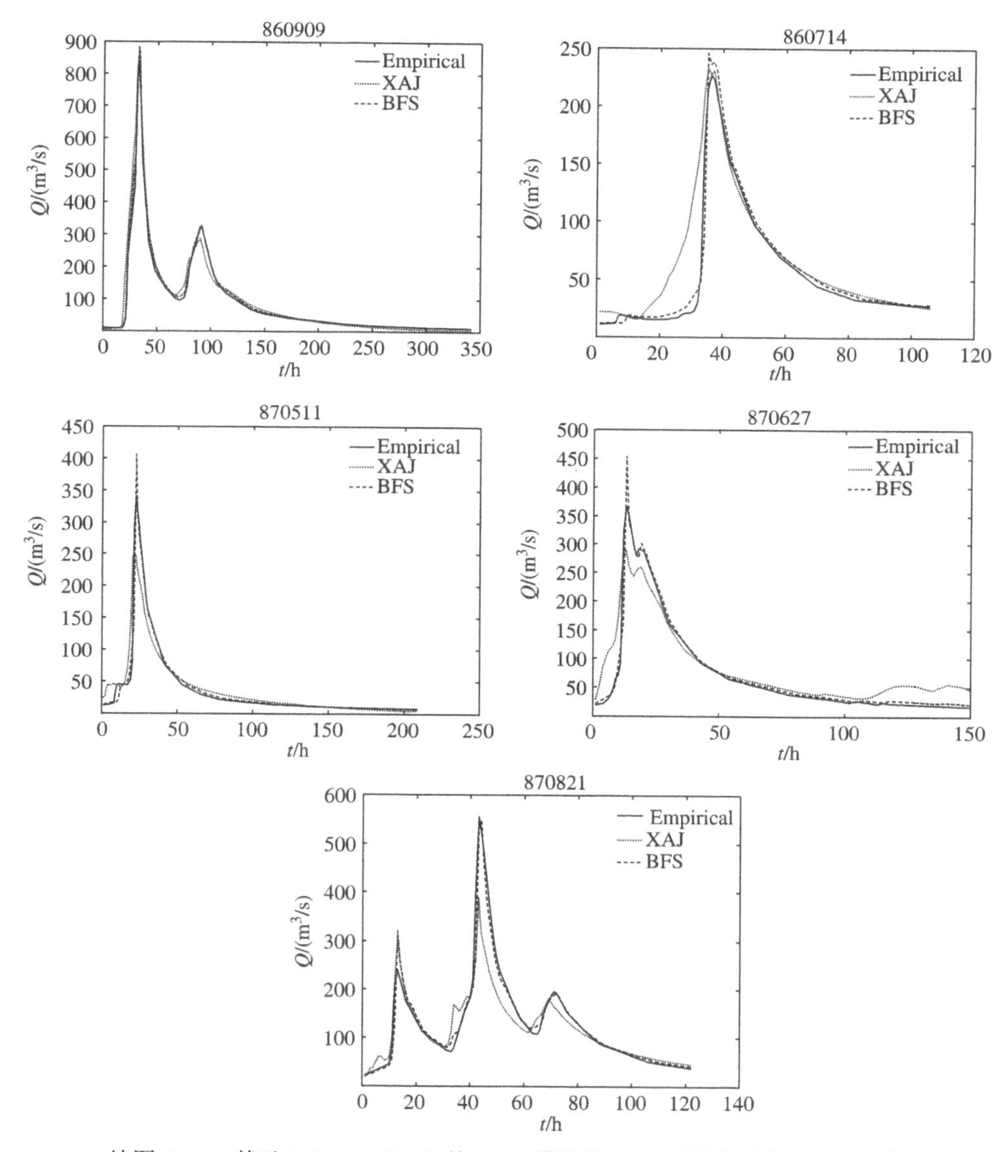

续图 5-10 基于 BAM-MCMC 的 XAJ 模型的 BFS 预报与实测过程的比较

5.2 Nash 模型

J. E. Nash 将汇流系统看成是一个线性时不变系统, 并用 n 阶线性微分方程来描述系统的输入与输出的关系. 这种描述的物理解释, 可认为汇流系统的出流量过程是该系统输入经受其调蓄作用的结果, 且这种调蓄作用可以用 n 个具有相同蓄泄关系为线性水库串联来模拟. Nash 模型瞬时单位线的数学表达式为

$$u(t) = \frac{1}{k\Gamma(n)}\left(\frac{t}{k}\right)^{n-1} \mathrm{e}^{-\frac{t}{k}} \tag{5-22}$$

式中, $u(t)$ 为瞬时单位线在 t 时刻的纵坐标; $\Gamma(n)$ 为 n 的伽马函数; n 为反映流域调蓄能力的参数, 可看成是线性水库的个数; k 为反映流域调蓄能力的参数, 可看成是线性水库的蓄泄系数.

式 (5-22) 中 n 是线性水库的个数, 但作为方程中的参数, 在与实测资料拟合时并不一定是整数. k 是一个具有时间因次的水库蓄泄系数, 即 "线性水库" 出流滞后于入流的时间. nk 则是流域滞时.

瞬时单位线在实际应用时需要转换成时段单位线方可使用. 时段转换采用 S 型曲线法:

$$S(t)=\int_0^t u(t)\mathrm{d}t=\int_0^t \frac{1}{k\Gamma(n)}\left(\frac{t}{k}\right)^{n-1}\mathrm{e}^{-\frac{t}{k}}\mathrm{d}t \tag{5-23}$$

将式 (3-23) 右端的 t 用 t/k 进行变量代换, 则

$$S(t)=\int_0^{t/k} u(t)\mathrm{d}t=\int_0^{t/k} \frac{1}{\Gamma(n)}\left(\frac{t}{k}\right)^{n-1}\mathrm{e}^{-\frac{t}{k}}\mathrm{d}\left(\frac{t}{k}\right) \tag{5-24}$$

式 (5-24) 是在 $[0,t/k]$ 积分区间内的不完全 Γ 函数与 Γ 函数的比. 当 $\dfrac{t}{k}\to\infty$ 时, $S(t)=1$.

当 $n=1,2,3,\cdots$ 时, $S(t)$ 有解析解:

$$S(t)=1-\mathrm{e}^{-t/K}\sum_{i=0}^{n-1}\frac{1}{i!}\left(\frac{t}{K}\right)^i \tag{5-25}$$

令 $u(\Delta t,t)$ 表示无因次时段单位线, 则有

$$u(\Delta t,t)=S(t)-S(t-\Delta t) \tag{5-26}$$

式 (5-14) 即为时段长为 Δt 的无因次时段单位线. 以 Δt 为间隔, 将 $u(\Delta t,t)$ 的纵坐标加起来符合 $\sum u(\Delta t,t)=1$. 若汇流系统为流域汇流系统, 则根据流域的面积, 可利用 $u(\Delta t,t)$ 求得指定单位净雨的时段单位线 $q(\Delta t,t)$. $q(\Delta t,t)$ 与 $u(\Delta t,t)$ 之间的关系为

$$q(\Delta t,t)=\frac{IA}{3.6\Delta t}\cdot u(\Delta t,t) \tag{5-27}$$

式中, I 为指定的单位净雨, mm; A 为流域面积, km^2; 其他符号意义同前.

基于 Nash 模型的贝叶斯概率洪水预报内容将在第 7 章单独介绍.

参考文献

[1] 吴险峰, 刘昌明. 流域水文模型研究的若干进展 [J]. 地理科学进展, 2002, 21(4): 341.

[2] 金鑫, 郝振纯, 张金良. 水文模型研究进展及发展方向 [J]. 水土保持研究, 2006, 13(4): 197.

[3] Sorooshian S, Dracup J A. Stochastic parameter estimation procedures for hydrologie rainfall-runoff models: Correlated and heteroscedastic error cases [J]. Water Resources Research, 1980, 16(2): 430–442.

[4] Sorooshian S, Gupta V K, Fulton J L. Evaluation of Maximum Likelihood Parameter estimation techniques for conceptual rainfall-runoff models: Influence of calibration data variability and length on model credibility [J]. Water Resources Research, 1983, 19(1): 251–259.

[5] Gupta V K, Sorooshian S. The relationship between data and the precision of parameter estimates of hydrologic models [J]. Journal of Hydrology, 1985, 81(1): 57–77.

[6] Hoerl A E, Kennard R W. Ridge regression: Biased estimation for nonorthogonal problems[J]. Technometrics, 1970, 12(1): 55–67.

[7] 包为民, 嵇海祥, 胡其美, 等. 抗差理论及在水文学中的应用 [J]. 水科学进展, 2003, 14(4): 528–532.

[8] 包为民, 瞿思敏, 黄贤庆, 等. 水文系统抗差权函数分析与检验 [J]. 清华大学学报 (自然科学版), 2003, 43(8): 1127–1129.

[9] Rosenbrock H H. An automatic method for finding the greatest or least value of a function [J]. The Computer Journal, 1960, 3(3): 175–184.

[10] Nelder J A, Mead R. A simplex method for function minimization [J]. The computer journal, 1965, 7(4): 308–313.

[11] Banzhaf W, Nordin P, Keller R E, et al. Genetic programming: an introduction [M]. San Francisco: Morgan Kaufmann, 1998.

[12] Sorooshian S, Duan Q, Gupta V K. Calibration of rainfall-runoff models: Application of global optimization to the Sacramento Soil Moisture Accounting Model [J]. Water Resources Research, 1993, 29(4): 1185–1194.

[13] Duan Q, Sorooshian S, Gupta V K. Optimal use of the SCE-UA global optimization method for calibrating watershed models [J]. Journal of hydrology, 1994, 158(3): 265–284.

[14] Yapo P O, Gupta H V, Sorooshian S. Automatic calibration of conceptual rainfall-runoff models: sensitivity to calibration data [J]. Journal of Hydrology, 1996, 181(1): 23–48.

[15] Hapuarachchi H A P, Li Z, Wang S. Application of SCE-UA method for calibrating the Xinanjiang watershed model [J]. Journal of lake sciences, 2001, 13(4): 304–314.

[16] 郭生练. 水库调度综合自动化系统 [M], 武汉: 武汉水利电力大学出版社, 2000.

[17] Kuczera G, Parent E. Monte Carlo assessment of parameter uncertainty in conceptual catchment models: the Metropolis algorithm [J]. Journal of Hydrology, 1998, 211(1): 69–85.

[18] Gupta H V, Sorooshian S, Yapo P O. Toward improved calibration of hydrologic models: Multiple and noncommensurable measures of information [J]. Water Resources Research, 1998, 34(4): 751–763.

[19] Yapo P O, Gupta H V, Sorooshian S. Multi-objective global optimization for hydrologic models [J]. Journal of hydrology, 1998, 204(1): 83–97.

[20] Spear R C, Hornberger G M. Eutrophication in Peel Inlet–II. Identification of critical uncertainties via generalized sensitivity analysis [J]. Water Research, 1980, 14(1): 43–49.

[21] Freer J, McDonnell J J, Beven K J, et al. The role of bedrock topography on subsurface storm flow [J]. Water Resources Research, 2002, 38(12): 5-1-5-16.

[22] Beven K, Freer J. Equifinality, data assimilation, and uncertainty estimation in mechanistic modelling of complex environmental systems using the GLUE methodology [J]. Journal of hydrology, 2001, 249(1): 11–29.

[23] Franks S W, Beven K J, Quinn P F, et al. On the sensitivity of soil-vegetation-atmosphere transfer (SVAT) schemes: equifinality and the problem of robust calibration [J]. Agricultural and Forest Meteorology, 1997, 86(1): 63–75.

[24] Krzysztofowicz R, Evans W B. Probabilistic forecasts from the national digital forecast database [J]. Weather and Forecasting, 2008, 23(2): 270–289.

[25] Krzysztofowicz R, Kelly K S. Hydrologic uncertainty processor for probabilistic river stage forecasting [J]. Water Resources Research, 2000, 36(11): 3265–3277.

[26] Beven K, Binley A. The future of distributed models: model calibration and uncertainty prediction [J]. Hydrological processes, 1992, 6(3): 279–298.

[27] Van Straten G T, Keesman K J. Uncertainty propagation and speculation in projective forecasts of environmental change: A lake-eutrophication example [J]. Journal of Forecasting, 1991, 10(1-2): 163–190.

[28] Klepper O, Scholten H, De Van Kamer J P G. Prediction uncertainty in an ecological model of the Oosterschelde Estuary [J]. Journal of Forecasting, 1991, 10(1-2): 191–209.

[29] 苑希民, 李鸿雁. 神经网络和遗传算法在水科学领域的应用 [M]. 北京: 中国水利水电出版社, 2002.

第 6 章　基于 BP 神经网络的贝叶斯概率洪水预报

降雨预报是水文预报中的主要预报内容, 主要研究未来降雨的时空分布及发生特征, 依据降雨基本规律建立数学或物理模型对其进行预报.

自从 20 世纪 90 年代以来, 以神经网络方法为代表的非线性人工智能预报建模方法, 已经应用在大气科学和气候分析等领域, 神经网络以其特有的拓扑结构和处理信息的方法, 能有效解决一些传统方法难以解决的问题, 在许多应用领域中都取得了较大的成果. 它最明显的优点是具有较好的自适应学习能力和非线性映射能力, 比较适合处理那些物理机制复杂、因果关系和推理规则难以确定的非线性问题, 它的这些特点为其运用到降雨预报中提供了坚实的基础.

降雨预报途径大致可分为四类. 一是通过大气物理方法建立降雨模型, 以大量的气象、流域下垫面等资料为主要输入, 依据降雨的成因规律对可能产生的降雨进行预测. 该类方法需要有较好的大气物理方面的科学知识和较为充分的气象资料为基础. 二是通过数理统计方法, 建立数学分析模型, 分析获取降雨及其主要成因间统计相关关系, 对降雨进行预测. 该类方法需要有较强的数理统计分析处理知识为基础, 并要求具备降雨形成机制的相关专业知识. 三是通过系统模型对降雨进行预报. 该途径认为降雨的发生是在具有输入和输出的系统中进行的, 通过获取系统的内部运行机制对降雨进行预测. 该类方法需要有较好的系统工程理论及智能技术和数理统计方法作为支撑. 四是通过随机理论与方法, 对降雨系列建立随机分析模型, 依据建立随机模型技术对降雨进行预测.

基于降雨的影响因素众多、降雨机制复杂、部分必要数据难于获取等原因, 本研究拟采用第三类途径对降雨进行预报, 即采用智能的 BP 神经网络模拟降雨系列的非函数映射关系进而对降雨进行预报, 并与基于 BAM-MCMC 的 BFS 耦合实现概率降雨预报.

概率降雨预报内容通常包括两部分: 一是降雨的发生概率预测; 二是在相应发生概率下降雨量的预测. 由于挠力河流域地处我国东北边疆, 年降雨量小、降雨次数少、历时短, 全年雨量的 70%集中在雨季 (6~9 月), 尤其是 7, 8 两个月降雨量较为集中, 约占全年降水量的 44%, 加之该流域降雨量站少 (只有 7 处) 且分布不均、降雨资料不完整, 导致已有降雨资料系列很短, 因此, 很难对该流域的全年降雨发生概率进行预测, 故本章只对其雨季月降雨量进行预测.

6.1　模型的构建

要利用 BFS 进行概率预报, 必须给出预报量的先验分布、似然函数及后验信息. 下面就分别对这三部分进行研究.

6.1.1　先验密度的确定

可根据已有的先验资料, 采用数理统计、样本检验、非线性拟合等数据挖掘技术获取预报量的先验密度. 例如, 本研究的预报量为雨季各月降雨量, 可根据已有的实测各月降雨量资料, 样本分布检验和曲线拟合技术获得, 详见实测应用.

6.1.2　后验信息的获取及似然函数的确定

各月降雨量系列通常具有较好的周期性和较强的随机性. 考虑到其非线性较强, 故利用 BP 神经网络的非线性映射能力构建月降雨量系列的预测模型, 将其预报结果作为贝叶斯概率预报系统的后验信息, 具体建模如下.

假设各月降雨量系列为 P 阶马尔可夫过程. 令 $P_0=\{P_t,P_{t-1},\cdots,P_{t-p+1}\}$ 为在预报月份 t 已知的前期降雨系列; P_n 为待预报的降雨量, $n=1,2,\cdots,N$; S_n 为 BP 网络模型的输出 (降雨量), $n=1,2,\cdots,N; p_0, p_n$, s_n 分别为水文变量 P_0,P_n,S_n 的实现值; n 为预见期. 以前期各月降雨量为输入, 以下月降雨量为输出, 建立 BP 神经网络模型 (图 6-1). 具体建模过程详见实例应用.

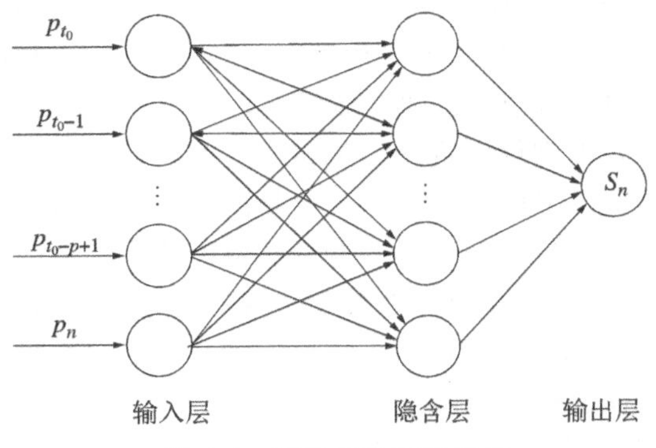

图 6-1　三层 BP 网络结构

降雨量似然函数采用公式 (1-23), 令式中 N=1, 即表示为

$$S_n=f(S_n|p_0,p_n)=(\sigma_\varepsilon^2)^{-1} \tag{6-1}$$

式中, f 为似然函数的非线性映射; p_0,p_n 分别为系列初始月份实测降雨量及第 n 个实测降雨数值, S_n 为 BP 网络模型预测的降雨量, σ 为 BP 网络预测系列与实测系列的假残差系列的方差.

6.1.3　后验密度的获取

将所建立的流量先验密度 $g(p_n|p_0)$ 和似然密度 $f(s_n|p_0,p_n)$ 代入式 (1-8) 即可求解流量后验密度 $\phi(p_n|s_n,p_0)$. 但由于无法获得 p_n 的具体取值区间以求出归一化常数, 所以很难求得最终解析解. 本书建议的 BAM-MCMC 算法具有可避免求归一常数而通过抽取伪随机样本使其收敛到目标函数 (后验分布) 的特性, 故采用 BAM-MCMC 算法来求解流量后验密度.

6.1.4 降雨量概率预报

利用 BAM-MCMC 方法从各月降雨量后验密度中随机抽取 10000 个样本, 作为 BP 网络的输入, 从而得到各月降雨量的 10000 个预报值, 据此求均值预报和指定概率的置信区间. BP 网络结构选用似然函数确定的网络结构.

6.2 BP 模型数据预处理

在已知数据输入网络训练前, 需将其归一化处理, 其方法有以下两种.

将数据变换为 $[0,1]$ 区间的变换公式为

$$\overline{x_i} = (x_i - x_{\min})/(x_{\max} - x_{\min}) \quad ; \tag{6-2}$$

将数据变换为 $[-1,1]$ 区间的值的变换公式为

$$\overline{x_{\text{mid}}} = (x_{\max} + x_{\min})/2 \tag{6-3}$$

$$\overline{x_i} = (x_i - x_{\text{mid}})/[(x_{\max} - x_{\min})/2] \tag{6-4}$$

式中, $\overline{x}_i$ 为归一化处理后输出的数据; x_i 为未经过归一化处理的数据; $x_{\max}$ 指标数据中的最大值; $x_{\min}$ 指标数据中的最小值; x_{mid} 指标数据中的中间值.

数据处理完毕后, 将数据分成两部分, 分别用于网络训练和网络预报能力检验.

6.3 网络特征值矩阵的建立

利用挠力河流域保安站的历史降雨资料进行 BP 神经网络降雨预报以获取贝叶斯概率预报所需后验信息时, 需要选取该地区历年的降雨量作为样本, 进行滚动预测. 划定一个固定时段, 选取样本的前 n 组时段的降雨数据作为输入数据, 第 $(n+1)$ 时间段的降雨量作为输出数据, 以此类推, 选取第 $(n+2)$ 时段前的 n 组时段的降雨量为输入雨量, 取 $(n+2)$ 段的降雨量为输出数据 (表 6.1).

表 6.1 降雨量的滚动预测步骤

步骤	神经网络输入	神经网络输出
1	$X_n, X_{n+1}, \cdots, X_{n+m}$	X_{n+m+1}
2	$X_{n+1}, X_{n+2}, \cdots, X_{n+m+1}$	X_{n+m+2}
$\vdots$	$\vdots$	$\vdots$
k	$X_{n+k-1}, X_{n+k}, \cdots, X_{n+m+k-1}$	X_{n+m+k}

划定固定时段, 其实质是考虑降雨系列的自相关性. 为此需要对已有的降雨系列进行自相关分析确定降雨系列自相关系数 [1], 经过相关分析, 确定降雨系列自相关阶数即为划定时段长度.

由此构建的降雨量输入矩阵 P 为

$$P = \begin{bmatrix} p_n & p_{n+1} & \cdots & p_{n+m} \\ p_{n+1} & p_{n+2} & \cdots & p_{n+m+2} \\ \vdots & \vdots & & \vdots \\ p_{n+k-1} & p_{n+k} & \cdots & p_{n+m+k} \end{bmatrix} \tag{6-5}$$

将降雨量组成输出矩阵 t 为

$$t = \begin{bmatrix} p_{n+m} \\ p_{n+m+1} \\ \vdots \\ p_{n+m+k+1} \end{bmatrix} \tag{6-6}$$

6.3.1　BP 参数的选定及网络结构的确定

输入矩阵和输出矩阵建立后, 开始构建网络. 首先, 确定 BP 网络的主要参数, BP 神经网络的主要结构参数有输入层的神经元个数、隐含层个数、输出层的神经元个数、隐层的传递函数、输出层的传递函数和训练函数. 其中, 输入层和输出层的神经元个数分别由输入矩阵的指标个数和输出矩阵的指标个数决定.

将连接权值和节点阈值均初始化为 0~1 内的均匀随机数, 将预处理的训练数据代入初步构建的 BP 网络进行训练, 训练完毕后, 将用于检验的数据代入 BP 网络中, 进行数据模拟, 通过误差和收敛速度测试初步构建的 BP 神经网络是否合理, 若误差较大、收敛速度较慢或出现局部收敛, 则证明初步构建的神经网络不合理, 需要重新调整隐层数目及其神经元个数、隐层传递函数、输出层传递函数和训练函数, 直至网络训练收敛结果. 具体见相关文献介绍.

6.3.2　BP 网络仿真模拟预测

在得到训练完毕后的神经网络后, 将已知输入数据代入神经网络模型, 通过 BP 神经网络的映射, 最终仿真得到预测的降雨量.

6.4　实 例 应 用

研究实例的数据全部来自于三江平原挠力河流域保安站的降雨资料, 并经整编和处理.

6.4.1　基础数据

数据的选择与数据的合理性对网络设计有重要影响. 数据的准备包括数据的收集、数据的分析、变量的选择和数据预处理等步骤.

首先对现有所需降雨资料进行收集, 然后将雨季各月的降雨资料进行筛选, 分析极值数据的准确性和可能性, 整理出有效的可用数据. 本研究降雨资料均摘自

《中华人民共和国水文年鉴》, 三江平原挠力河流域保安水文站 1969~1987 年各年 6~9 月份的降雨资料, 共整理收集 72 个数据. 各月降雨系列如图 6-2 所示. 所有降雨量系列如图 6-3 所示.

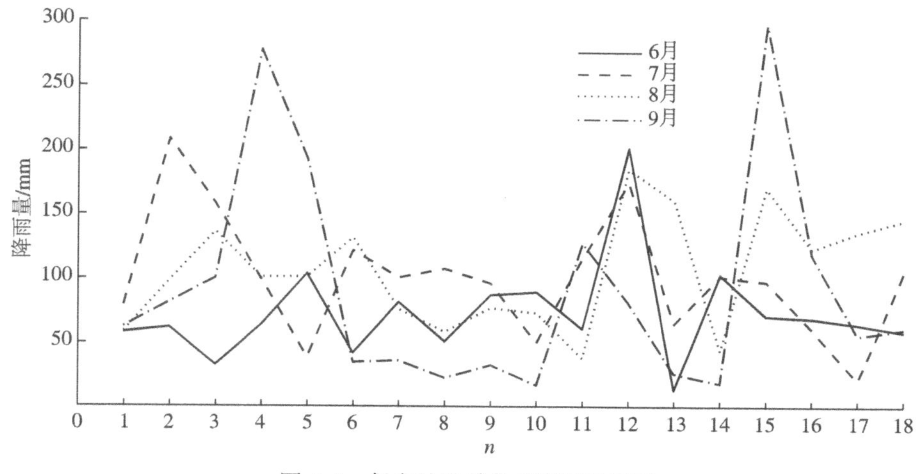

图 6-2 保安站雨季各月降雨量系列

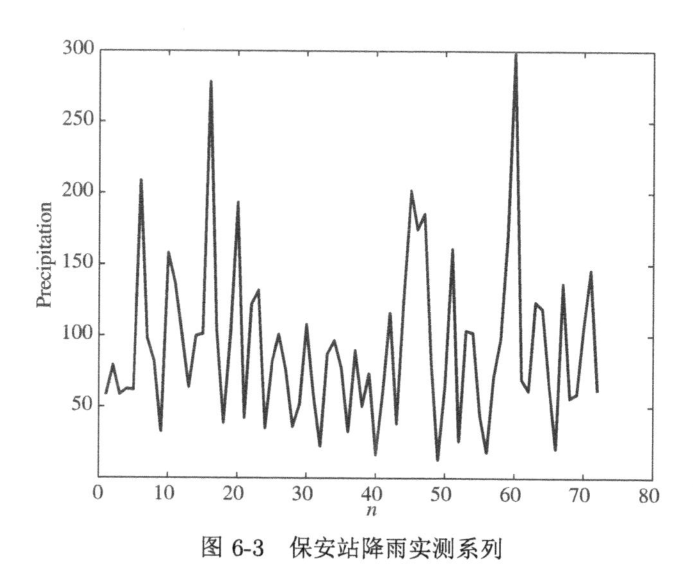

图 6-3 保安站降雨实测系列

6.4.2 先验密度的确定

降雨量的先验密度可根据已有的实测降雨资料, 通过曲线拟合技术获得. 根据各月降雨量数据趋势图可以看出, 保安站降雨量大致符合正态概率分布. 为此, 本研究先假设该站降雨符合正态分布, 并进行假设检验. 具体检验方法采用正态概率图和 KS 检验 (图 6-4~ 图 6-7) 检验. 先用正态概率图检验其正态性, 再用 KS 检验进行拟合检验. 经检验, 各月降雨资料的正态概率图均显示为一条直线上 (图 6-4～图 6-7), 说明各月降雨数据均近似服从正态分布.

在符合正态分布的前提下, 采用非线性拟合技术 (正态拟合) 对各月降雨数据进行曲线拟合, 估计各月降雨量的正态概率密度函数, 各月降雨量的理论正态密度曲线如图 6-8～ 图 6-11 所示, 图中还给出拟合曲线的均值和方差. 由图可见, 各月实测数据与理论正态密度曲线拟合情况很好.

所以, 保安站 6～9 月降雨量的先验密度 $g(p_n|p_0)$ 分别服从 $N(73.2, 39.5^2)$, $N(100.2, 46.7^2)$, $N(106.6, 44.5^2)$, $N(91.5, 85.0^2)$.

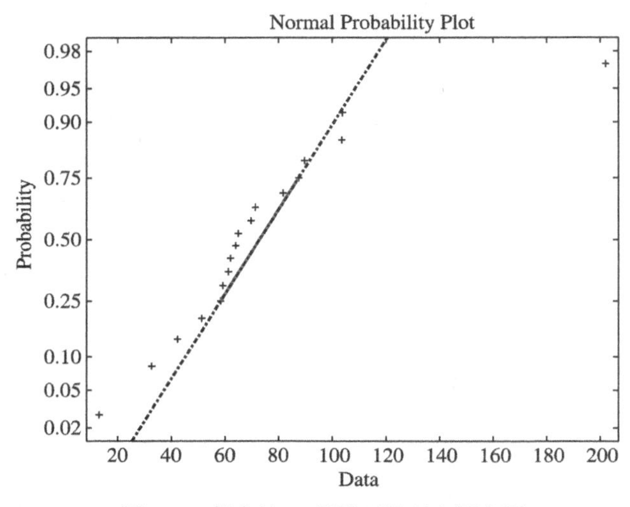

图 6-4　保安站 6 月降雨量正态概率图

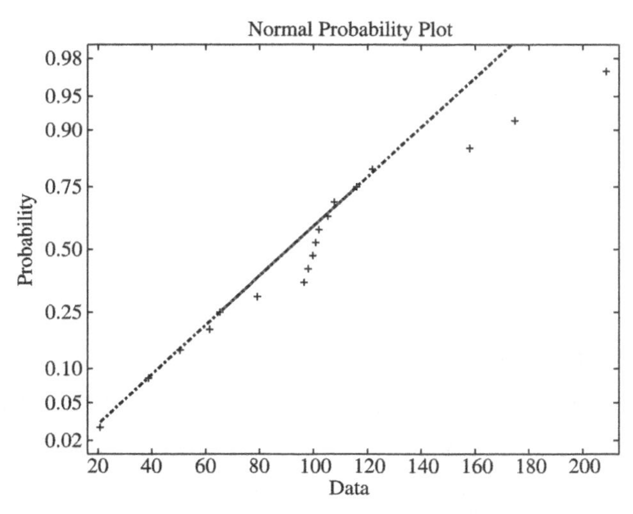

图 6-5　保安站 7 月降雨量正态概率图

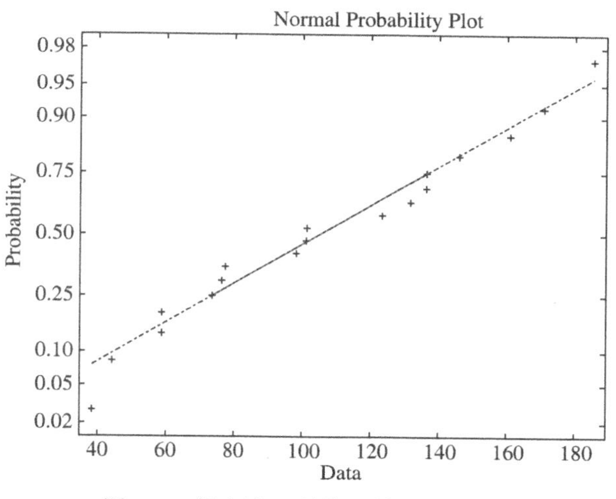

图 6-6 保安站 8 月降雨量正态概率图

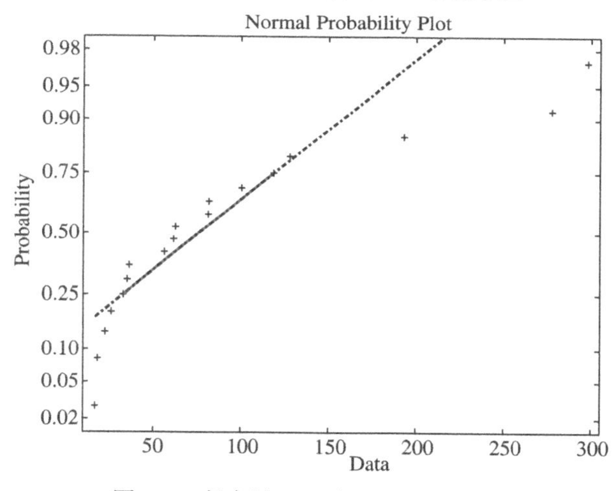

图 6-7 保安站 9 月降雨量正态概率图

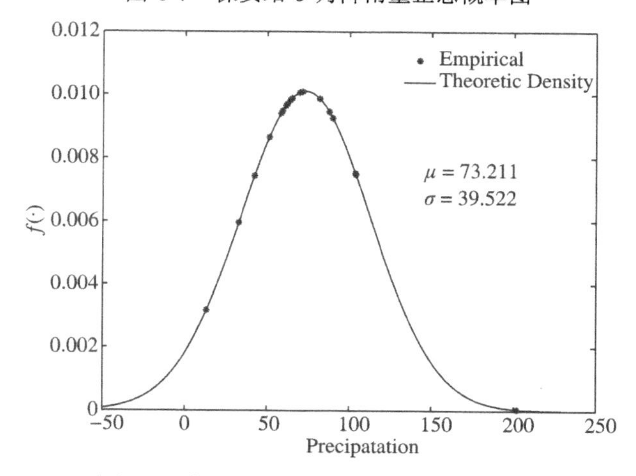

图 6-8 保安站 6 月降雨量正态密度估计图

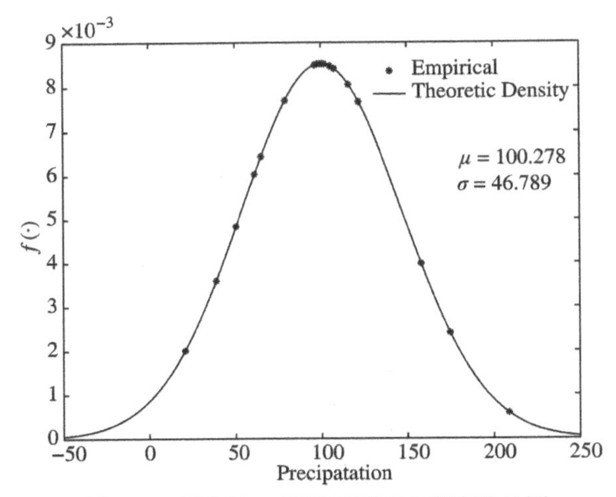

图 6-9　保安站 7 月降雨量正态密度估计图

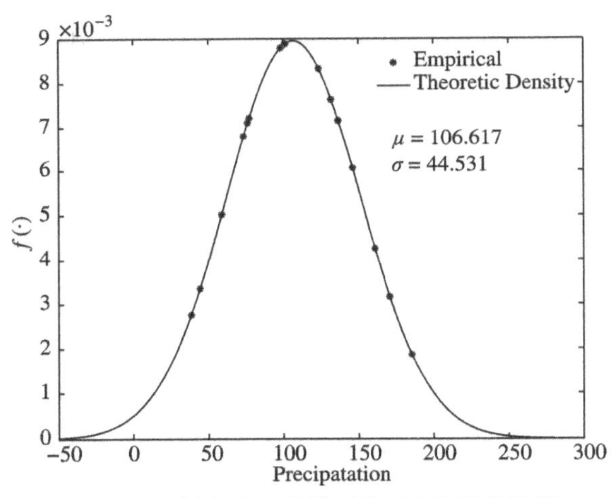

图 6-10　保安站 8 月降雨量正态密度估计图

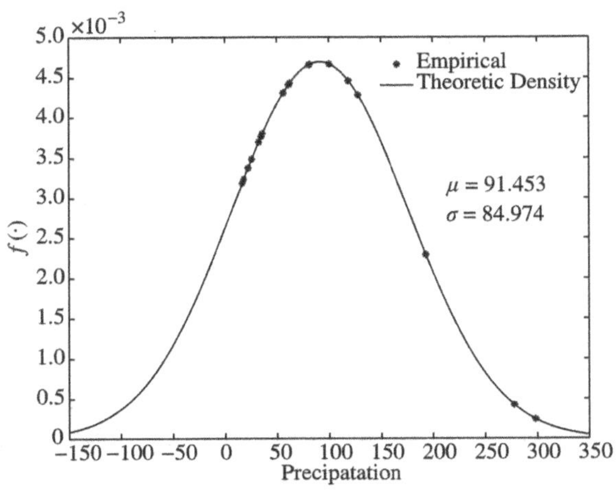

图 6-11　保安站 9 月降雨量正态密度估计图

6.4.3 似然函数的构建

1. 似然函数的选择

由于保安站降雨系列为单一系列, 故采用式 (6-1) 所示的似然函数形式.

要获取具体的似然函数值, 需为式 (6-1) 提供后验信息 S_n. 因后验信息由 BP 网络提供, 故需确定 BP 网络的拓扑结构, 即输入神经元个数及输出神经个数、网络权值和阈值. 具体见 6.3 节的内容.

2. 数据的预处理

为符合 BP 网络隐层激活函数的输入要求, 保证数据为同一数量级的数据, 首先要对 BP 神经网络的输入数据和输出数据进行归一化处理, 将输入输出数据调整到 [0, 1] 区间内, 网络输出值再反运算求得其实际值. 归一化采用如下公式:

$$T=\frac{x-x_{\min}}{x_{\max}-x_{\min}} \tag{6-7}$$

式中, x 为原始数据; $x_{\max}$, $x_{\min}$ 为所有原始数据的最大值和最小值; T 为归一化后的数据.

3. 确定网络结构

(1) 隐含层数目的选取.

应该采用实用、简洁的配置原则, 在能够满足所需求解实际问题的情况下, 尽量减小网络的规模, 降低系统的复杂性. 研究已经证明任意一个连续函数都能与含有一个 S 型隐含层和线性输出层的 BP 神经网络建立任意映射关系. 单隐层的神经网络原则上可以映射任一非线性关系, 且本研究在试验过程中增加多个隐层时, 网络的性能没有明显改善, 故采用单隐含层的 BP 神经网络模型, 也称为三层 BP 网络模型.

(2) 神经元数目的选择.

首先利用所有的降雨资料, 采用偏相关分析技术 [1] 确定马尔可夫过程的阶数 P. 对于挠力河流域分析得到马尔可夫过程的阶数应为 3, 即图 6-9 中输入层的 p=3.

隐含层神经元用以存储输入层到隐含层的连接权值和阈值, 体现训练样本与期望输出间的内在规律, 增加隐含层神经元数目, 能增强网络的映射能力, 提高网络从样本中获取和概括信息的能力, 揭示样本的规律, 但隐含层神经元数目过多, 又可能将噪声等样本中非规律性的信息带入并存储, 从而出现 “过度拟合”(Over Fitting) 的问题. 因此在满足精度要求的前提下, 隐含层应该选择尽可能少的神经元节点数.

单隐含层神经元数目的确定, 目前没有统一规范化的数量确定方法, 通常根据具体模型和实验结果决定, 称为试算法.

首先, 根据选择最佳隐含层神经元个数时的参考公式 [2]:

$$n_1=\sqrt{n+m}+a \tag{6-8}$$

其中, n_1 为隐含层神经元个数, n 为输出层神经元个数, m 为输入神经元个数 , a 为 [1, 10] 内的一个常数.

本章在上述经验公式基础上并采用试算优选方法, 各试算值及相应网络训练误差见表 6.2, 根据表 6.2 的结果可确定网络隐层神经元的个数为 6. 输出层只有一个 S_n, 故输出层也只有一个神经元, 从而确定似然函数的网络结构为 4-6-1.

表 6.2　不同隐层神经元数的网络训练误差

神经元个数	3	4	5	6	7
网络误差	0.086	0.080	0.042	0.011	0.056
神经元个数	8	9	10	11	12
网络误差	0.022	0.032	0.056	0.034	0.042

在预见期 n=1, 2, 3 时分别对似然密度进行训练, 以模型预测相关系数 (Corr) 和均方误差 (RMSE) 为网络训练收敛的标准. 经过试验, 对于不同预报见期 n 网络训练 1200 次后相关系数与均方误差均达到收敛. 表 6.3 给出网络训练 1200 次后的相关系数与均方误差. 由表 6.1 数据可得, BP 网络预见期应为 1.

$$\mathrm{Corr}=\frac{\dfrac{1}{m}\sum_{i=1}^{m}(p_i-\bar{p})(p_{if}-\bar{p}_f)}{\sqrt{\dfrac{1}{m}\sum_{i=1}^{m}(p_i-\bar{p})^2}\times\sqrt{\dfrac{1}{m}\sum_{i=1}^{m}(p_{if}-\bar{p}_f)^2}} \tag{6-9}$$

$$\mathrm{RMSE}=\sqrt{\frac{1}{m-1}\sum_{i=1}^{m}(p_i-p_{if})^2} \tag{6-10}$$

式 (6-9)、式 (6-10) 中, m 为训练样本序列的长度; p_i 为流量的实测值; p_{if} 为网络预报值; $\bar{p}$ 为实测值的均值; $\bar{p}_f$ 为网络预报值的均值.

表 6.3　不同预见期预测与实测降雨量系列的相关系数及均方差

预见期	似然函数	
	Corr	RMSE(θ)
1	0.952	20.106
2	0.913	25.228
3	0.826	32.124

(3) 传递函数和训练函数的选择.

隐含层传递函数采用 logsig 函数, 输出层传递函数采用纯线性函数 purelin 函数, 训练函数采用 trainscg 函数 (以上函数名称均为 MATLAB 语言中函数).

至此, 确定了似然函数所需后验信息的 BP 网络拓扑结构及相关转移函数, 见表 6.4.

表 6.4 降雨量预测 BP 网络模型结构

网络结构	拓扑结构	隐层传递函数	输出层传递函数	训练函数
单隐层 BP 网络	4-6-1	logsig	purelin	trainscg

(4) BP 网络的训练.

BP 网络训练的目的主要是确定隐层与输出层的权值和阈值. 本章采用滚动的方式进行网络训练. 由第 1~3 个数据作为一组输入, 以第 4 个数据作为期望输出, 再以第 2~4 个数据作为另一组输入, 以第 5 个数据作为期望输出, 以此类推. 将前 60 个数据即 1970~1984 年的降雨量作为训练数据, 输入上述建立的 BP 神经网络, 经 958 次训练后网络收敛, 图 6-12 给出了训练过程中网络误差的收敛过程. 其余 12 个数据作为检验样本, 输入到训练好的 BP 网络中, 以检验网络的预测能力. 检验结果见表 6.5. 由表 6.5 可知, 12 个数据的预报平均相对误差总和为 0.04, 可见 BP 网络预报精度较高. 步骤 (3) 确定的似然函数结构可以满足预报要求. 故将预见期为 1 的网络权值和阈值作为后验信息的网络权值和阈值.

以上, 将后验信息的 BP 网络完全确定, 供概率预报使用.

表 6.5 似然函数 BP 检验样本预测结果

年份 \ 月份	1985				1986				1987			
	6	7	8	9	6	7	8	9	6	7	8	9
实测	69.6	61.4	123.5	118.7	64.9	20.7	136.4	56.2	59.1	105.3	146	61.4
预测	72.1	60.8	127.2	118.0	67.1	22.0	137.9	60.1	62.1	107.8	150	65.2
相对误差	0.04	0.01	0.03	0.01	0.03	0.06	0.01	0.01	0.05	0.02	0.03	0.06

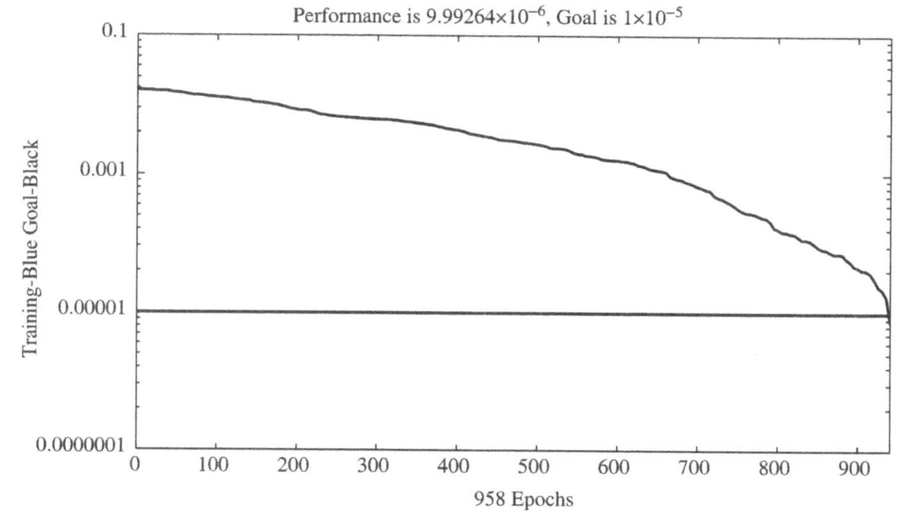

图 6-12 数据训练图

6.4.4 基于 BAM-MCMC 的贝叶斯概率降雨预报

1. 各月降雨量的后验密度求解

(1) BAM-MCMC 初始条件的确定.

各月降雨量的初始协方差矩阵 C_0 取为对角矩阵. 由于本研究的输出为月降雨量, 即为单变量, 故协方差即为方差. 方差取为其先验密度的方差. 各月降雨量的先验样本从先验分布中随机抽取, 取样时注意降雨非负的特性.

随机从各月降雨量先验分布中抽取 500 个样本, 抽取 10 组, 共计 5000 个样本. 将这 10 组样本分别输入到 BAM-MCMC 算法中, 根据 BAM 算法的收敛速度, 选择收敛速度最快的一组样本的方差作为初始协方差, 并将这组样本作为 BAM-MCMC 的先验样本.

BAM-MCMC 算法的初始抽样次数选为 $i_0 = 2000$, 并行运行 5 次, 每次采样 10000 个, 初始化阶段为 2000 个样本 (根据比例缩小得分确定), 这样共取样 $(10000-2000)\times5 = 40000$ 个, 用于每月降雨量后验分布的统计分析.

(2) 各月降雨量后验密度的求解.

BAM-MCMC 算法的比例缩小得分迭代轨迹如图 6-13 所示. 由图可知, 比例缩小得分 $\sqrt{R}$ 从 2000 次迭代后, 明显均小于 1.02, 并且平稳地趋近 1. 这说明多系列抽样的分布已经收敛到样本总体的分布. 所抽出的 40000 个样本的统计特征能够较好地代表总体的统计特征. 各月降雨量的后验密度为, 6 月: $N-(71.54, 41.21^2)$, 7 月: $N-(110.31, 50.16^2)$, 8 月: $N-(121.6, 43.4^2)$, 9 月: $N-(88.5, 90.2^2)$.

以 8 月份为例, 图 6-14 给出了 8 月份后验信息 (BP 网络预报) 对其先验密度 $N(106.6, 44.5^2)$ 的贝叶斯修正为后验密度 $N(121.6, 43.4^2)$, 可见后验信息的确对先验密度进行修正, 这也是贝叶斯修正的优势所在. 图 6-15 和图 6-16 分别给出了 8 月的降雨量抽样均值和方差的迭代过程. 从两图可以看出, 第 2000 次迭代后均值和方差都趋于稳定, 说明所取样本的均值和方差已经趋于总体的均值和方差.

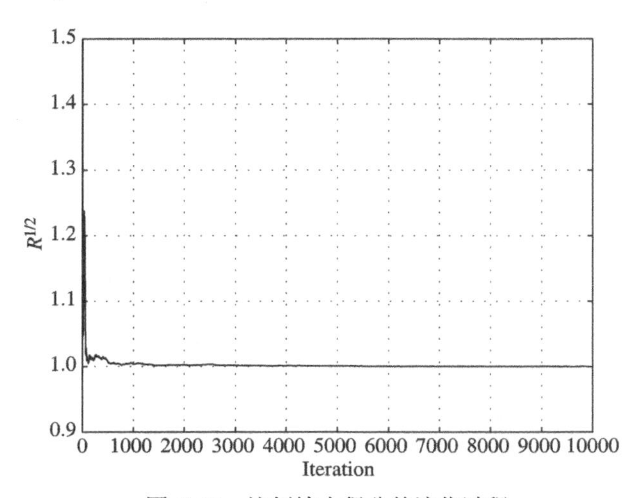

图 6-13 比例缩小得分的演化过程

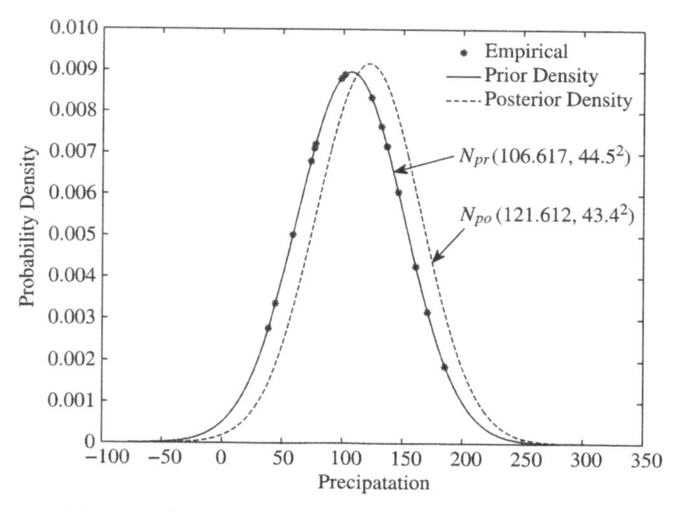

图 6-14 保安 8 月降雨量后验信息对先验密度的修正

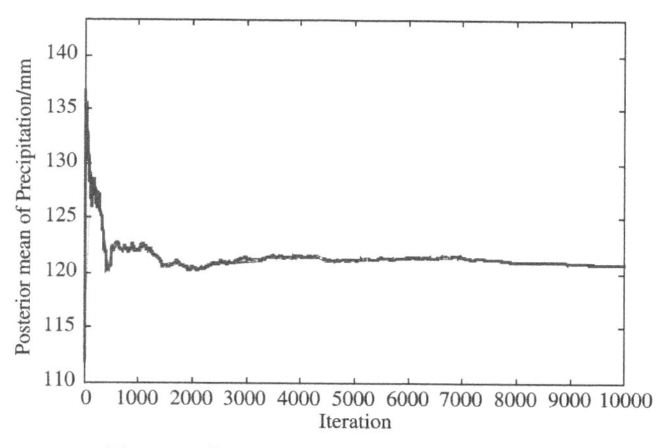

图 6-15 保安站 8 月降雨后验均值迭代过程

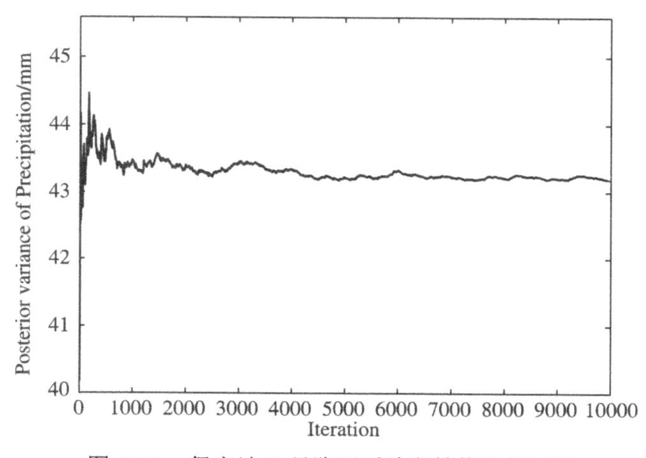

图 6-16 保安站 8 月降雨后验方差值迭代过程

2. 概率降雨量预报

利用 BAM-MCMC 算法, 令预见期 n=1, 对除 1970 年数据 (1970 年的 4 个数据作为第一组 BP 网络似然函数的输入数据, 并考虑雨季的完整性) 的 68 个月份的降雨量进行预报. 将对各月的降雨量抽样 10000 次, 用这些样本的均值作为该时刻的预报值. 表 6.6 给出了各月降雨量的均值预报、相对预报误差及预报均值的 80%置信区间. 由表 6.6 可知, 各月降雨量平均预报相关误差为 7.58%, 符合水文预报精度要求. 但多数年份的 9 月降雨量预报误差较大, 究其原因, 可能是该月降雨量的原始资料代表性不足, 这一点可以从图 6-4 的正态概率图和图 6-11 的先验密度估计图中分析得到, 9 月的降雨资料多为大于其先验密度均值的数值, 且其正概率图中有多个数据偏离直线较远. 这也说明先验信息对预报结果的影响. 图 6-17 给出的保安站雨季各月降雨的均值预报过程、80%的预报值的置信区间与实测过程的对比, 由此可知, 均值预报过程与实测过程拟合情况良好.

表 6.6　概率降雨量预报结果

年份	月份	实测降雨	计算降雨	80% 置信区间		相对计算误差/%
				下限	上限	
1971	6	62	61.8	49.4	74.1	−0.4
	7	208.7	183.1	146.5	219.7	−12.3
	8	98.2	95.5	76.4	114.6	−2.8
	9	81.6	80.3	64.2	96.3	−1.6
1972	6	32.7	29.2	23.3	35.0	−10.8
	7	158	127.1	101.7	152.5	−19.5
	8	136.5	124.1	99.3	148.9	−9.1
	9	100.4	100.3	80.3	120.4	−0.1
1973	6	63.9	52.9	42.3	63.5	−17.2
	7	99.7	112.3	89.8	134.8	12.6
	8	101.1	95.0	76.0	114.0	−6.0
	9	277.7	220.4	176.3	264.5	−20.6
1974	6	103.8	105.0	84.0	125.9	1.1
	7	38.8	44.6	35.7	53.5	14.9
	8	101.3	101.8	81.5	122.2	0.5
	9	193.2	196.3	157.1	235.6	1.6
1975	6	42.3	42.2	33.7	50.6	−0.3
	7	121.8	123.9	99.1	148.7	1.7
	8	131.8	143.4	114.7	172.1	8.8
	9	35	35.6	28.5	42.8	1.8
1976	6	81.7	87.9	70.3	105.4	7.6
	7	100.8	105.9	84.7	127.1	5.1
	8	76.3	77.3	61.8	92.8	1.3
	9	36.2	37.2	29.8	44.7	2.8
1977	6	51.3	46.3	37.0	55.5	−9.8
	7	107.7	97.5	78.0	117.0	−9.4
	8	58.7	58.6	46.9	70.3	−0.1
	9	22.5	23.3	18.6	28.0	3.5

续表

年份	月份	实测降雨	计算降雨	80% 置信区间		相对计算误差/%
				下限	上限	
1978	6	62	79.7	63.7	95.6	−8.9
	7	208.7	104.3	83.5	125.2	8.1
	8	98.2	78.1	62.5	93.8	1.1
	9	81.6	41.6	33.3	50.0	27.3
1979	6	87.5	93.4	74.7	112.1	4.1
	7	96.5	43.9	35.1	52.7	−13.1
	8	77.3	76.3	61.1	91.6	3.8
	9	32.7	17.5	14.0	21.0	5.0
1980	6	89.69	58.1	46.5	69.7	−5.1
	7	50.5	118.7	95.0	142.5	2.3
	8	73.5	36.0	28.8	43.2	−6.0
	9	16.7	128.2	102.5	153.8	0.2
1981	6	61.2	210.5	168.4	252.6	4.2
	7	116	195.5	156.4	234.6	11.9
	8	38.3	199.8	159.8	239.8	7.7
	9	127.9	59.7	47.8	71.7	−26.4
1982	6	202	13.4	10.7	16.0	2.9
	7	174.7	70.6	56.5	84.7	8.3
	8	185.5	160.8	128.6	192.9	−0.1
	9	81.2	28.2	22.6	33.9	8.6
1983	6	13	111.5	89.2	133.8	7.7
	7	65.2	115.3	92.3	138.4	13.1
	8	160.9	49.6	39.7	59.6	12.3
	9	26	19.9	16.0	23.9	9.6
1984	6	103.5	59.5	47.6	71.4	−16.5
	7	102	88.3	70.6	106.0	−9.9
	8	44.2	182.6	146.1	219.1	6.9
	9	18.2	269.0	215.2	322.8	−9.7
1985	6	71.3	65.4	52.3	78.5	−6.1
	7	98	65.6	52.5	78.7	6.9
	8	170.9	123.7	99.0	148.5	0.2
	9	298.06	131.3	105.1	157.6	10.6
1986	6	69.6	56.2	45.0	67.4	−13.4
	7	61.4	21.7	17.4	26.0	4.8
	8	123.5	114.1	91.3	136.9	−16.3
	9	118.7	48.1	38.5	57.7	−14.4
1987	6	64.9	60.8	48.7	73.0	2.9
	7	20.7	103.8	83.1	124.6	−1.4
	8	136.4	129.5	103.6	155.4	−11.3
	9	56.2	59.6	47.7	71.5	−2.9
平均	—	—	—	—	—	7.58

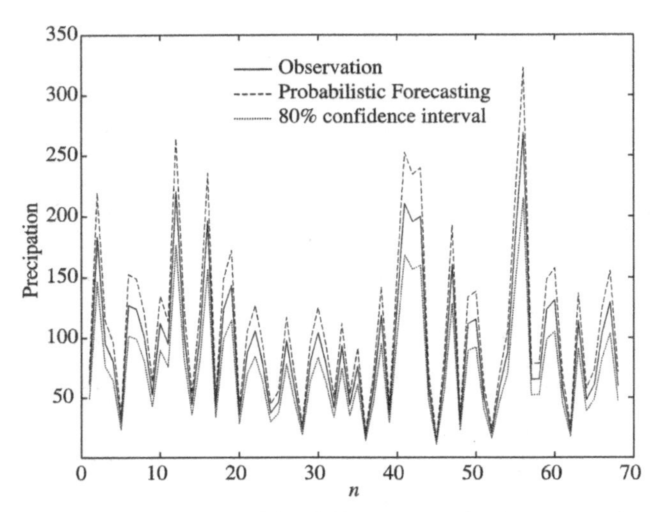

图 6-17　保安雨季月降雨量概率预报与实测降雨量的比较

参 考 文 献

[1] 王文圣, 丁晶, 金菊良. 随机水文学 [M]. 2 版. 北京: 中国水利水电出版社, 2008.

[2] 沈花玉, 王兆霞, 高成耀, 等. BP 神经网络隐含层单元数的确定 [J]. 天津理工大学学报, 2008, 24(5): 13–15.

第 7 章　基于 Nash 模型的贝叶斯概率洪水预报

汇流是径流形成过程中的一种重要的水文现象, 是流域内净雨转化成出口断面流量和河道中洪水波运动的物理过程. 其形成规律既有确定性的一面, 又有随机性的一面, 是一个十分复杂的动态过程. 具体地说, 由于降雨时空分布和下垫面特性的时空分布都表现出不同程度的随机性, 人们对汇流机理尚不能确切掌握. 在对汇流过程的描述中, 其随机特性主要表现在以下三个方面: ①模型输入的随机性; ②模型结构的随机性; ③模型参数的随机性. 目前广泛应用的汇流计算模型通常均认为模型的输入、参数及其结构都是确定性的, 即对一个汇流系统来说, 其系统响应是唯一的, 而将其与实际发生的系统响应的差值视为误差来考虑, 如作实时校正等, Nash 模型即为其中一种. 在模型中完全不考虑汇流过程的随机性, 是不完全符合实际情况的. 为了能够正确地反映出随机因素对汇流过程的影响, 应该用随机性的观点代替完全确定性的观点来对汇流过程进行描述和分析. 本书是以沿渡河流域、襄阳 — 皇庄段和挠力河流域为研究对象.

7.1　研究区域概况

7.1.1　沿渡河流域自然情况简介

1. 流域水系

沿渡河, 又名神龙溪, 是长江北岸的一级支流 (图 7-1), 源出神龙架林区下谷乡石门洞, 发源地高程 1720m, 流经板桥、下谷、堆子、沿渡河、罗坪、叶子坝、龙船河, 于巴东县官渡口乡西壤口入长江. 河长 60.6km, 流域面积 1047km^2, 河道坡度 9.5‰, 流域平均高程 1126m, 河流弯曲系数 1.4, 河网密度 0.2km/km^2, 支流 26 条, 较大的有三道河、平阳河. 羽状水系, 两岸支流对称. 流域内, 沟壑纵横, 河流深切, 相对高差 2000 余米, 河流上游为神龙架原始森林, 植被覆盖率达 70%, 水量丰富, 多年平均降水量达 1300~1700mm.

沿渡河镇至巴东县城西襄口汇入长江, 全长 60km, 其中巴东县境内约 45km, 沿渡河流域面积 1031.5km^2, 其中巴东县境内 909km^2, 主要支流有马家沟、石柱河、三道河、红沙河、罗溪河、平阳河、牛场河等, 流域内地势险峻, 山峦重叠, 山岭、沟谷中树木苍莽, 植被覆盖率达 80%, 地形北高南低, 流域最高处为神农架主峰大神农架, 海拔 3052.7m, 干流河谷狭窄, 纵坡陡, 为典型的山溪性河流. 沿渡河在沿渡河镇以上为上游, 河床平均坡降 23‰集水面积 601km^2, 占全流域面积的 58%, 下游河段河道平均坡降约 7‰.

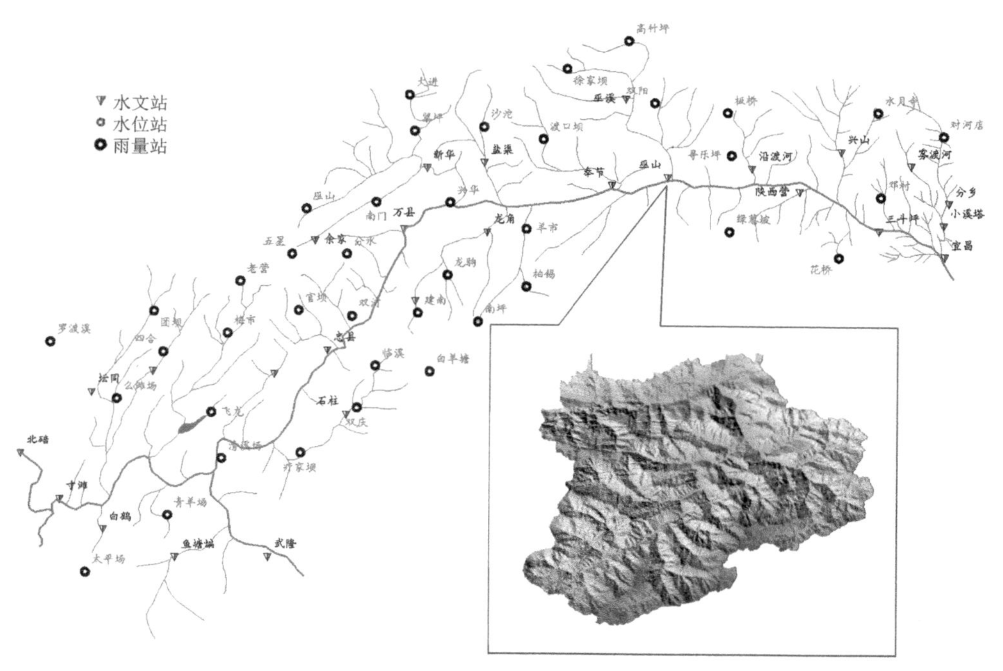

图 7-1 三峡区间沿渡河流域位置示意图

2. 气象条件

沿渡河流域内气象特点变化较大, 上中游地处神农架林区, 小气候影响明显, 属温凉湿润型, 冬无严寒, 最低气温一般不低于 0°, 夏无酷热, 最高气温一般不超过 37°; 下游属长江河谷温暖干旱型, 最高气温达 41.4°, 最低气温为 −9.4°, 多年平均相对湿度 69%; 多年平均风速为 2.2m/s, 最大风速为 16m/s, 一般为东南风, 多年平均日照 1630.9h. 流域内降水丰沛, 上游多年平均降水量 1394.6mm(以板桥为代表), 中游为 1222.2mm(以沿渡河站为代表), 下游为 1118mm(以巴东站为代表), 降水量从北向南递减, 流域多年平均降雨量为 1337mm, 全年雨量以 5~9 月最多, 约占全年 68%. 流域内最大年降水量为 2448.2 mm, 最小年降雨量 808.4 mm, 沿渡河流域上、下游的气象要素主要指标见表 7.1.

3. 水文特性

沿渡河属山区性河流, 径流主要来自于降雨, 径流年内分配与降水年内分配关系密切, 由于降水年内分配不均, 因而径流年内变化也较大, 发生洪水时间与暴雨相对应. 每年 4~10 月为汛期, 年最大洪峰流量多出现在 5~7 月, 且频率较高. 流域内山高坡陡, 谷深河窄, 洪水汇流迅速, 洪水陡涨陡落, 具有山区河流洪水特征. 洪峰形态以单峰为主, 也有复峰出现. 根据沿渡河水文站多年实测资料分析, 流域多年平均降水量 1337mm, 多年平均年径流深 1093mm. 多年平均年径流总量 $1.127\times10^9\text{m}^3$, 产水系数 0.81.

表 7.1　巴东站气象要素一览表

气温/°C	多年平均					极端最高气温	极端最低气温	
	气温		最高气温		最低气温			
	17.4		22.1		13.8	41.4	−9.4	
太阳辐射量/kcal/cm^2	多年平均太阳辐射量					最高太阳辐射量	最低太阳辐射量	
	97.6					104.95	85.03	
水汽压/mb	多年平均水汽压					最大水汽压	最小水汽压	
	15.1					36.8	1.3	
相对湿度/%			多年平均日照			多年平均风速/(m/s)	最多风向	
多年平均	最小		时数/h		百分数/%			
69	7		1630.9		37	2.2	方位 C	SE
各风向最大风速/(m/s)								
风向	N	NNE	NE	ENE	E	ESE	SE	SSE
风速	9.0	6.0	7.0	10.0	12.0	16.0	16.0	13.0
各风向最大风速/(m/s)								
风向	S	SSW	SW	WSW	W	WNW	NW	NNW
风速	7.0	12.0	7.0	14.0	12.0	12.0	12.0	7.0

沿渡河泥沙来源于汛期暴雨对流域表层土壤的冲刷侵蚀. 沿渡河流域为山区地形, 山高坡陡, 人类活动影响较小, 流域内耕地面积占流域面积的 10%左右, 森林覆盖率在 70%以上. 由于流域内植被覆盖良好, 地表径流中含沙量不大, 除洪水期含沙量有所增大外, 其余时间河水清澈.

沿渡河无泥沙实测资料, 根据邻近兴山水文站实测泥沙资料分析, 其多年平均悬移质含沙量为 0.6kg/m^3, 推移质按悬移质的 20%计算, 多年平均含沙量为 0.72 kg/m^3. 另根据沿渡河河床沙砾组成分析, 其 10mm 以上颗粒占含沙量的 79.2%.

7.1.2　挠力河流域研究区域概况

1. 自然地理及流域特性

1) *地理位置及流域概况*

挠力河流域位于黑龙江省东部地区, 为乌苏里江一级支流. 地理坐标为东经 131°~134°, 北纬 46°~48°. 流域总面积 24863km^2, 其中山区面积为 8320km^2, 占总面积的 33.5%; 丘陵区面积为 1197km^2, 占总面积的 4.8%; 平原区面积为 15346km^2, 占总面积的 61.7%.

挠力河发源于完达山脉勃利县境内的七里嘎山, 自西南流向东北, 在宝清镇北 15km 的国营渔亮子处, 分为大小挠力河两支, 小挠力河流向东偏北, 经东升乡后折向北, 河道长 50km 至板庙亮子汇入大挠力河, 挠力河干流向东北流经菜咀子处折向东, 于东安镇汇入乌苏里江, 全长 596km, 其中菜咀子至河口长度 153km.

该流域形状为长条形, 流域平均长度约 270km, 平均宽度约 90km, 长宽比为 3∶1, 支流基本成羽毛状分布. 右岸支流发育, 宝清镇以下有大、小索伦河、蛤蟆通河、七里沁河、大佳河、小佳河等. 左岸宝清大桥以下全部为低湿平原, 支流主要为内、外七星河.

内七星河发源于双鸭山市七星褶子山, 向东流经保安屯进入平原, 至西蒿塘入三环泡, 经狼豁子至炮台亮子汇入挠力河, 河长 241km, 流域面积 3816km^2, 占挠力河全流域面积的 15.3%, 其中山丘区面积 1850 km^2, 占挠力河山丘区面积的 19.4%. 山区来水进入平原后, 因河槽泄量小, 经常向东北方向泛滥与外七星河连通, 1998 年修建三环泡滞洪区围堤后, 封闭了外七星河的分流.

支流外七星河发源于完达山北麓的双鸭山, 进入平原后河身消失, 流经黑鱼泡滞洪区折向东, 漫行于沼泽区, 至解放亮子出现河槽并转向东北, 于菜咀子以上 4.0km 处汇入挠力河, 全长 175km. 该流域内除上源有部分山区和别拉音山、卧虎力山等孤山外, 基本为平原, 总集水面积 7000 km^2, 占挠力河全流域面积 28.2%, 其中山区面积 713 km^2, 仅占挠力河流域山丘区面积的 7.5%.

蛤蟆通河流域面积为 1235km^2, 河长约 90km, 该河流的上游有蛤蟆通水库, 控制面积为 473km^2.

2) 地形地貌

挠力河干流宝清镇以上为浅山丘陵区, 以下为平原区. 滩地坡降上游山区一般为 1/200~1/800; 中游刘福亮子为坡降变缓的转折点, 宝清至刘福亮子坡降为 1/1600; 刘福亮子至炮台亮子为 1/4000~1/10000; 炮台亮子至菜咀子坡降为 1/12000~1/15000; 由菜咀子开始滩地比降又逐渐变陡, 菜咀子至河口平均坡降为 1/8100. 河道主槽严重弯曲, 水力坡降很缓, 一般在 1/15000~1/37000. 河道弯曲系数较大, 上游为 1.7, 中、下游为 2~3, 局部河段为 3.5, 支流一般为 1.07~1.8.

河道弯曲严重, 河道呈微复式断面, 上游宽 50m 左右, 最大水深 2.5m, 下游宽 100m 左右, 最大水深 3~5m. 主槽整洁, 无杂草, 河底为细砂; 滩地多丛林和杂草, 一般为小叶樟和沼柳.

挠力河干流宝清镇以上河道坡降较大, 宝清镇以下坡降较缓, 过渡性的丘陵面积很小, 山坡水急来, 骤然进入平原, 再加主槽较小, 致使洪水经常泛滥出槽, 长期滞留于地表和浅层土壤中, 造成大片河滩地的沼泽化.

3) 水利工程现状

挠力河流域大规模垦荒建设始于 20 世纪 50 年代, 虽然开垦了大量荒地, 但由于旱涝灾害频繁, 严重困扰着农业的发展.

20 世纪 50 年代后期开始兴建水利工程, 80 年代以后才逐渐兴建一些较大规模的抗旱除涝工程. 1996 年开工兴建的龙头桥水库 (坝址迎面山) 位于挠力河上游, 是灌溉、防洪、发电等综合利用的大型水利枢纽工程, 现已合拢蓄水. 水库集水面积 1730km^2, 总库容 6.146m^3.

目前, 龙头桥水库以下超过 100 公顷的灌区已有 4 处: 龙头桥 — 宝清区间有头道岗灌区和方盛灌区; 宝清 — 炮台亮子区间有万北灌区、前进灌区.

挠力河流域防洪治涝骨干工程主要是 20 世纪 80 年代以来修建的内外七星河河道开挖、堤防及挠力河堤防工程. 主要工程有: 在外七星河上游修建了黑鱼泡滞洪区, 开挖了新外七星河、富锦支河等防洪治涝骨干工程, 在内七星河上修建了三环泡滞洪区围堤, 封闭了流向外七星河的漫溢口. 挠力河干流宝清以下堤防已基本建成.

另外流域内还有多座大中型水库, 即蛤蟆通河上的蛤蟆通水库和宝清河上的清河水库等. 集水面积分别为 473km^2 和 258km^2.

4) 气象

本区属于中温带大陆性季风气候区, 属于半湿润地带, 夏季高温多雨, 冬季干冷而漫长. 根据本区历年气象资料统计, 多年平均气温 2.7°C, 最高气温出现在 7 月份, 月平均气温为 21.9°C, 极端最高气温为 36.6°C, 最低气温出现在 1 月份, 月平均气温为 −18.1°C, 极端最低气温为 −37.2°C.

多年平均降水量为 545mm, 降水大部分集中在 6~9 月份, 占全年降水量的 70%, 尤其是 7, 8 两个月雨量较为集中, 约占全年降水量的 44%; 春季 5, 6 月份降水量较少, 仅占全年降水量的 23%, 因此本区春季干旱频繁, 秋季又多洪涝灾害.

本区日照时间较长, 多年平均日照时数为 2509h, 4~9 月份日照时间可达 1393h.

初霜为 9 月中下旬, 终霜为 5 月上中旬, 无霜期为 147 天左右. 结冰期长达 150~180 天, 多年平均最大冻土深 2.20m, 最大冻土深可达 2.53m. 多年平均 20cm 蒸发皿蒸发量为 1211mm, 多年平均水面蒸发量为 702mm.

2. 水文基本资料

1) 测站分布

本流域内水文、气象站基本上是从 1955 年以后陆续建立的, 水文站分布较少, 共有水文站 7 处, 其中 1960 年前建站的有宝清、保安、菜嘴子三个站; 雨量站点相对较多, 且山区多于平原, 至今流域内可利用的雨量站有 28 个, 但 1960 年前建站的只有 10 个. 测站分布如图 7-2 所示.

2) 基本资料情况

(1) 宝清站. 挠力河干流宝清水文站位于宝清县宝清镇, 地理坐标为东经 132°15′, 北纬 46°20′, 控制面积 3689 km^2, 距挠力河口 439km. 该站解放前 1939 年 7 月伪满交通部理水司理水调查处领导设立, 抗战胜利后停测. 1949 年 8 月由松江省农业厅水利局恢复观测水位. 1955 年 6 月 1 日由黑龙江省水利厅扩建为水文站. 将基本水尺断面上迁 1000m, 并测流, 1969 年因修公路桥将水尺断面下迁 43m, 1979 年 1 月 1 日使用缆道断面, 上迁 6m, 至今一直观测. 现有观测项目有水位、流量、输沙率、水位、冰情、水温、降水、蒸发等.

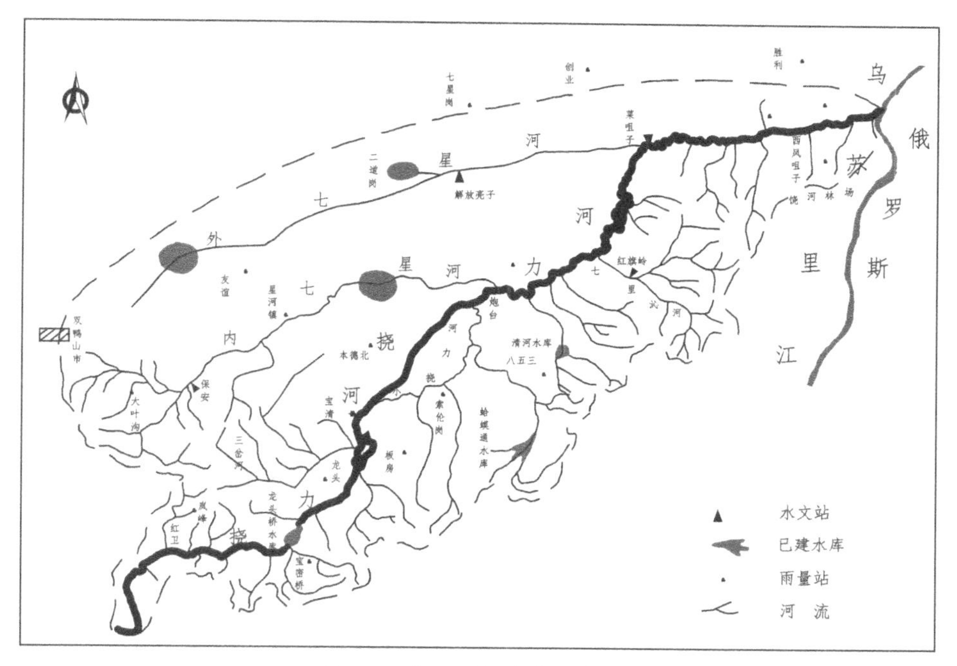

图 7-2 挠力河流域水系分布图

(2) 菜嘴子站. 挠力河干流菜嘴子站位于饶河县三里镇, 地理坐标为东经 133°20′, 北纬 47°13′, 控制面积 20896km^2, 距挠力河口 153km. 于 1956 年 3 月 1 日设立为基本水文站, 为挠力河下游的控制站, 观测从建站至今. 观测项目有水位、流量、水位、冰情、水温、降水、蒸发等.

(3) 保安站. 保安水文站位于内七星河上游友谊县十八团, 控制面积 1344 km^2, 地理坐标为东经 131°38′, 北纬 46°29′, 距河口距离为 159km, 由黑龙江省水文总站在 1956 年 11 月设立, 目前观测项目有: 水位、流量、含沙量、水温、冰情、降水等. 资料年限从 1957 年至今, 1957 年开始观测水位、流量, 具有 1957 年至今的水文资料.

保安水文站从 1956 年设站, 到 1975 年 11 月 21 日, 测流断面迁移至现在的保安 (二), 原因是原河道堵死, 在保安 (二) 断面另设基本水尺断面, 继续观测水位. 两断面的水位相差在 1.5m 左右, 新设断面比原断面高.

对以上三个站的降雨径流进行分析整理后, 本研究主要选用保安的水文资料系列时进行研究.

7.2 基于 RAGA-AM-MCMC 的 BFS 基本框架

由于求解式 (1-5) 或式 (1-8) 的后验密度时, 有时会遇到方程的阶数很高因而难以求得解析解的情况. 为此, 本书采用数值解法来解决这一问题, 即使用善于数值计算的 MCMC 算法与所建议的具有高效率搜索性能的 AGA-AM 算法相结合的

AGA-AM-MCMC 算法来求贝叶斯后验密度的数值解. 以式 (1-8) 作目标分布的情况为例, 该数值解的步骤如下 (式 (1-5) 求解过程相似).

步骤 1: MCMC 算法初始化: $i=0$, $h_n^i=s_n$.

步骤 2: 调用 AGA-AM 算法, 据式 (3-2) 自适应调整协方差 C_i.

步骤 3: 从转移密度 $N(h_n^i, C_i)$ 中产生新的样本 h_n^*.

步骤 4: 将式 (1-8) 作为目标分布代入式 (3-9), 导得式 (7-1), 然后计算 h_n^* 的接受概率

$$\rho(h_n^i, h_n^*) = \min\left\{1, \frac{\dfrac{f(s_n|h_n^*)g(h_n^*|h_0)}{\int_{-\infty}^{\infty} f(s_n|h_n^*)g(h_n^*|h_0)\mathrm{d}h_n^*}}{\dfrac{f(s_n|h_n^i)g(h_n^i|h_0)}{\int_{-\infty}^{\infty} f(s_n|h_n^i)g(h_n^i|h_0)\mathrm{d}h_n^i}}\right\} \tag{7-1}$$

由于 $\int_{-\infty}^{\infty} f(s_n|h_n^*)g(h_n^*|h_0)\mathrm{d}h_n^* = \int_{-\infty}^{\infty} f(s_n|h_n^i)g(h_n^i|h_0)\mathrm{d}h_n^i = C$, 其中 C 为归一化常数. 故式 (7-1) 变为

$$\rho(h_n^i, h_n^*) = \min\left\{1, \frac{f(s_n|h_n^*)g(h_n^*|h_0)}{f(s_n|h_n^i)g(h_n^i|h_0)}\right\} \tag{7-2}$$

从式 (7-1) 到式 (7-2) 的变化, 也就是 MCMC 算法能够避开求归一化常数而使抽样收敛到目标分布的原因所在.

步骤 5: 生成一个均匀随机数 $u-U[0,1]$.

步骤 6: 如 $u<\rho(h_n^i, h_n^*)$, $h_n^{i+1}=h_n^*$, 否则 $h_n^{i+1}=h_n^i$.

步骤 7: $i=i+1$, 重复步骤 1～步骤 7, 直到抽得足够的样本为止.

步骤 8: 根据所抽取样本进行统计分析, 绘出密度直方图, 求出样本的均值与方差等.

7.3　基于 Nash 模型贝叶斯概率洪水预报

7.3.1　沿渡河流域概率洪水预报

1. 参数 k 为随机的 Nash 模型的 BFS

为了研究该流域 Nash 模型单一参数 k 的不确定性, 避免模型的 “异参同效” 现象的影响, 本文首先根据文献 [9] 介绍的方法求得沿渡河流域的 Nash 模型参数 n=3, 这样, 待率定的参数只有 k 了.

参数 k 的率定: 选用该流域 1981～1987 年的 28 场洪水资料来率定参数 k 值. 为保证计算精度, 取计算时段长 Δt 为 1h. 参数率定方法采用矩法 -优选法 [1], 率定结果见表 3.1, 相应洪水拟合过程线如图 7-3 所示. 由表 7.2 可见, 洪峰流量的拟合误差全部在 20%以内, 其中 15%以内的占样本总体的 82%, 峰现时差在两个时段以内的占 96%, 过程线拟合的确定性系数全部都大于 75%, 其中大于 80%的占 89%. 从图 7-3 可看出, 各场洪水拟合过程线令人满意. 故表 7.2 数据 k 是完全可用的.

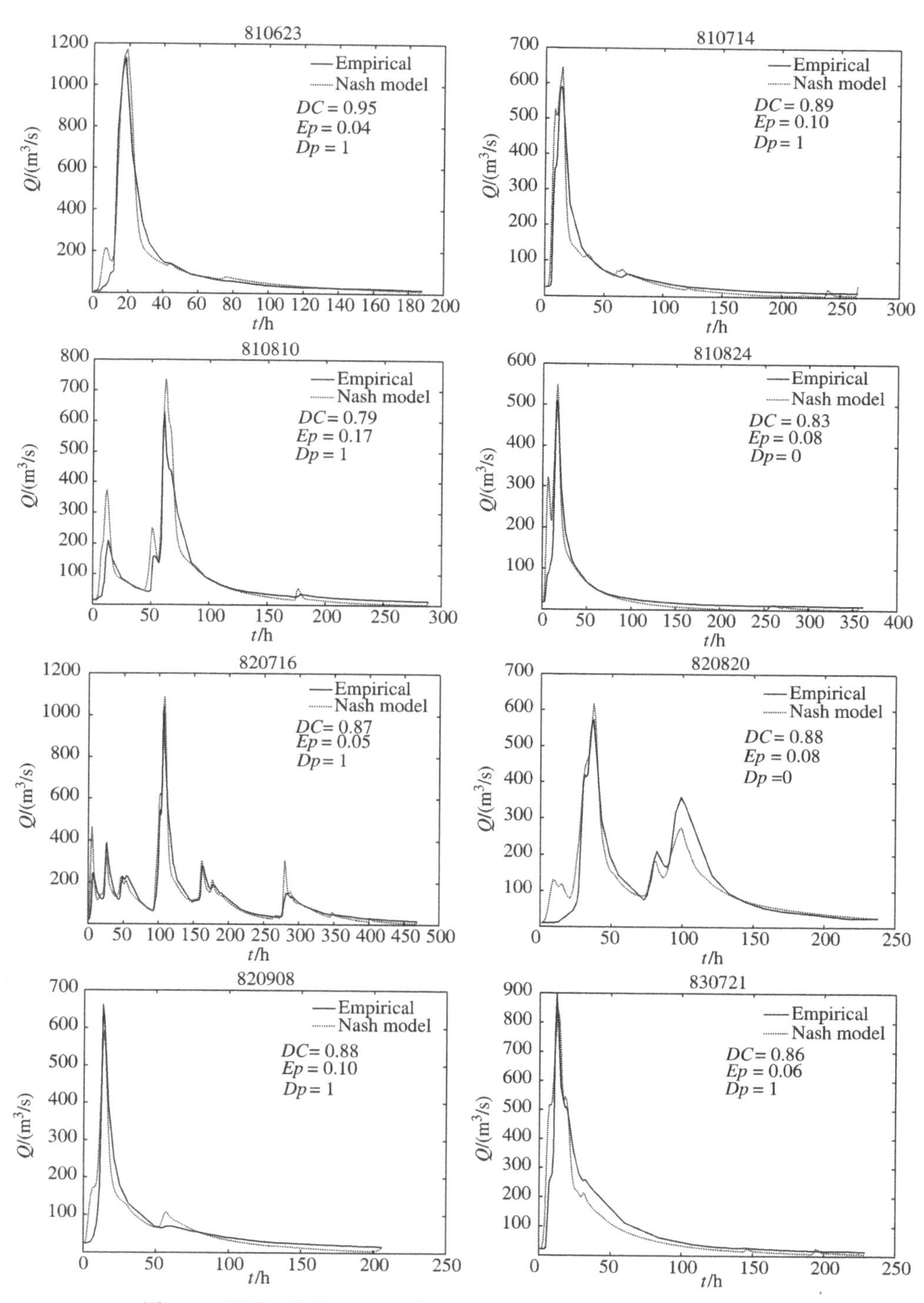

图 7-3 沿渡河流域 NASH 模型参数 k 率定时模拟与实测过程比较

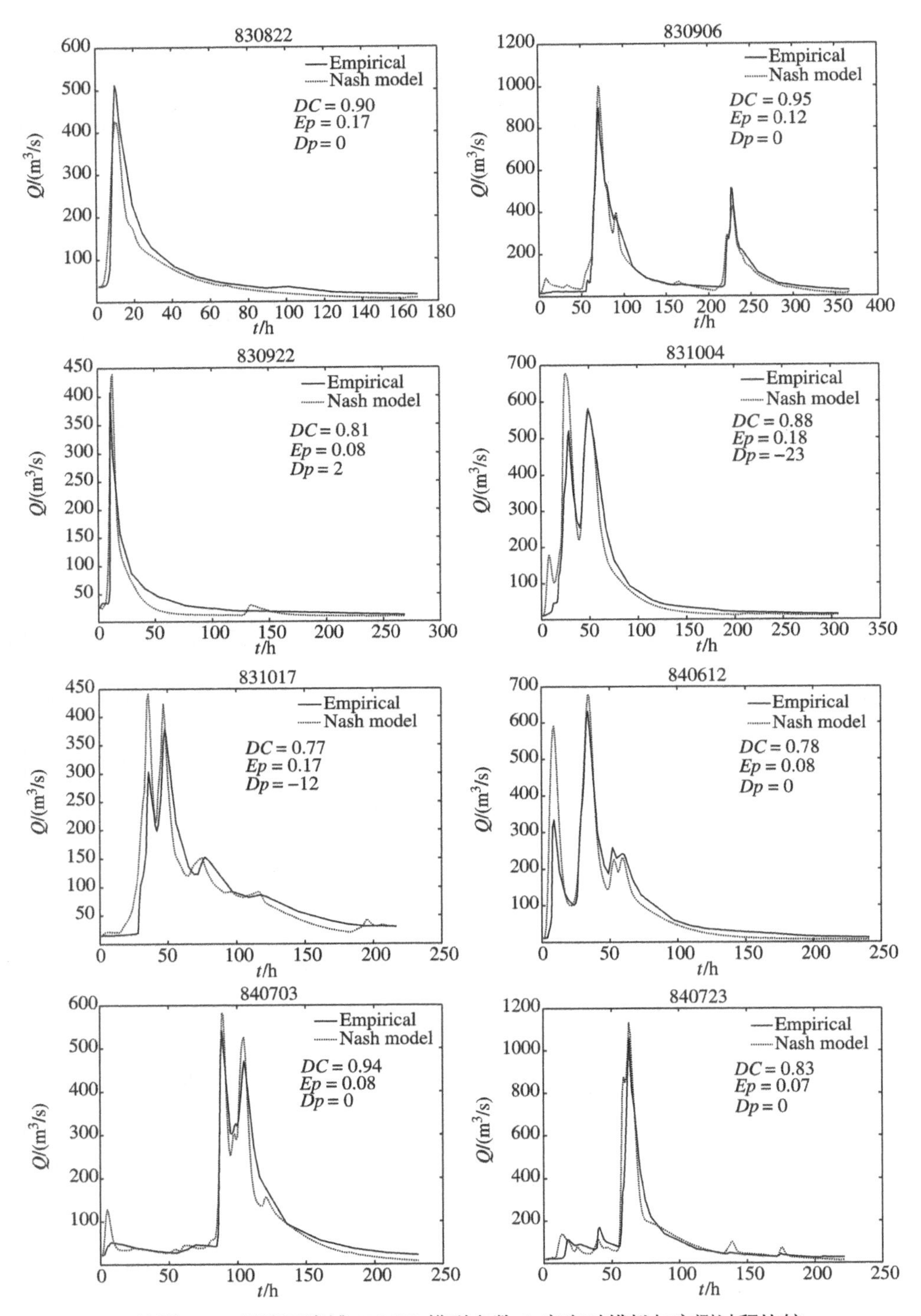

续图 7-3　沿渡河流域 NASH 模型参数 k 率定时模拟与实测过程比较

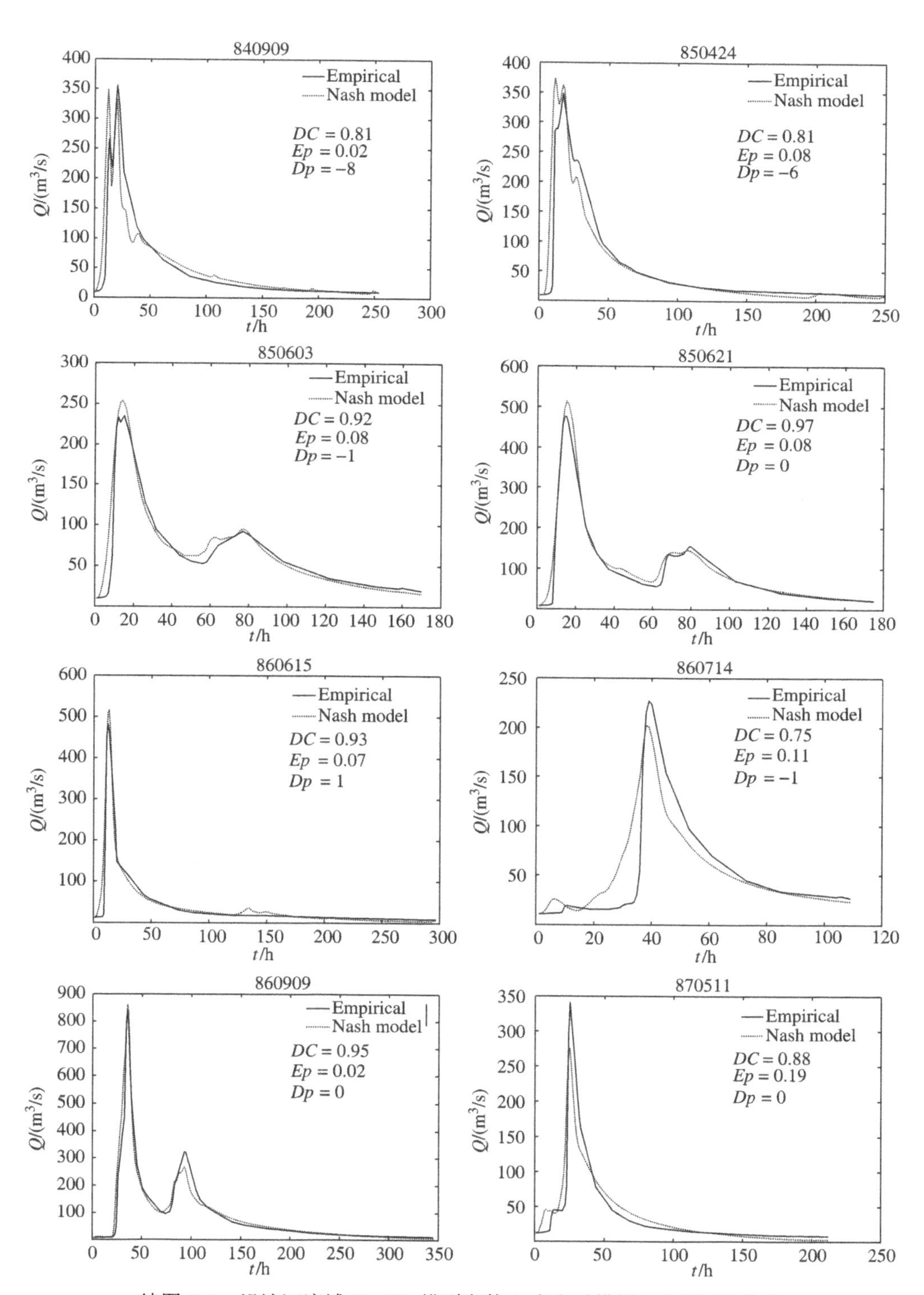

续图 7-3 沿渡河流域 NASH 模型参数 k 率定时模拟与实测过程比较

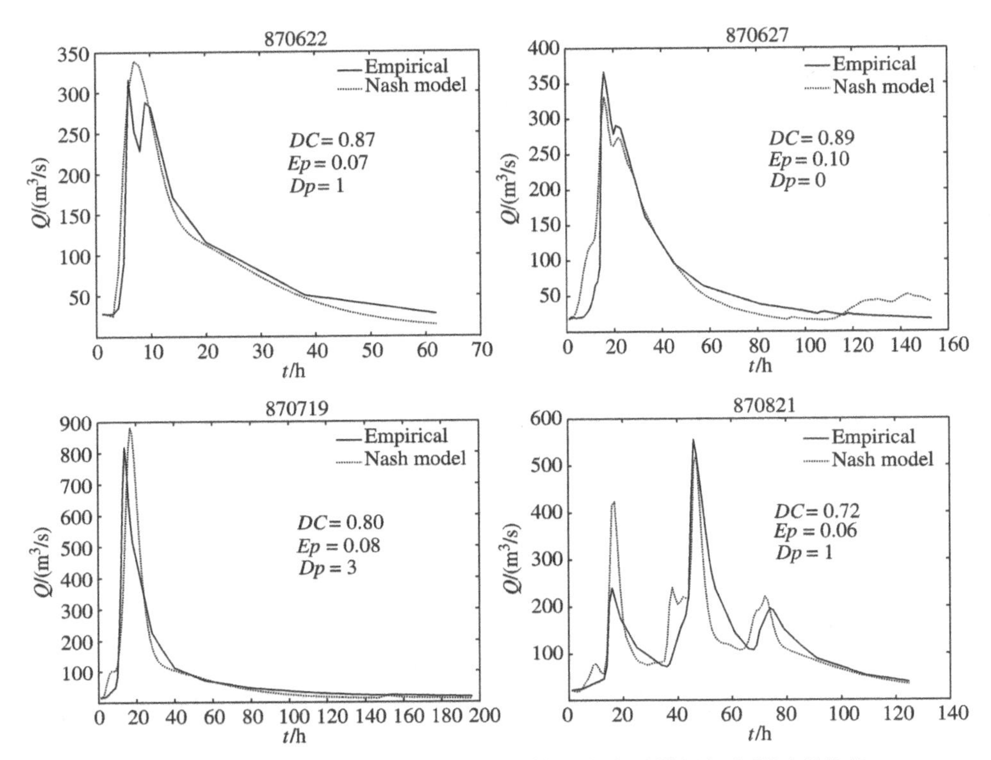

续图 7-3　沿渡河流域 NASH 模型参数 k 率定时模拟与实测过程比较

先验分布的确定: 表 7.2 率定的 k 取值为 1~1.96, 其均值为 1.19, 方差为 0.09^2, 并假定其服从正态分布, 即 $k-N(1.19, 0.09^2)$.

似然函数的确定: 由于本例同时采用了 28 场洪水资料, 即有 28 个拟合优度, 所以这里采用多观测拟合优度的似然函数

$$L(Q|n,k)=\frac{1}{\prod\limits_{i=1}^{N}\sigma_{e_i}^2} \tag{7-3}$$

式中, Q 为流量; σ_{e_i} 为第 i 个观测与模型预报误差系列的标准差; N 为实测序列的个数, 本章 N=28; 其余符号意义同前.

参数后验密度的获取如下.

(1) AM-MCMC 算法 (基于贝叶斯理论). AM-MCMC 算法运算初始条件设为, 初始化阶段 i_0=2000, 每次采样 10000 个, 算法并行运行 5 次, 每次初始迭代次数为 2000, 这样随机抽取共 40000 个样本.

运行 AM-MCMC 算法, MCMC 运行结束后, 比例缩小得分 $R^{1/2}$ 的演化迹线如图 7-4 所示, 从图中看出第 2000 次迭代以后 $R^{1/2}$ 的值已小于 1.02 且平稳地趋近于 1, 说明多系列抽样已经收敛, 运行时间为 86742s. 经统计分析得出参数 k 的后验均值为 1.73, 后验方差为 0.02. 样本的采样过程如图 7-5 所示. 图中显示出采样过程

表 7.2 沿渡河流域 Nash 模型参数 k 的率定成果与精度分析表 (矩法-优选法)

洪号	实测洪峰/(m^3/s)	计算洪峰/(m^3/s)	相对误差/%	峰现时差/h	确定性系数	参数 k /h
810623	1130	1170	4.0	1	0.95	1.00
810714	589	645.4	9.5	1	0.89	1.00
810810	628	736.9	17.0	1	0.79	1.14
810824	509.4	548.5	7.6	0	0.83	1.38
820716	1040	1089	4.7	1	0.87	1.00
820820	572.5	616.6	7.7	0	0.88	1.24
820908	661	592	−10.4	1	0.88	1.00
830822	512	424.8	−17.0	0	0.90	1.00
830906	896.7	1001	−11.6	0	0.95	1.16
830922	407.3	439.4	7.9	2	0.81	1.02
831004	575.4	581.6	1.1	0	0.88	1.52
831017	377.9	423.4	12.0	−1	0.77	1.00
840612	632	679.5	7.5	0	0.78	1.70
840703	541.1	582.7	7.7	0	0.94	1.20
840723	1060	1132	6.8	0	0.83	1.00
840909	355.9	331	−7.0	0	0.81	1.00
850424	347.4	373.7	7.6	−6	0.81	1.18
850603	235	253.7	8.0	−1	0.92	1.96
850621	475.8	513.6	7.9	0	0.97	1.64
860615	482.3	515.1	6.8	1	0.93	1.00
860714	226.9	202.4	−10.8	−1	0.75	1.00
860909	844	859.3	1.8	0	0.95	1.00
870511	341.1	275.9	−19.1	0	0.88	1.00
870622	316	339.1	7.3	1	0.87	1.38
870627	366.9	330.5	−9.9	0	0.89	1.00
870719	819	881.1	7.6	3	0.80	1.88
870821	555.8	522.7	-6.0	1	0.72	1.00
均值	—	—	8.3	0.82	0.86	1.19

注: "+" 表示滞后 (此处省略), "−" 表示超前

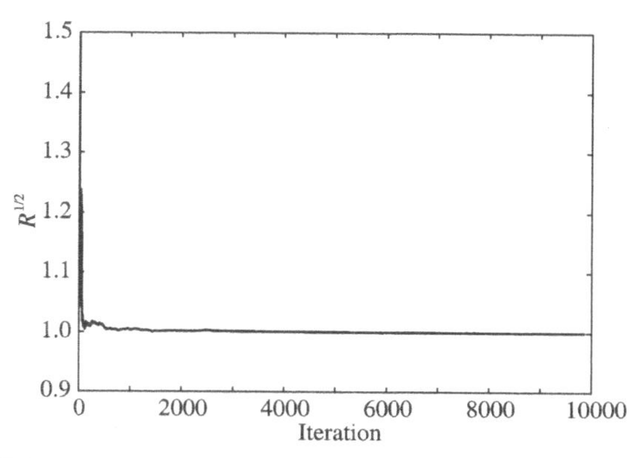

图 7-4 AM-MCMC 算法的比例缩小得分的演化过程

已经遍历了 k 的整个取值空间. 样本后验均值与后验方差的迭代迹线如图 7-6(a)、图 7-6(b) 所示, 由图可见自第 2000 次采样以后的后验均值与后验方差已经趋于平稳, 说明所采样本的统计特性已收敛到总体的统计特性. k 的后验密度直方图如图 7-7 所示, 可见后验密度仍近似为正态分布, 通过 Kolmogorov-Smirnov 假设检验算法在显著性水平为 0.05 时接受原假设, 即 k 的后验样本符合正态分布的假设成立.

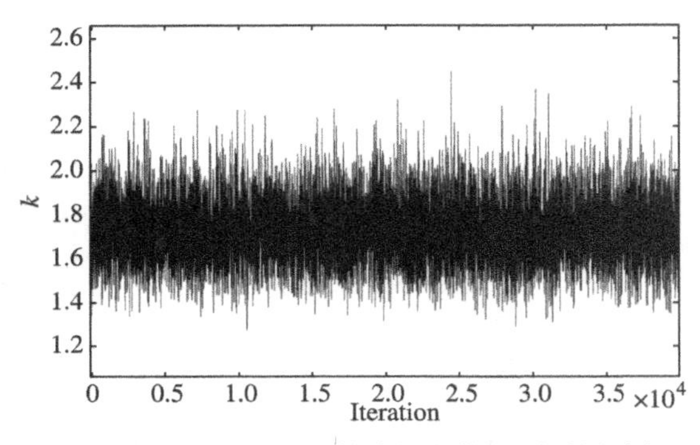

图 7-5　AM-MCMC 算法的参数 k 的采样过程

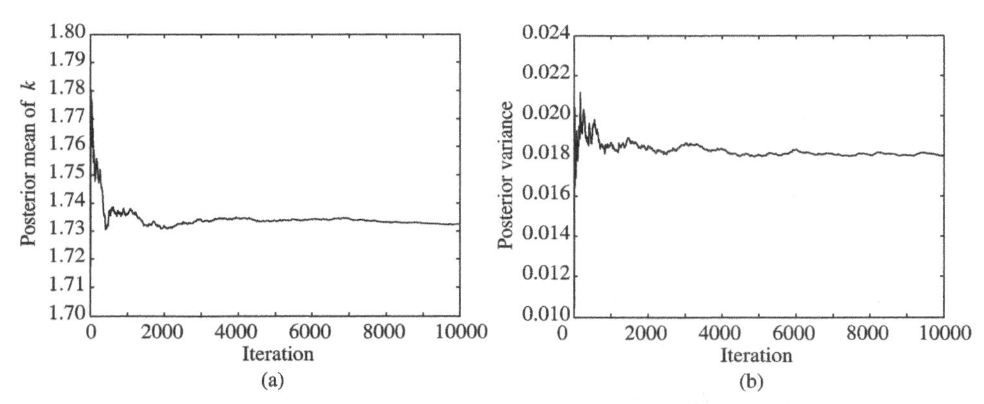

图 7-6　(a) AM-MCMC 算法的样本后验均值的迭代迹线;
(b) AM-MCMC 算法的样本后验方差的迭迹线

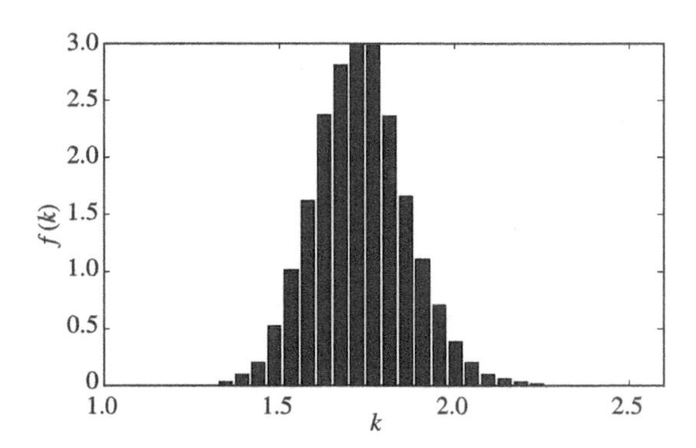

图 7-7　AM-MCMC 算法的参数 k 的后验概率密度

(2) BAM-MCMC 算法 (基于贝叶斯理论和 BP 网络). 运行经 BP 神经网络优化的 BAM-MCMC 算法, MCMC 运行结束后, 比例缩小得分 $R^{1/2}$ 的演化迹线如图 7-8 所示, 从图中看出第 2000 次迭代以后 $R^{1/2}$ 的值已小于 1.02 且平稳地趋近于 1, 说明多系列抽样已经收敛, 运行时间为 50317s, 比基于贝叶斯理论的 AM-MCMC 算法的收敛时运行时间为 66960s, 提高了 25%. 经统计分析得出参数 k 的后验均值为 1.69, 后验方差为 0.18, 即 $k - N(1.69,\ 0.18^2)$. 样本的采样过程如图 7-9 所示. 图中显示出采样过程已经遍历了 k 的整个取值空间. 样本后验均值与后验方差的迭代迹线如图 7-10(a) 和图 7-10(b) 所示, 由图可见自第 2000 次采样以后的后验均值与后验方差已经趋于平稳, 说明所采样本的统计特性已收敛到总体的统计特性. k 的后验密度直方图如图 7-11 所示, 可见后验密度仍近似为正态分布, 通过 Kolmogorov-Smirnov 假设检验算法在显著性水平为 0.05 时接受原假设, 即 k 的后验样本符合正态分布的假设成立.

由上述研究结果表明, BP 优化的 BAM-MCMC 算法在收敛速度上明显优于原文献中的 BAM-MCMC 算法, 两种算法取得的后验样本统计特征十分相近.

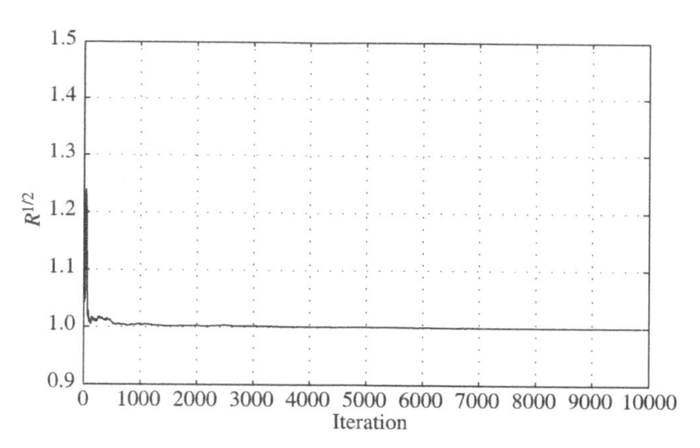

图 7-8 BAM-MCMC 算法的比例缩小得分的演化过程

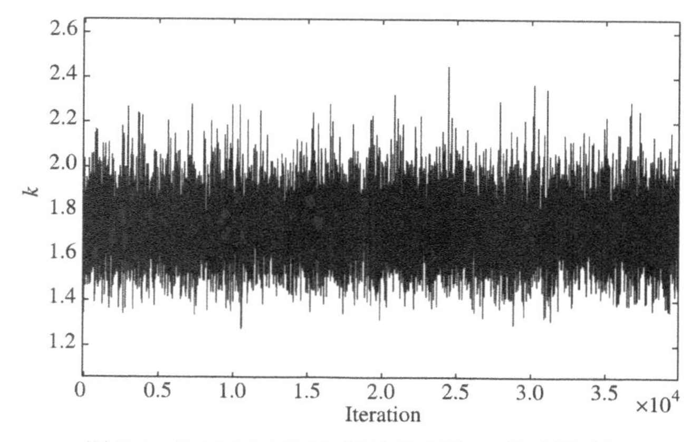

图 7-9 BAM-MCMC 算法的参数 k 的采样过程

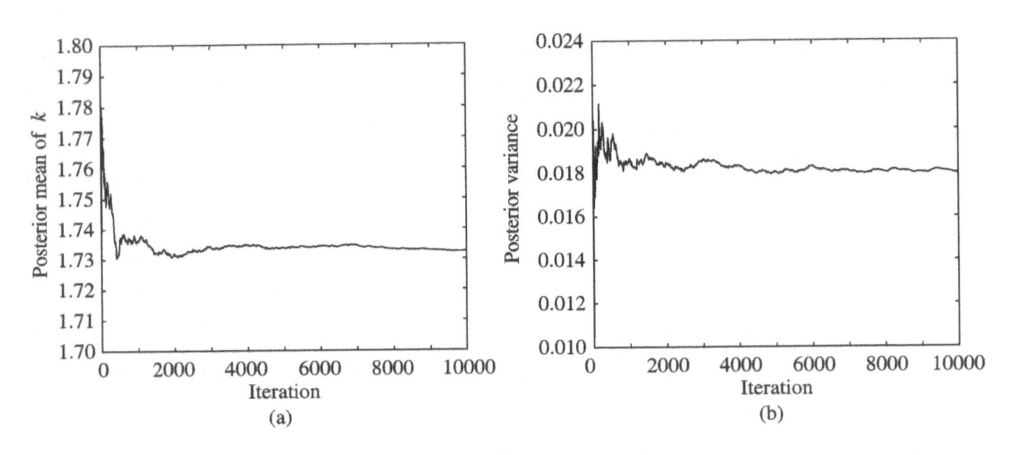

图 7-10　(a) BAM-MCMC 算法的样本后验均值的迭代迹线;

(b) BAM-MCMC 算法的样本后验方差的迭迹线

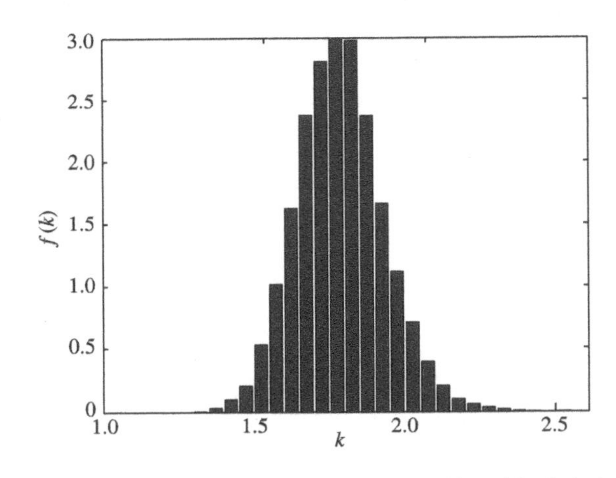

图 7-11　BAM-MCMC 算法的参数 k 的后验概率密度

BAM-MCMC 算法的初始运行条件: 随机获取的 40000 个 k 值后验样本中随机选取 10000 个样本作为 Nash 模型参数 k 的取值样本集.

本书得到的 BAM-MCMC 算法收敛后的 10000 个样本中选取 10000 个值作为 Nash 模型的参数 k 的样本, 对于沿渡河流域的 30 场 (其中 28 场为率定期洪水, 另外 2 场为验证期) 洪水进行模拟, 这样对于各场洪水的每一时刻的流量会得到 10000 个不同模拟值, 以这 10000 模拟值为样本来研究各场不同时刻洪水预报值的不确定性. 最后, 本书的概率预报模型不仅可以得到每一时刻洪水流量的后验密度、均值预报, 而且还可以得到每场洪水各时刻流量的均值预报的方差, 给出每场洪水的均值预报过程和指定概率的置信区间过程, 尤其是可以给出洪峰流量及其指定概率的置信区间, 实现了洪水流量的概率预报.

表 7.3 列出了各场洪水洪峰的均值预报、洪峰均方差及洪峰 80%的置信区间和各场洪水的洪峰均值预报与实测的误差、峰现时差、确定性系数. 30 场洪水预报的平均洪峰误差为 11.96%, 洪峰平均滞时为 3.0h, 符合洪水预报规范的要求. 通过与文献 [2] 中的预测结果 (原文献中平均洪峰误差为 12.10%, 平均洪峰滞时为 3.1h) 进行对比, 预测精度有所提高, 因此, 我们可以在运用 BAM-MCMC 算法时利用 BP 神经网络进行优化, 从而提高收敛速度, 同时预测精度两者相当. 图 7-12 给出了各场洪水均值预报过程与实测过程的拟合情况, 从图中可见, 各场洪水的拟合情况令人满意.

表 7.3 沿渡河流域 k 为随机的 Nash 模型的 BFS 预报成果表

洪号	实测洪峰 /(m^3/s)	计算洪峰均值 /(m^3/s)	相对误差 /%	计算洪峰均方差 /(m^3/s)	洪峰 80%的置信区间	峰现时差 /h	确定性系数
810623	1130	1091.57	−3.40	19	(1047.62, 1094.32)	2	0.85
810714	589	569.41	−3.33	16	(601.55, 626.95)	2	0.83
810810	628	604.55	−3.73	10	(622.48, 662.13)	3	0.90
810824	509.4	497.66	−2.31	8	(497.31, 511.86)	0	0.91
820716	1040	941.71	−9.45	4	(924.53, 978.75)	2	0.90
820820	572.5	598.79	4.59	24	(577.66, 590.80)	1	0.87
820908	661	486.24	−26.44	4	(482.67, 523.75)	2	0.90
830623	1520	956.82	−37.05	21	(866.59, 976.04)	2	0.94
830721	896	747.11	−16.62	28	(732.18, 775.57)	2	0.97
830822	512	386.23	−24.56	12	(369.64, 371.83)	2	0.86
830906	896.7	915.02	2.04	14	(891.82, 956.22)	2	0.97
830922	407.6	362.95	−10.95	10	(347.48, 378.27)	3	0.98
831004	575.4	683.68	18.82	10	(644.13, 672.33)	−22	0.95
831017	377.9	349.86	−7.42	18	(367.75, 406.45)	−11	0.96
840612	632	682.76	8.03	1	(668.36, 692.70)	0	0.94
840703	541.1	460.65	−14.87	18	(474.42, 524.52)	16	0.94
840723	1060	963.14	−9.14	12	(976.65, 1009.68)	1	0.89
840909	355.9	311.59	−12.45	23	(290.74, 316.29)	1	0.84
850424	347.4	378.88	9.06	13	(352.39, 376.04)	0	0.98
850603	235	246.31	4.81	18	(234.47, 271.02)	−2	0.83
850621	475.8	491.44	3.29	4	(481.84, 515.42)	0	0.82
860615	482.3	463.62	−3.87	29	(430.84, 472.63)	2	0.95
860714	226.9	201.08	−11.38	17	(183.27, 177.02)	1	0.98
860909	844	781.36	−7.42	3	(745.70, 787.93)	1	0.86
870511	341.1	245.57	−28.01	21	(248.09, 263.21)	1	1.00
870622	316	287.37	−9.06	5	(293.99, 320.31)	2	0.98
870627	366.9	312.31	−14.88	24	(281.83, 313.63)	2	0.85
870719	819	896.67	9.48	15	(866.38, 945.01)	3	0.81
870821	555.8	422.24	−24.03	25	(402.89, 427.85)	2	0.88
870827	671.5	523.60	−22.03	3	(390.00, 452.10)	3	0.87
均值	—	—	11.96	—	—	3.0	0.85

注: “+” 表示滞后 (此处省略), “−” 表示超前

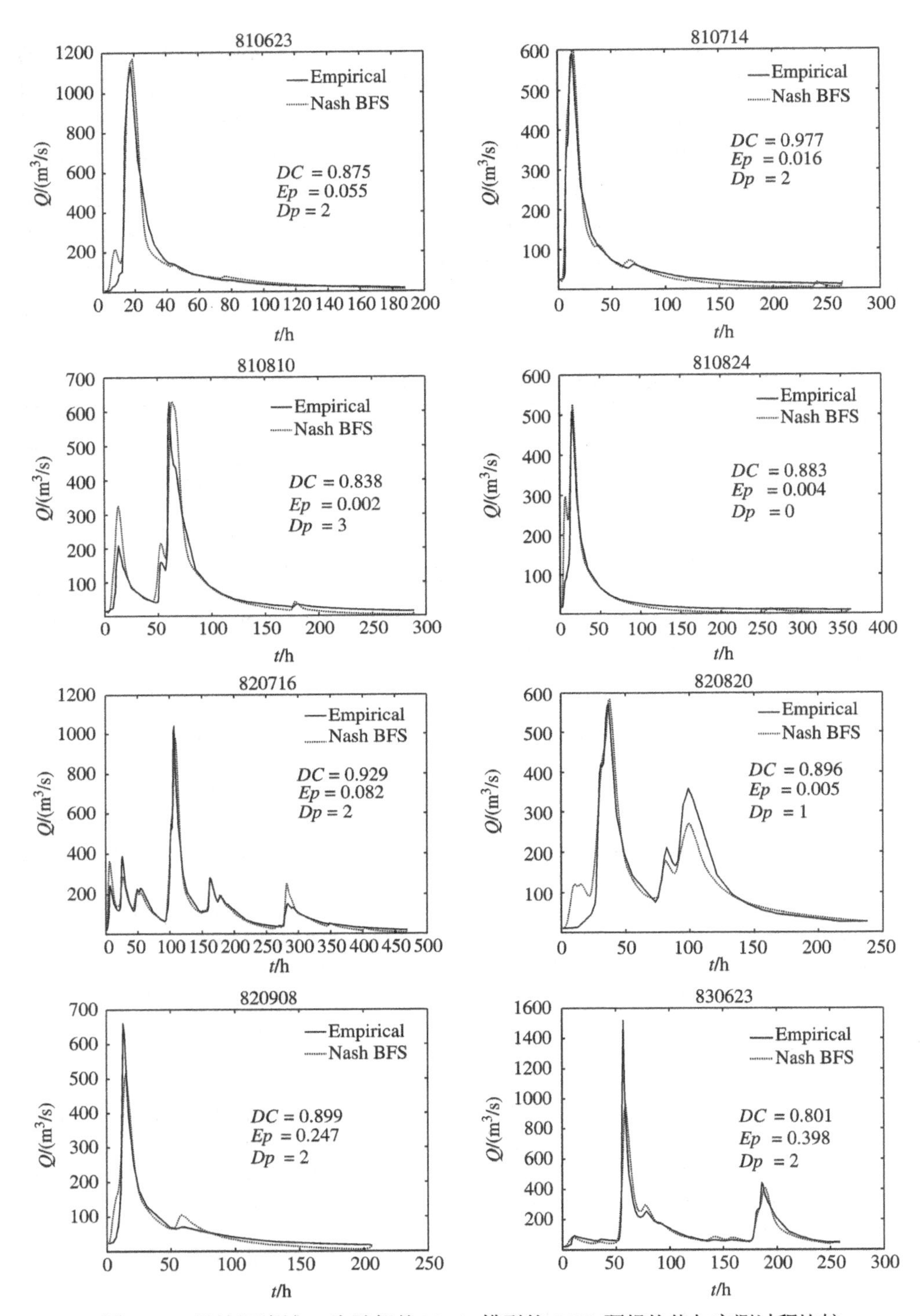

图 7-12　沿渡河流域 k 为随机的 Nash 模型的 BFS 预报均值与实测过程比较

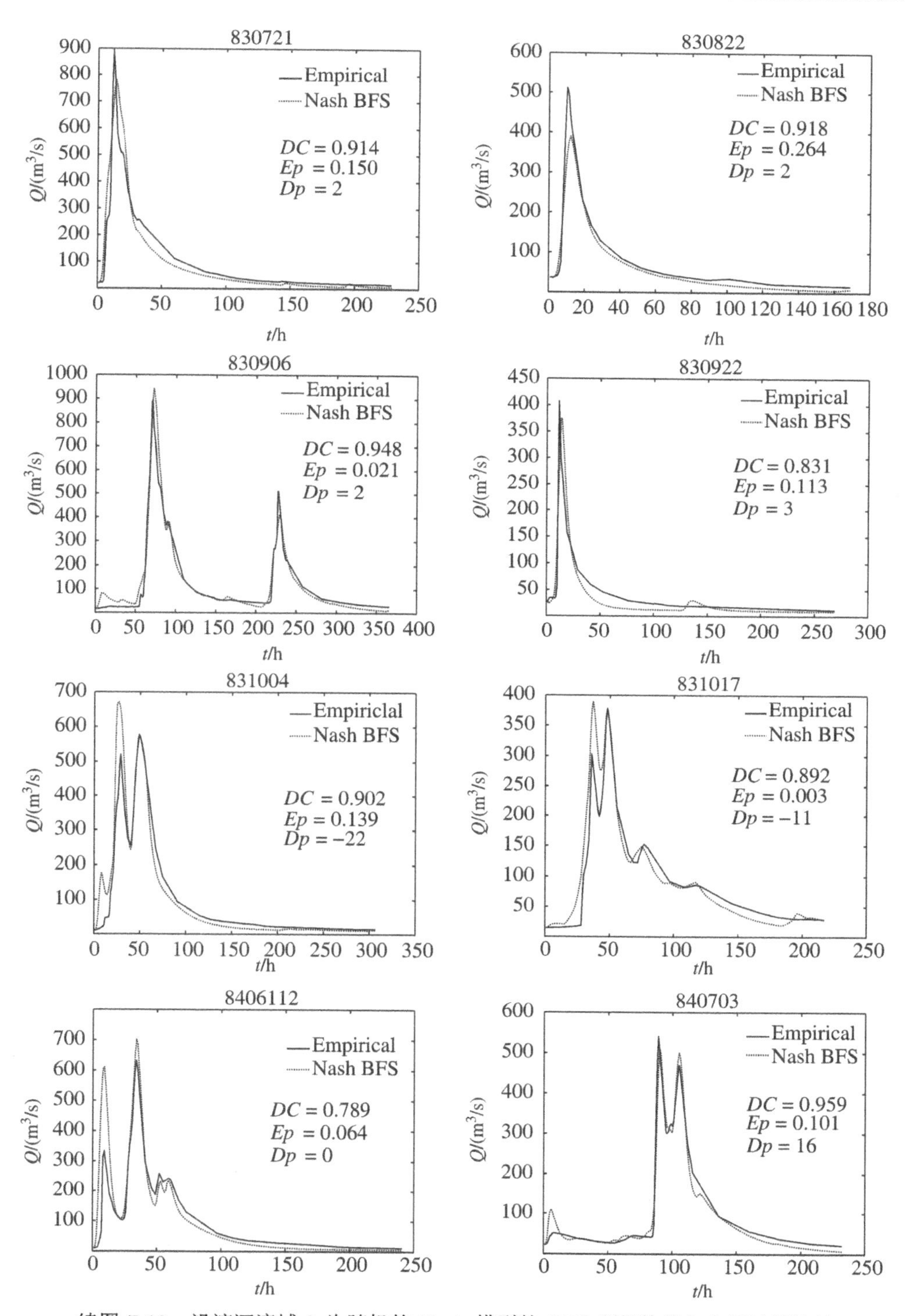

续图 7-12 沿渡河流域 k 为随机的 Nash 模型的 BFS 预报均值与实测过程比较

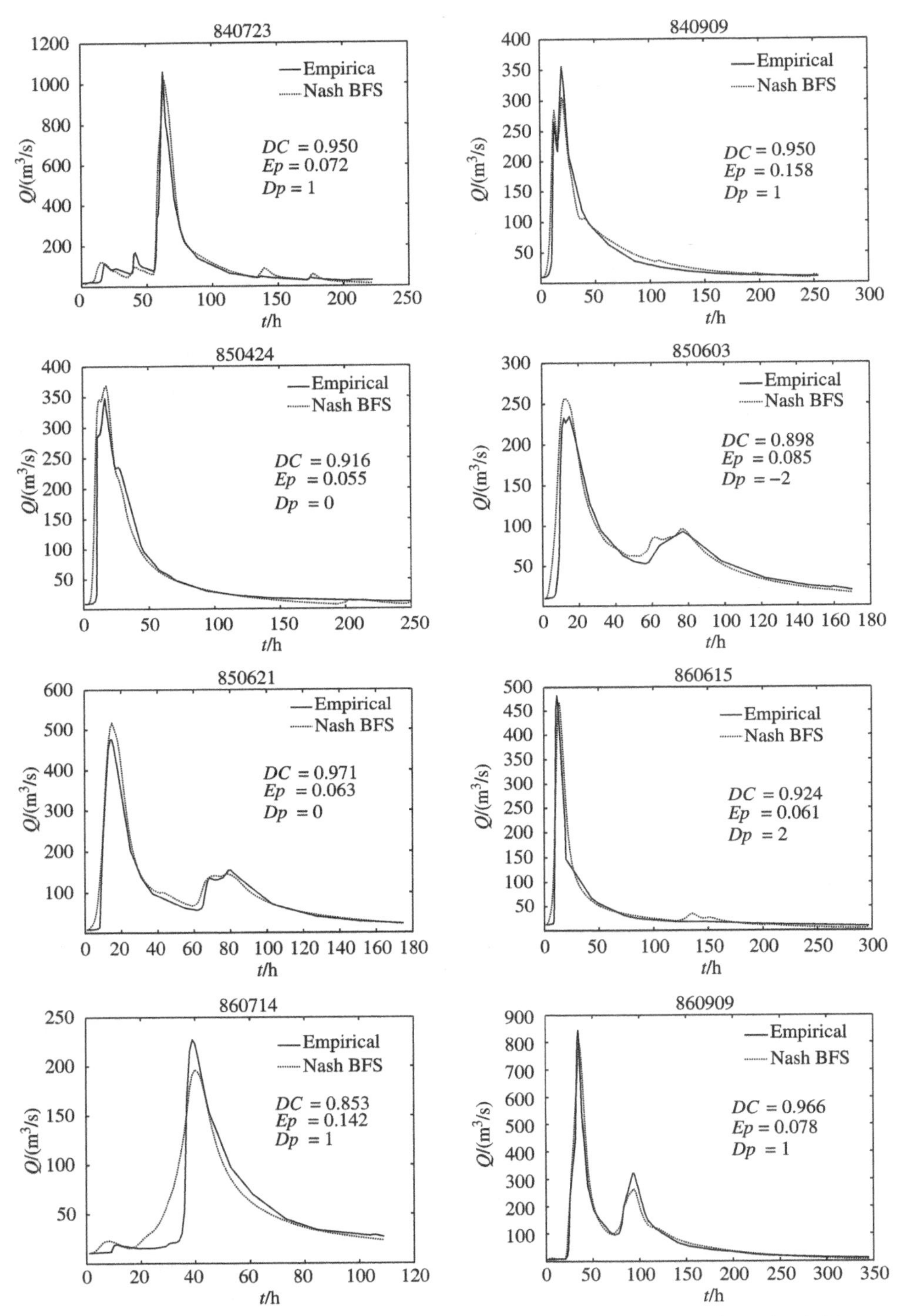

续图 7-12　沿渡河流域 k 为随机的 Nash 模型的 BFS 预报均值与实测过程比较

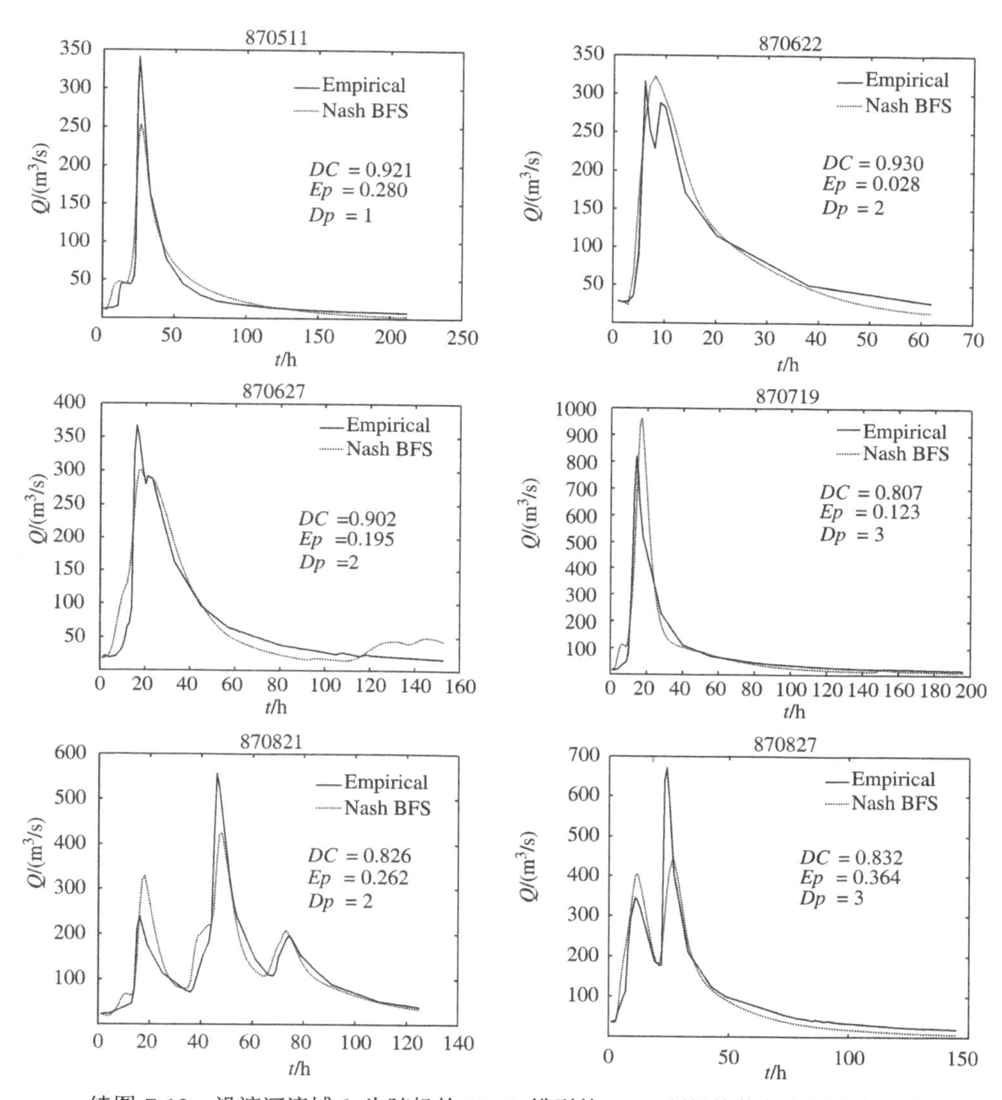

续图 7-12 沿渡河流域 k 为随机的 Nash 模型的 BFS 预报均值与实测过程比较

2. 参数 n 和 k 均为随机的 Nash 模型的 BFS

在参数 k 为随机的 Nash 模型的 BFS 仅将 Nash 模型参数 k 视为不确定的, 而参数 n 则被视为确定的. 实际上, Nash 模型中的 n 也具有不确定性, 将其视为确定性, 必然忽略了其水文过程不确定性的本质. 因此, 欲全面地研究 Nash 模型参数的不确定性, 必须同时考虑两个参数均具有不确定性的情况. 又因为 n 和 k 作为 Nash 模型的参数, 正如 7.1.4 节中所述, 必然存在 "异参同效" 现象. 故本节将 Nash 模型的两个参数均视为随机的, 而将模型的输入 (地面净雨) 视为确定性, 来研究参数的 "异参同效" 现象及其对洪水预报结果的影响. 利用本书建议的 BAM-MCMC 算法对 Nash 模型参数 n, k 同时进行随机抽样, 以期获得 n, k 的后验边缘概率密度及联合概率密度, 并据此进行洪水的概率预报.

以长江三峡地区沿渡河流域为例, 所选洪水样本与参数 k 为随机的 Nash 模型的 BFS 相同, 故 k 值的率定结果仍采用表 7.3 的结果.

先验密度的确定: ①参数 n 的先验分布: 根据 7.2 节研究, 可认为 n 的先验均值为 3, 若假定其先验方差为 10%, 即 0.3, n 服从正态分布, 则得 n 的先验分布为服从 $N(3,0.3^2)$; ②参数 k 的先验分布与 7.2 节的相同, 为 $k-N(1.19,0.09^2)$.

似然函数的确定: 仍以式 (6-5) 作为似然函数.

后验密度的确定: BAM-MCMC 算法运算初始条件设为, 初始化阶段 i_0=2000, 每次采样 10000 个, BAM-MCMC 算法并行运行 5 次, 每次初始迭代次数为 2000, 这样随机抽取共 40000 组样本.

BAM-MCMC 算法结束后, 比例缩小得分 $R^{1/2}$ 的演化迹线如图 7-13 所示, 从图中看出第 2000 次迭代以后 $R^{1/2}$ 的值已小于 1.02 且趋于平稳, 说明多系列抽样已经收敛; 根据所抽 40000 个样本, 统计得出 Nash 模型参数的边缘后验密度分别为 $k-N(2.03,0.09^2)$, $n-N(2.61,0.10^2)$, 这与两参数单独采样测得的后验密度区别较大, 说明了两参数之间的非独立性. 图 7-14 给出了两参数在采样过程中的遍历情况, 从中看出两参数在抽样过程中遍布了各自参数的取值空间, 证明了本书算法具有良好的遍历性, 图 7-15(a) 给出了两参数的后验均值迭代迹线, 图 7-15(b) 给出了两参数的后验方差迭代迹线, 从图中看出自第 2000 次迭代以后两参数的后验均值、后验方差均趋于稳定, 说明所抽样本已具有总体样本的统计特性. 两参数的后验密度直方图如图 7-16 所示, 从图 7-16(a) 中看出参数 k 的后验密度近似为正态, 图 7-16(b) 显示参数 n 的后验密度也近似为正态. 通过 Kolmogorov-Smirnov 假设检验算法在显著性水平为 0.05 时接受后验分布为正态分布的原假设. 图 7-17 给出了两参数的联合后验概率密度, 从图中看出两参数的联合分布只有一个极值, 其坐标为两参数的后验均值. 图 7-18 给出了两参数样本的散点图, 由图可见, n 与 k 之间确存在着明显的相关关系.

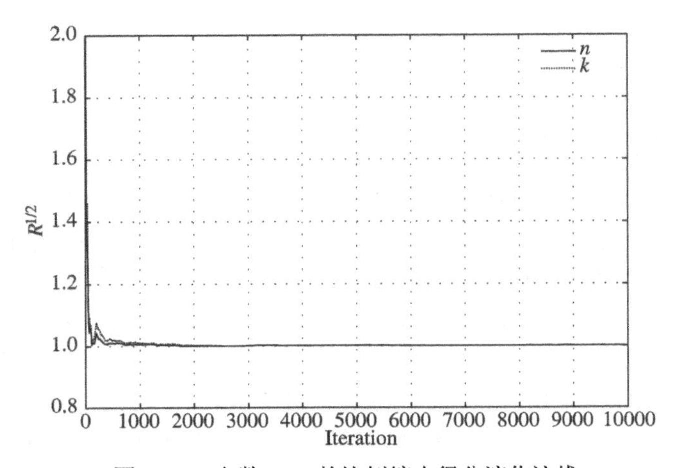

图 7-13　参数 n,k 的比例缩小得分演化迹线

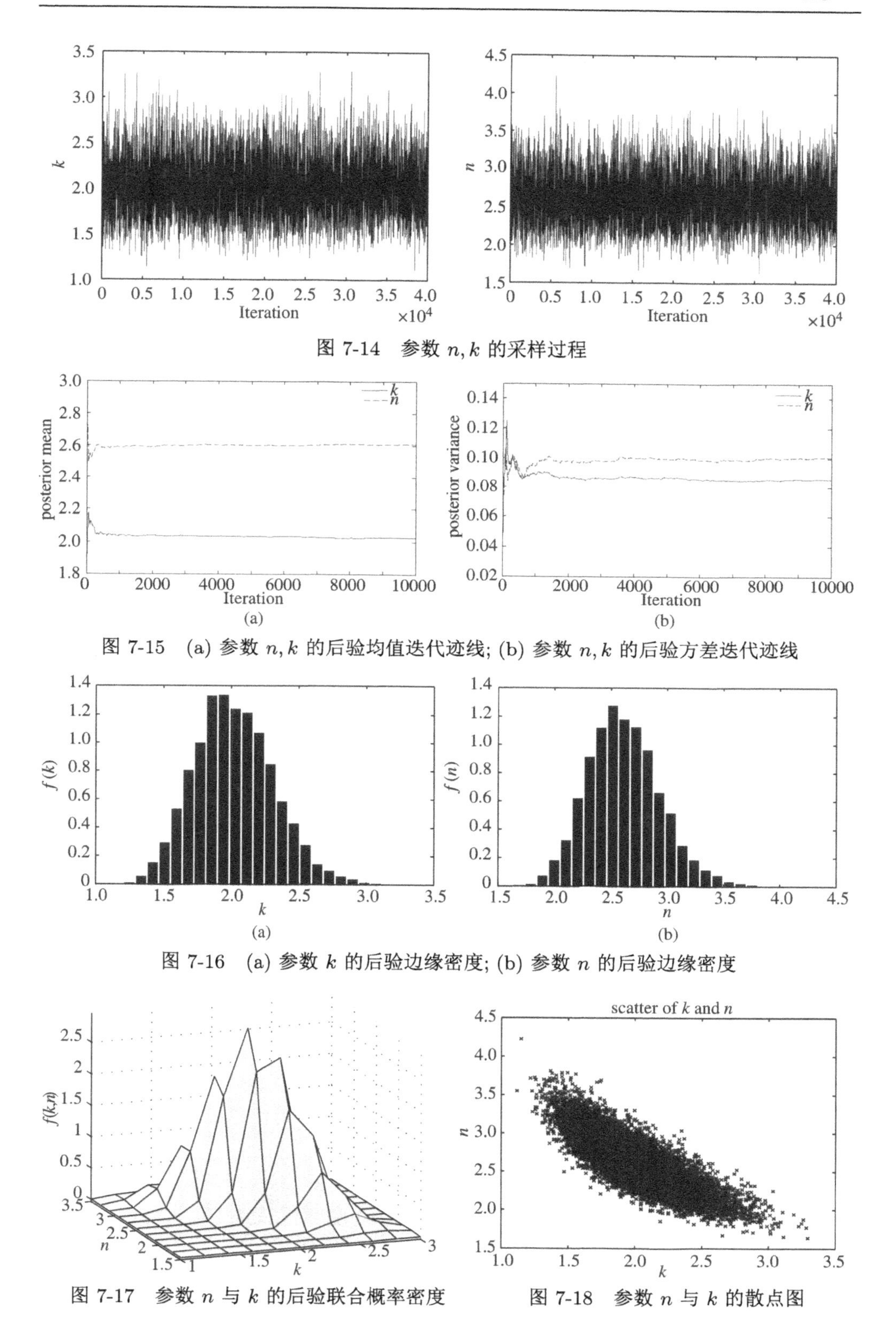

图 7-14 参数 n, k 的采样过程

图 7-15 (a) 参数 n, k 的后验均值迭代迹线; (b) 参数 n, k 的后验方差迭代迹线

图 7-16 (a) 参数 k 的后验边缘密度; (b) 参数 n 的后验边缘密度

图 7-17 参数 n 与 k 的后验联合概率密度

图 7-18 参数 n 与 k 的散点图

产生水文模型的"异参同效"这一现象的原因至少有: 目标函数是多极值的; 模型中包含的参数之间存在相互补偿作用; 模型参数具有随机性 [3]. 图 7-19 虽然给出了 Nash 模型两参数的各自后验边缘密度, 但却无法避免存在的"异参同效"现象, 在实际水文预报时, 真正有意义的是两个参数的组合, 而不是单个参数. 为此, 本书随机选取 BAM-MCMC 算法收敛后的 10000 组参数样本分别对沿渡流域洪水进行模拟, 使某一场洪水的每个时段对应所选取的不同参数组生成 10000 个流量数值. 用这些数据作为样本来研究各时刻流量的统计特性, 即可求得各时刻 (包括洪峰时刻) 流量概率分布, 其均值和方差及指定概率的置信区间. 在作业预报时可采用每一时刻的预报流量样本的均值作为其预报值. 表 7.4 给出了 BAM-MCMC 算法对沿渡河流域 30 场 (其中 28 场为参数率定过程所用过的洪水作为校核样本, 870827 和 8306232 两场洪水作为预报样本) 洪水的峰值概率预报及其 80%的置信区间, 30 场洪水中洪峰预报误差在 20%以内的场次占总体的 77%, 洪峰误差小于 10%的场次占总体的 60%. 平均洪峰误差为 10.75%, 平均洪峰滞时为 1.2h(原文献中平均洪峰误差为 12.30%, 平均洪峰滞时为 1.3h). 与单一参数 k 为随机的模型相比, 平均洪峰误差及平均确定性系数都相当, 而平均洪峰滞时降低了. 这说明了 Nash 模型的确存在着较强的"异参同效"现象, 且两参数均随机的 Nash 概率预报精度较单一参数 k 为随机的概率预报模型精度在总体上偏高. 与表 7.3 中的结果相比, 表 7.4 中计算洪峰均

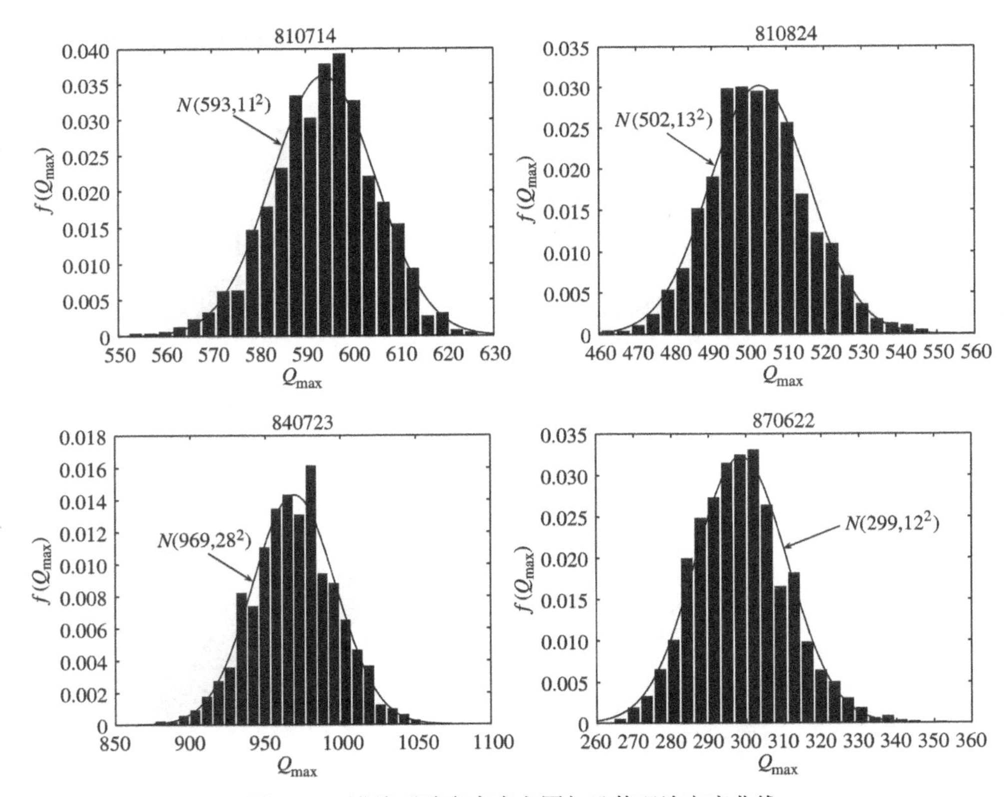

图 7-19 洪峰后验密度直方图与及其理论密度曲线

表 7.4 沿渡河流域 n 和 k 均为随机的 Nash 模型的 BFS 预报成果表

洪号	实测洪峰 /(m^3/s)	计算洪峰均值 /(m^3/s)	相对误差 /%	计算洪峰均方差 /(m^3/s)	洪峰 80% 置信区间	峰现时差 /h	确定性系数
810623	1130	1083.60	−4.11	7	(1036.21, 1097.62)	2	0.96
810714	589	616.35	4.64	18	(602.46, 647.81)	1	0.82
810810	628	618.77	−1.47	10	(600.33, 656.98)	2	0.84
810824	509.4	478.00	−6.16	10	(450.14, 541.87)	0	0.92
820716	1040	916.05	−11.92	17	(887.29, 938.40)	2	0.91
820820	572.5	542.79	−5.19	18	(560.96, 578.93)	1	0.91
820908	661	572.36	−13.41	13	(495.41, 597.26)	2	0.81
830623	1520	1223.16	−19.53	10	(811.93, 909.60)	2	0.91
830721	896	738.88	−17.54	29	(710.71, 800.16)	2	0.88
830822	512	422.33	−17.51	28	(351.33, 412.93)	2	0.96
830906	896.7	897.64	0.10	16	(883.63, 904.73)	1	0.86
830922	407.6	379.17	−6.98	28	(350.55, 403.32)	3	0.83
831004	575.4	566.47	−1.55	18	(555.34, 595.89)	0	0.82
831017	377.9	361.77	−4.27	18	(353.20, 397.73)	0	0.84
840612	632	681.70	7.86	7	(613.98, 717.62)	0	0.90
840703	541.1	502.92	−7.06	5	(464.04, 523.07)	1	0.87
840723	1060	997.71	−5.88	9	(953.59, 1028.86)	1	0.99
840909	355.9	300.85	−15.47	23	(274.48, 314.40)	0	0.85
850424	347.4	359.43	3.46	17	(325.77, 349.75)	0	0.82
850603	235	212.46	−9.59	16	(217.49, 256.05)	−2	0.85
850621	475.8	463.54	−2.58	14	(508.04, 519.26)	0	0.96
860615	482.3	418.74	−13.18	11	(391.37, 446.21)	2	0.98
860714	226.9	187.65	−17.30	26	(179.90, 217.83)	1	0.89
860909	844	750.62	−11.06	18	(759.30, 806.95)	1	0.95
870511	341.1	245.67	−27.98	22	(225.45, 268.64)	1	0.96
870622	316	290.87	−7.95	6	(259.94, 347.84)	2	0.92
870627	366.9	281.80	−23.19	28	(276.70, 319.92)	2	0.85
870719	819	910.99	11.23	25	(873.18, 960.05)	3	0.91
870821	555.8	455.30	−18.08	20	(372.70, 434.64)	2	0.84
870827	671.5	496.30	−26.09	13	(491.28, 529.48)	1	0.93
均值	—	—	10.75	—	—	1.2	0.89

注: "+" 表示滞后 (此处省略), "−" 表示超前

方差和 80%的置信区间均有所增大, 这说明预报的不确定性增大了, 这也正是由于增加了参数 n 的不确定性所致.

图 7-19 绘出了洪号为 810714, 810824, 840723, 870622 四场洪水的洪峰后验密度直方图及其极大似然估计的理论正态密度曲线, 据图看出各洪峰的密度直方图与估计的理论上的正态密度吻合较好. 图 7-20 列出了本书方法求出的这四场洪水的 80%的置信区间与实测洪水的比较, 据图看出每场洪水的实测流量几乎都包括在 80%的置信区间内. 图 7-21 给出了基于 BAM-MCMC 算法的 Nash 模型的 BFS 预报均值过程与实测过程的比较. 由图 7-21 可见, 各场洪水的拟合精度都很高.

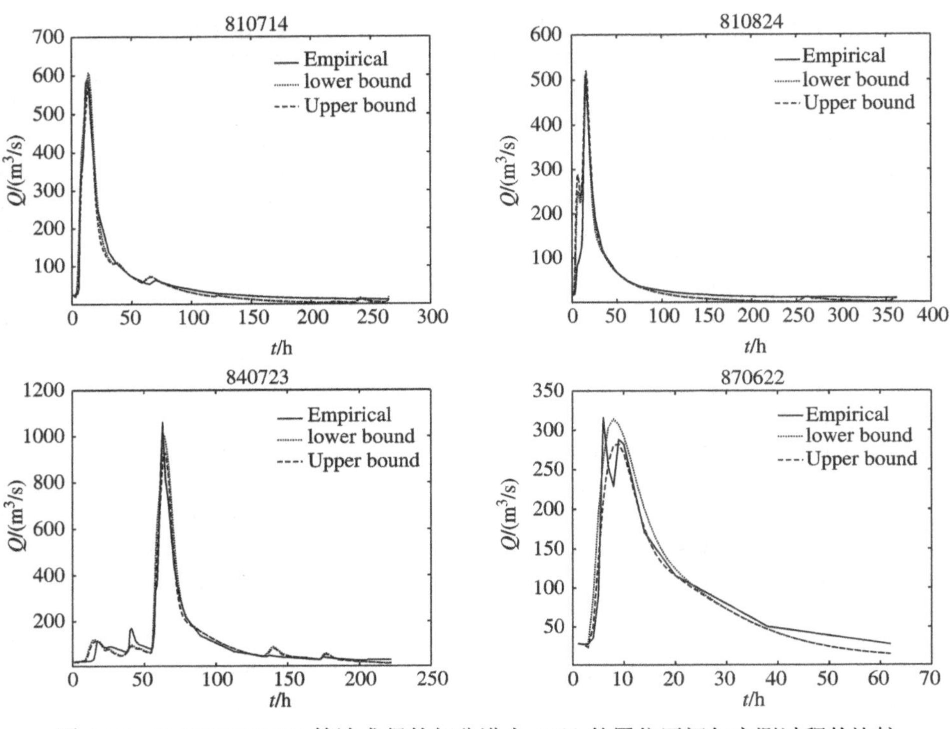

图 7-20　BAM-MCMC 算法求得的部分洪水 80% 的置位区间与实测过程的比较

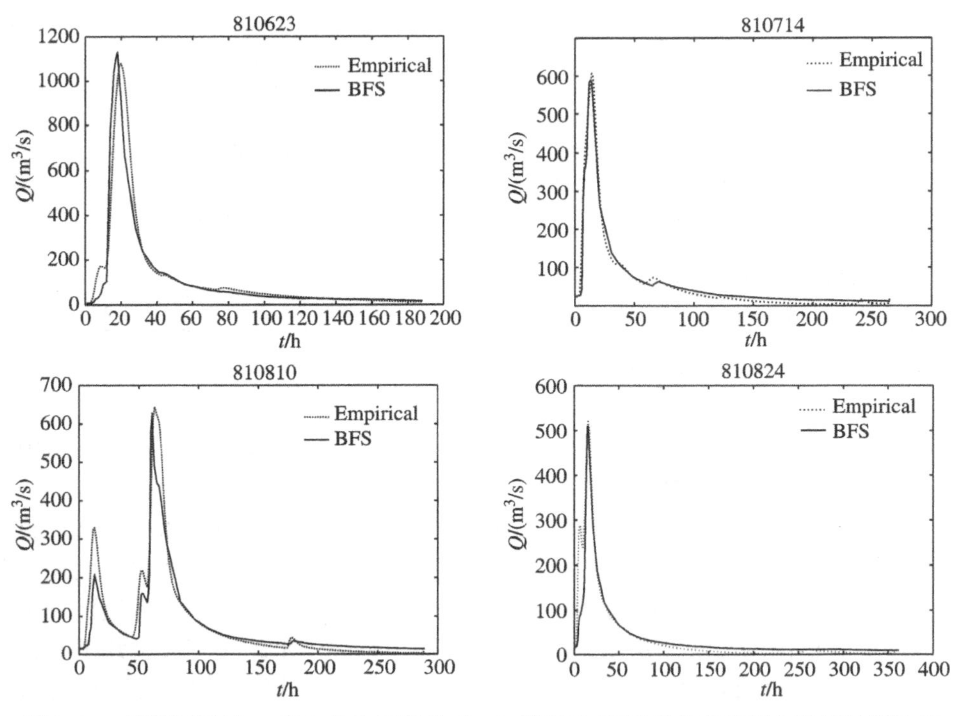

图 7-21　沿渡河流域 n 和 k 均为随机的 Nash 模型的 BFS 的均值预报与实测过程比较

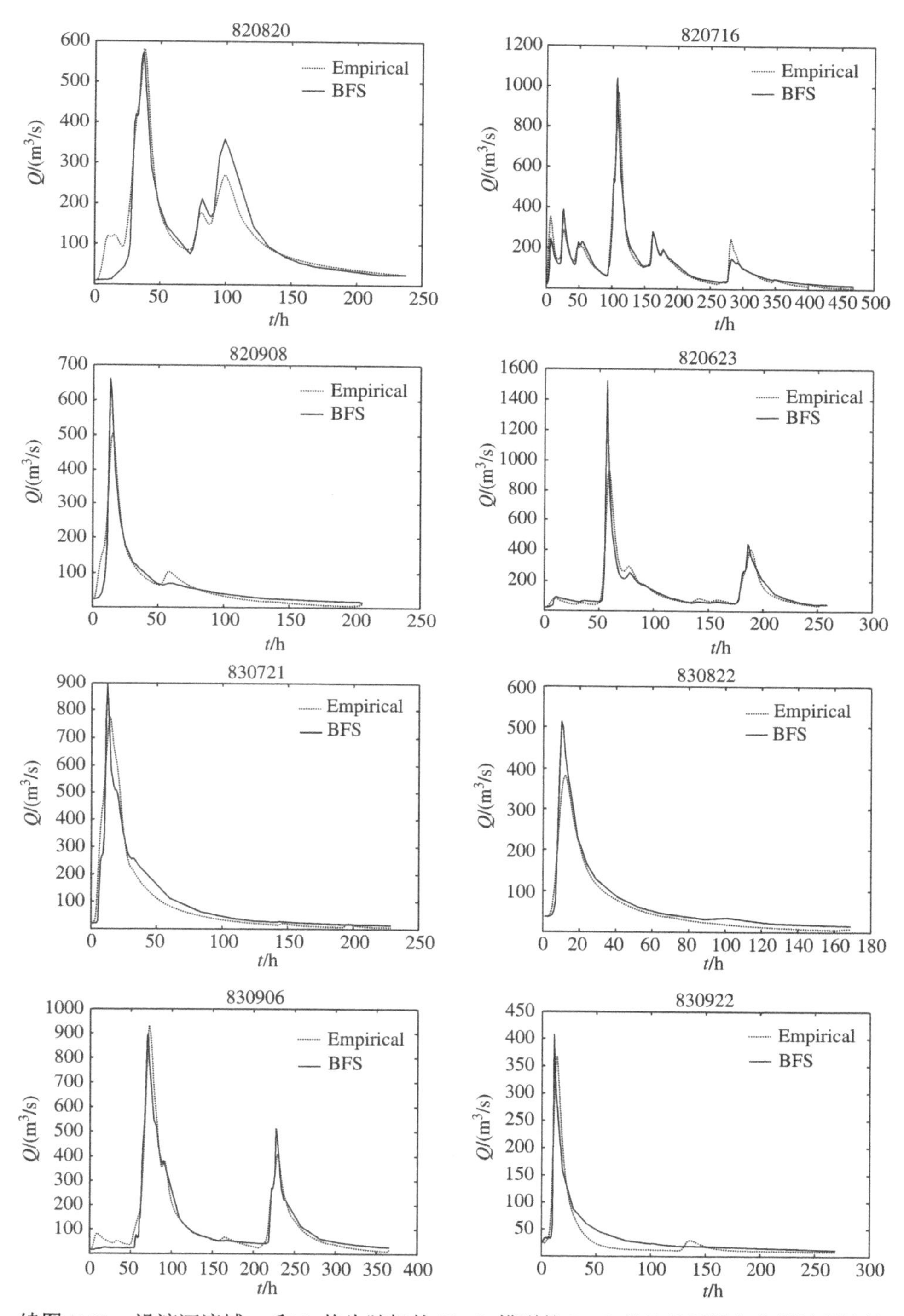

续图 7-21 沿渡河流域 n 和 k 均为随机的 Nash 模型的 BFS 的均值预报与实测过程比较

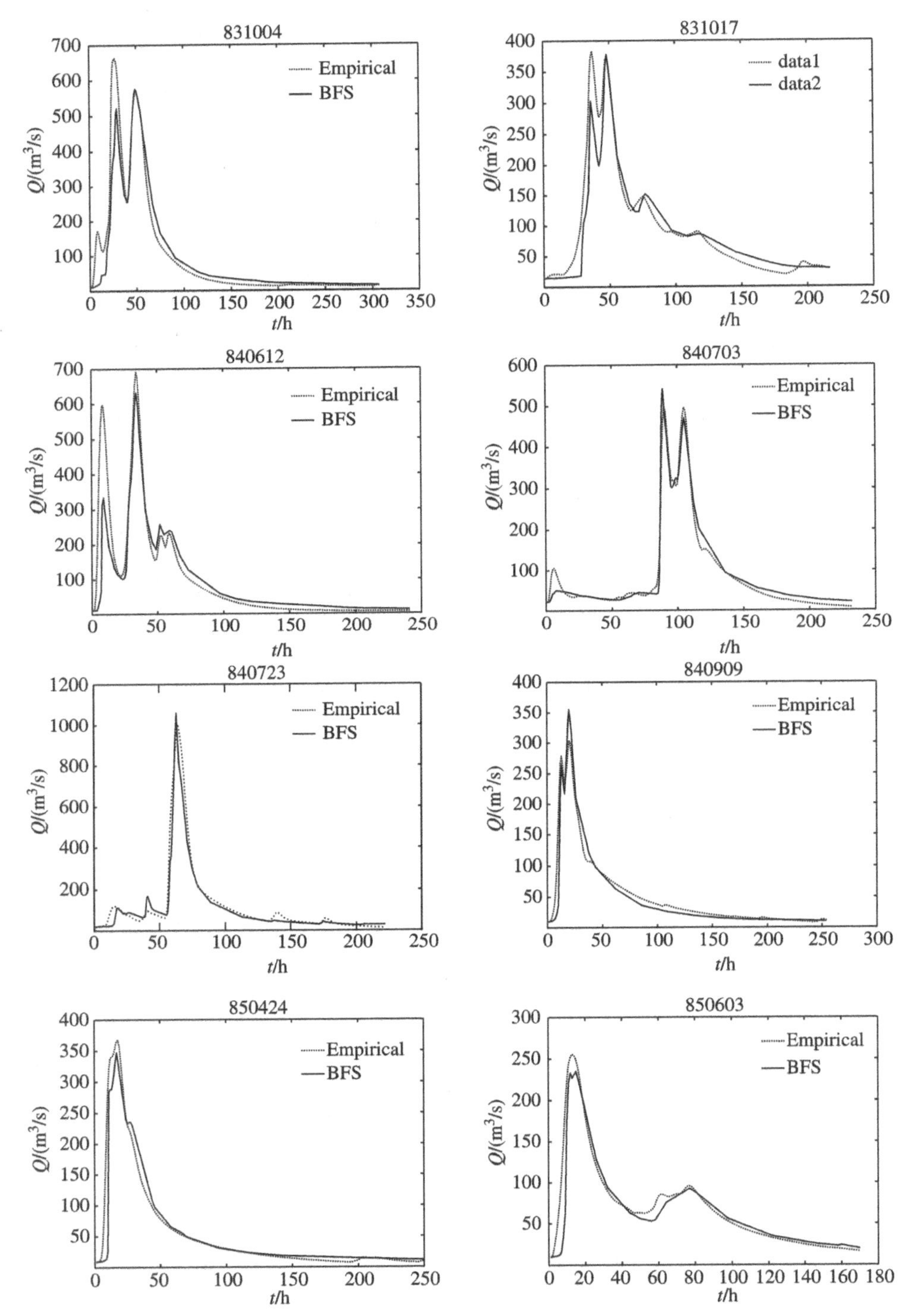

续图 7-21　沿渡河流域 n 和 k 均为随机的 Nash 模型的 BFS 的均值预报与实测过程比较

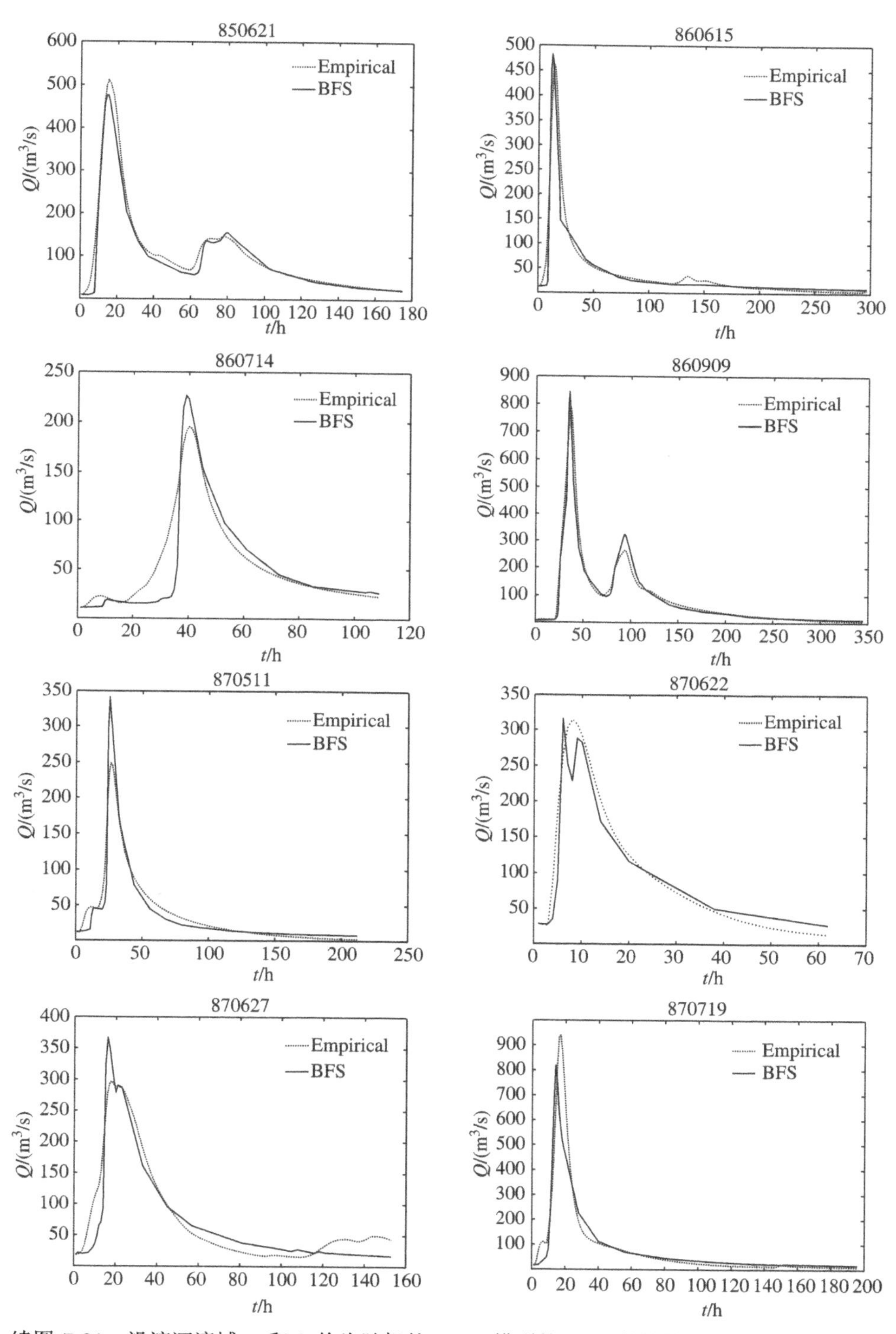

续图 7-21 沿渡河流域 n 和 k 均为随机的 Nash 模型的 BFS 的均值预报与实测过程比较

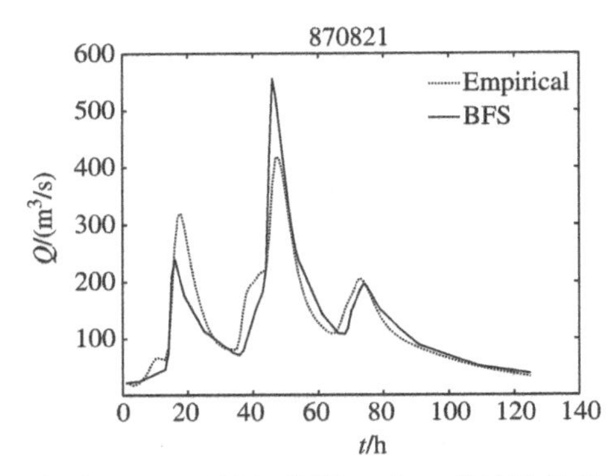

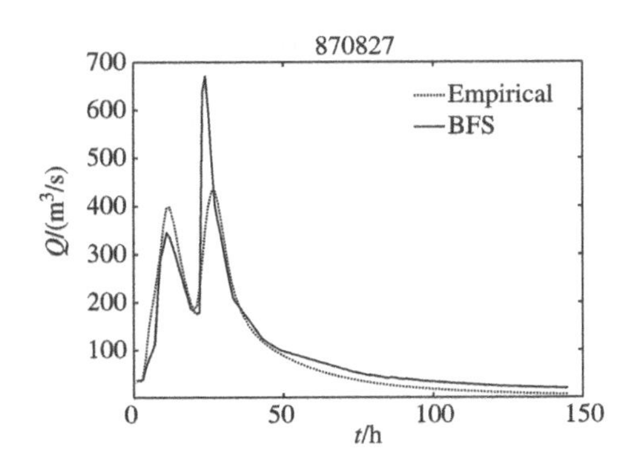

续图 7-21　沿渡河流域 n 和 k 均为随机的 Nash 模型的 BFS 的均值预报与实测过程比较

7.3.2　襄阳 — 皇庄段的概率洪水预报

1. 参数 n 和 k 均为随机的 Nash 模型的 BFS

文献 [2] 以长江中游主要支流汉江襄阳 — 皇庄河段为例, 探讨所建议的基于 AM-MCMC 的 Nash 模型的 BFS 在河道洪水概率预报中的性能, 为了得到对照结果验证本研究的模型预测精度, 本书将改进的 BAM-MCMC 算法其应用于该河段的洪水演算研究. 该河段长 156 km, 平均波速为 1.83m/s. 为了率定 k 的先验分布, 首先根据特征河长的概念确定该河段的 n 值约为 3, 然后选取 1974~1984 年的 8 场洪水率定模型参数 k, 并以此作为 k 的先验信息. 选取计算时段长为 $\Delta t = 1$h.

(1) 参数的率定与精度分析. 将入流过程视为确定性的, 当 $n = 3$ 时, 采用矩法对 Nash 模型参数 k 进行率定, 其结果见表 7.5, 各场次洪水率定后拟合情况如图 7-22 所示.

从表 7.5 中看出, 各场洪水率定后的洪水拟合精度均很高, 且从图 7-22 看出各场洪水的拟合情况都很好, 由表 7.5 得襄阳 — 皇庄河段的 Nash 模型参数 k 值的变化为 3.4~17.4, 均值为 8.8, 方差为 18.18.

表 7.5　襄阳 — 皇庄河段 Nash 模型参数 k 的率定成果与精度分析 (矩法 -优选法)

洪号	实测洪峰/(m^3/s)	计算洪峰/(m^3/s)	洪峰误差/%	峰现时差/h	确定性系数	k 值/h
741001	18900	18760	−7	0	0.966	7.5
790902	3593	3421	−4.8	0	0.760	5.5
800629	10441	10470	2.8	0	0.836	11.2
810820	12620	11760	6.8	0	0.974	6.7
810901	10990	10990	−0.3	0	0.798	17.4
830730	12274	11120	−9.4	0	0.866	8.9
840621	10112	9304	−8	0	0.821	9.8
840908	12501	12850	2.8	0	0.981	3.4
均值	—	—	4.5	0	0.880	8.8

注: “+” 表示滞后 (此处省略), “−” 表示超前

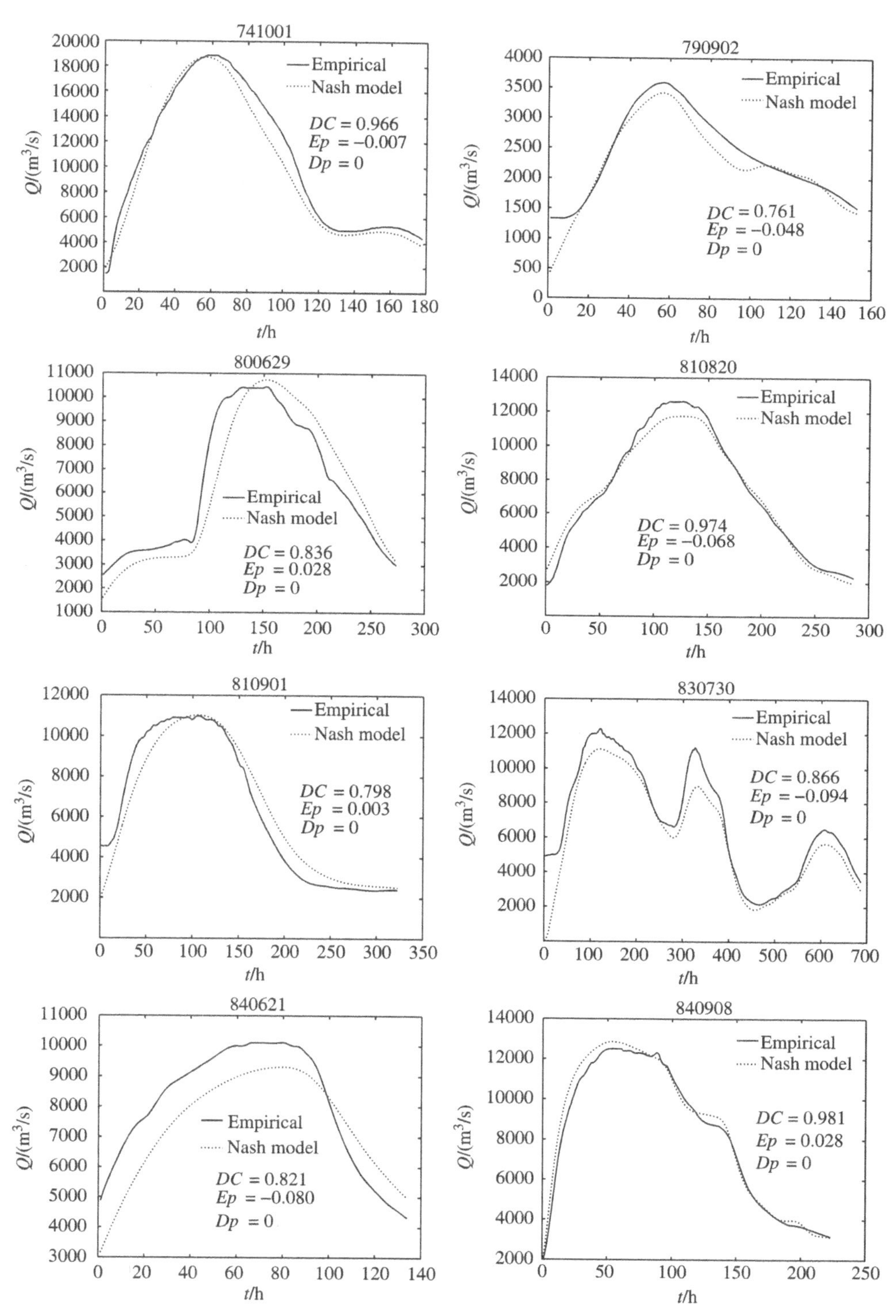

图 7-22 襄阳 — 皇庄河段 Nash 模型参数 k 率定时的模拟与实测过程比较

(2) 先验密度的确定. 假设模型参数 n, k 均服从正态分布, 且 n 的均值为 3, 取方差为 n 值的 30%, 约为 1, 则两参数 n, k 的先验分布分别为 $k - N(8.7, 18.18^2)$ 与 $n - N(3, 1^2)$.

(3) 似然函数的确定. 因本例的数据也属于具有多拟合优度的观测样本, 故仍采用式 (7-3) 作为似然函数.

(4) 参数后验密度的研究. 采用本书提出的 BAM-MCMC 来研究本例中 Nash 模型参数 n, k 的不确定性.

BAM-MCMC 算法运算初始条件设为, 初始化阶段 i_0=2000, 每次采样 10000 组 (n, k), 算法并行运行 5 次, 每次初始迭代次数为 2000, 这样随机抽取共 40000 组样本.

BAM-MCMC 算法运行结束后, 抽样过程的比例缩小得分 $R^{1/2}$ 的迭代迹线如图 7-23 所示. 从图 7-24 中可见, 在取样次数达到 2000 以后, $R^{1/2} < 1.2$ 且平稳地接近于 1, 说明 BAM-CMCMC 算法已收敛. 采样过程中后验均值与后验方差演化过程如图 7-24、图 7-25 所示, 由图 7-26、图 7-27 可见采样第 2000 次以后的后验均值、后验方差都趋于平稳, 说明所取样本的统计特性已收敛到了总体. 本算法所求得的参数 k 的后验均值为 9.1, 后验方差为 7.1; n 的后验均值为 2.6, 后验方差为 0.6. 故两参数的后验边缘密度分别为 $k - N(9.1, 7.1^2)$, $n - N(2.6, 0.6^2)$, 如图 7-26、图 7-27 所示. 通过 Kolmogorov-Smirnov 假设检验算法在显著性水平为 0.05 时接受后验分布为正态分布的原假设. 图 7-28 为两参数的联合概率密度, 从图 7-28 可见两参数联合密度只有一个极值. 图 7-29 为参数 k 和 n 的散点图, 由图可见, 两参数间存在较强的相关性, 这从 n 和 k 的物理意义也不难解释, k 是一个具有时间因次的水库蓄泄系数, n 是线性水库的个数或对入流的调节次数; nk 则是河段的洪水波传播时间, 当 nk 不变时, n 越大则 k 越小, 反之, nk 不变, k 越大则 n 越小. 由此可见, n 与 k 有较强的相关性.

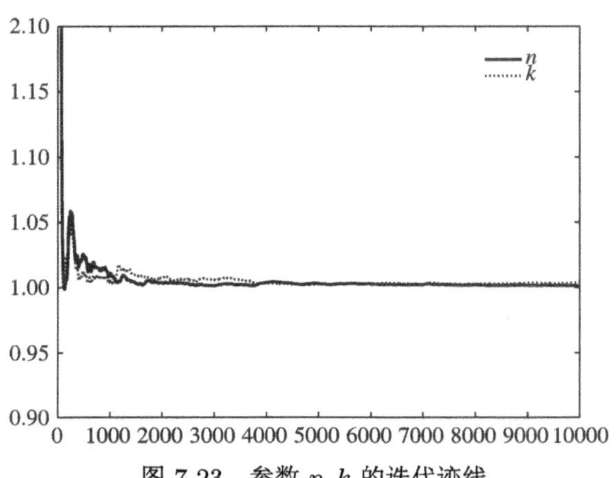

图 7-23　参数 n, k 的迭代迹线

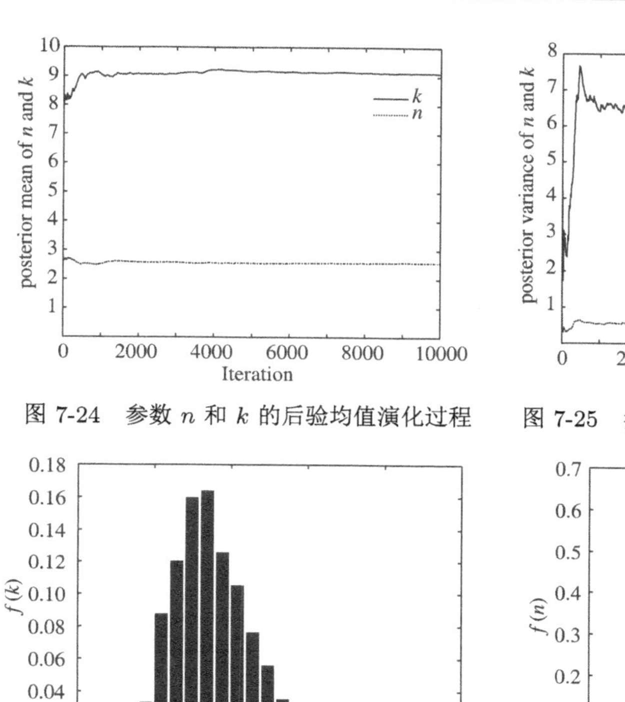

图 7-24 参数 n 和 k 的后验均值演化过程

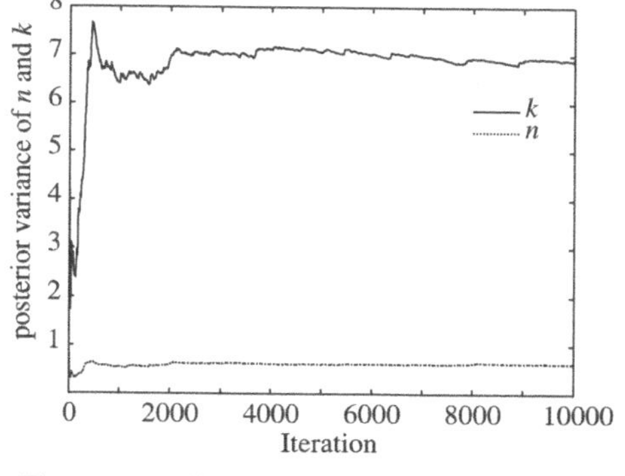

图 7-25 参数 n 和 k 的后验方差演化过程

图 7-26 参数 k 的后验密度直方图

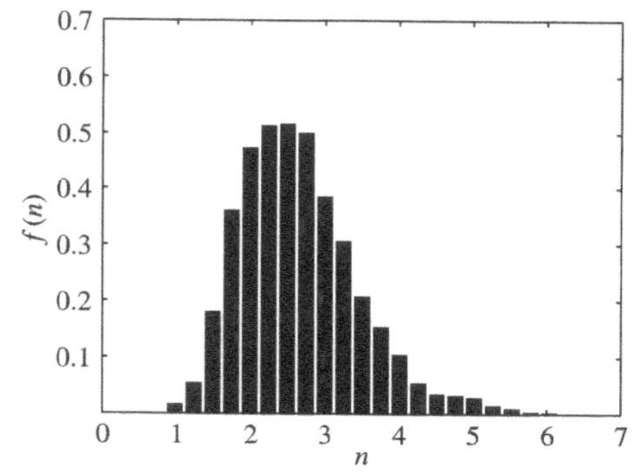

图 7-27 参数 n 的后验密度直方图

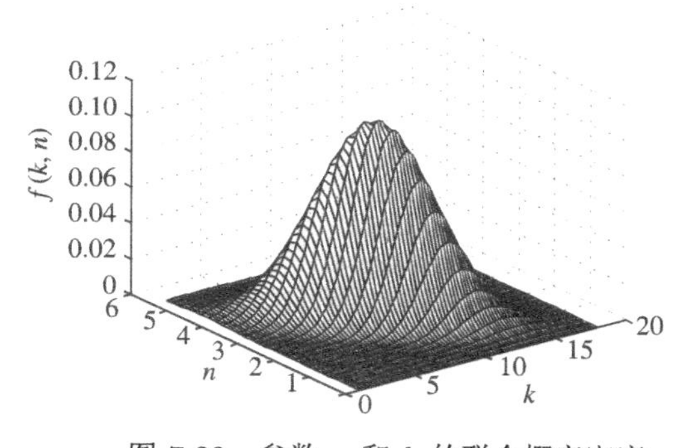

图 7-28 参数 n 和 k 的联合概率密度

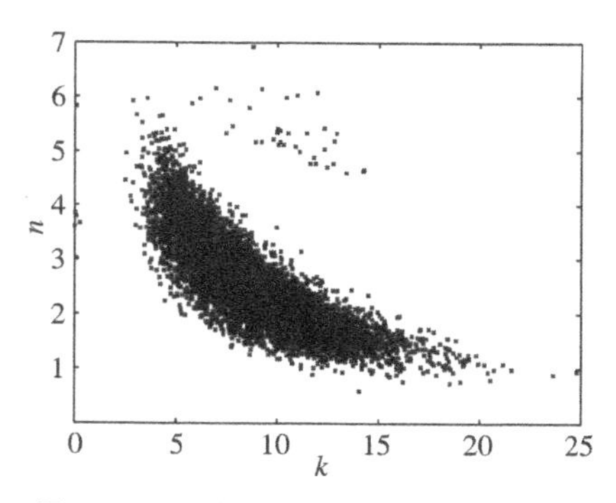

图 7-29 参数 n 和 k 的散点图

(5) 洪水的概率预报及精度分析. 为实现概率洪水预报, 并避免模型参数的“异参同效”的影响, 故不采用上述参数 n,k 的边缘后验密度进行概率预报, 而是从 BAM-MCMC 算法收敛后的 40000 组参数样本中随机抽取 10000 组分别进行 Nash 模型洪水预报, 得到各场洪水的每一个时刻预报流量的 10000 个样本, 根据这组流量样本就可以得到该时刻流量的均值预报和方差和概率密度, 进而实现概率预报. 表 7.6 给出了襄阳 — 皇庄河段 10 场洪水的验证期计算结果、精度分析和计算洪峰 80%的置信区间, 图 7-30 显示了验证期各场洪水概率均值预报过程与实测过程的比较. 由此可见, 各场洪水的概率预报过程与实测过程拟合很好, 预报精度都较高且给出了各计算洪峰的均方差及其 80%的置信区间, 为防洪决策提供了有效依据, 使预报与决策有机地结合.

表 7.6　襄阳 — 皇庄河段 n 和 k 均为随机的 Nash 模型的 BFS 验证期计算成果表

洪号	实测洪峰 /(m³/s)	计算洪峰 /(m³/s)	洪峰误差 /%	计算洪峰均方差	80%洪峰置信区间	峰现时差 /h	确定性系数
741001	18900	18685.93	−1.13	86	(18172, 18992)	−2	0.962
790902	3593	3288.74	−8.47	222	(3256, 3767)	2	0.731
800629	10441	11025.85	5.60	14	(10370, 11168)	−3	0.936
810820	12620	11707.41	−7.23	57	(11767, 11230)	4	0.943
810901	10990	11474.49	4.41	259	(10422, 11238)	−8	0.930
830730	12274	12452.13	1.45	122	(12404, 12630)	−6	0.963
840621	10112	9366.56	−7.37	215	(9911, 10436)	−8	0.972
840908	12501	12546.11	0.36	26	(12404, 12832)	13	0.932
750918	20409	21603.06	5.85	16	(20332, 21823)	1	0.913
820727	10620	11270.20	6.12	172	(10423, 11436)	−4	0.943
均值	—	—	4.80	—	—	6.3	0.92

注: "+" 表示滞后 (此处省略), "−" 表示超前

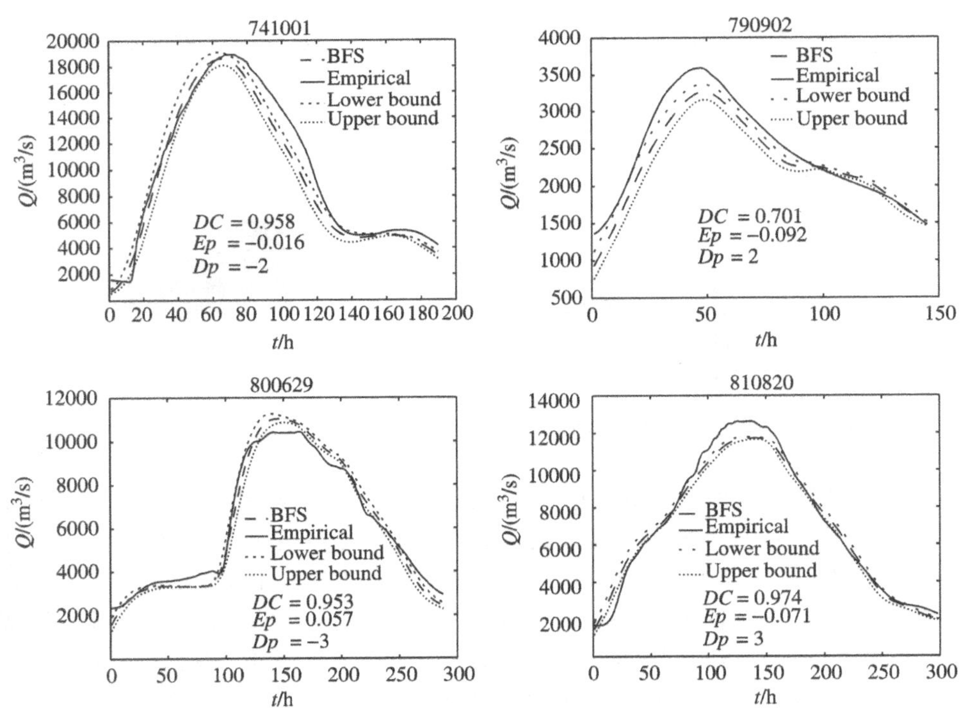

图 7-30　襄阳 — 皇庄河段 n 和 k 均随机的 Nash 模型的 BFS 验证期计算与实测洪水比较

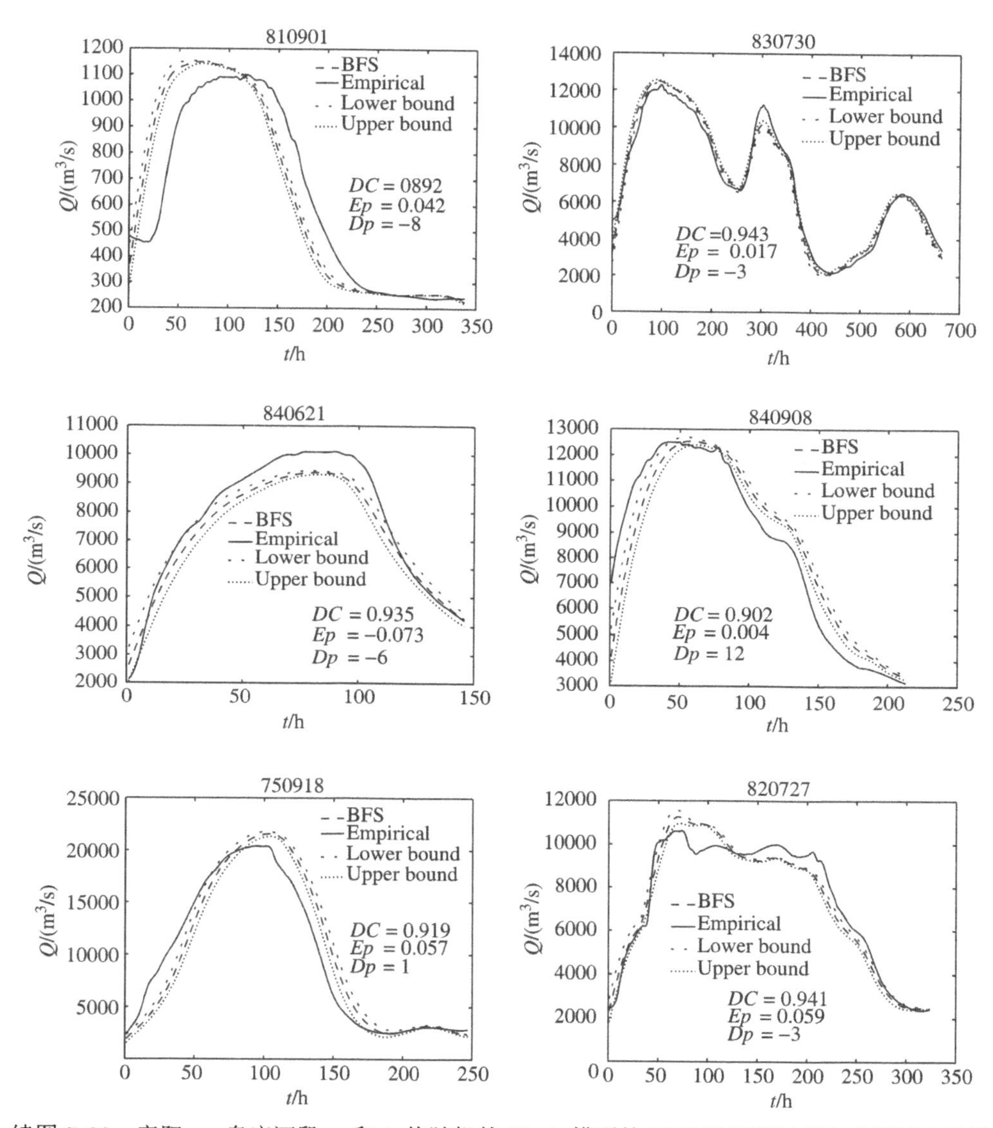

续图 7-30 襄阳 — 皇庄河段 n 和 k 均随机的 Nash 模型的 BFS 验证期计算与实测洪水比较

由表 7.6 可见, 用来验证的洪水采用本书建议的概率预报模型进行预报时, 洪峰误差与确定性系数的精度均与率定期的拟合过程相当, 只是峰现滞时明显增大, 这正说明了 Nash 模型参数的不确定性影响十分显著, 且直接影响峰现时间. 因为在率定参数 k 时的前提是 n 值保持不变, 优化算法总能找到一个拟合度最优的 k 值, 当两个参数同时不确定时, 必然增加了模型预报的不确定性. 实测的峰值是一个偶然事件, 只是洪峰概率密度上的一个以一定概率发生的事件, 具有一定的发生概率, 故表 7.6 的洪水中, 有一部分洪峰实测值不在概率预报的 80%的置信区间内, 其原因源于此.

2. 输入为随机的 Nash 模型的 BFS

仍以河道洪水演算作为研究对象. 令 Nash 模型的输入降雨为随机的, 而其参数为确定性的, 以探讨研究输入不确定性对河道洪水演算的影响.

(1) 输入不确定性的处理. 在河道洪水演算中应用 Nash 模型, 其输入为上断面的流量, 主要的输入不确定性来自测验误差. 本节在考虑输入不确定性时, 暂假设以实测流量值为均值, 以其 10%作为均方差. 并设每一时刻的流量服从以实测值为均值、以均值的 10%为均方差的正态分布.

(2) 参数的率定. Nash 模型的两参数值取用参数 n 和 k 均为随机的 Nash 模型的 BFS 中的 (3) 求得的后验均值, 即 k=9.1, n=2.6.

(3) 贝叶斯概率水文预报. 对于一场洪水, 在其每一时刻的流量 h_i 都分别附上 10000 个服从 $N(0,\ 0.1\times h_i)$ 的随机扰动, 这样每场洪水的输入便由原来的一个序列变成为带有白噪声的 10000 个随机序列, 将每一个随机序列分别输入到 Nash 模型中, 采用上面中的参数值进行洪水演算, 最后将得出 10000 个输出序列. 以每一时刻的 10000 个流量 $\{h_i^1, h_i^2, \cdots, h_i^{10000}\}$ 为统计样本, 便可求出该时刻的流量 (包括洪峰流量) 均值及均方差, 进而求出其概率密度. 这样就实现了输入为随机的洪水概率预报的目的.

表 7.7 列出襄阳 — 皇庄河段的概率预报结果与精度分析. 与表 6.5 的计算结果相比, 表 7.7 中各场洪水的计算洪峰量均偏小, 而洪峰的均方差和 80%的置信区间均偏大, 确定性系数相当. 总的来说, 输入为随机的 Nash 模型的 BFS 预报精度与参数随机的 Nash 模型的 BFS 的预报精度相当, 而输入不确定性对预报的影响大于参数不确定性对预报的影响. 图 7-31 显示了各场洪水的概率预报均值过程与实测过程的拟合情况, 各场洪水拟合情况都令人满意.

表 7.7 襄阳 — 皇庄河段输入为随机的 Nash 模型的 BFS 计算成果与精度分析

洪号	实测洪峰 /(m³/s)	计算洪峰 /(m³/s)	洪峰误差 /%	计算洪峰均方差	80%洪峰置信区间	峰现时差 /h	确定性系数
741001	18900	18682.52	−2.37	231	(18321, 18762)	1	0.973
790902	3593	3179.40	−10.19	53	(3142, 3312)	4	0.726
800629	10441	11031.94	5.41	132	(10393, 11001)	−14	0.926
810820	12620	11731.62	−7.20	120	(11321, 12932)	6	0.986
810901	10990	11492.76	4.45	113	(10856, 11732)	−8	0.923
830730	12274	12390.39	1.59	103	(12027, 11356)	−4	0.976
840621	10112	9361.82	−7.41	89	(9979, 10223)	−5	0.911
840908	12501	12588.95	5.60	136	(12278, 12786)	16	0.862
750918	20409	21484.42	5.47	112	(20097, 21003	4	0.920
820727	10620	11173.64	5.08	83	(10562, 11640)	−1	0.962
均值	—	—	4.5	—	—	6.3	0.920

注: “+” 表示滞后, “−” 表示超前

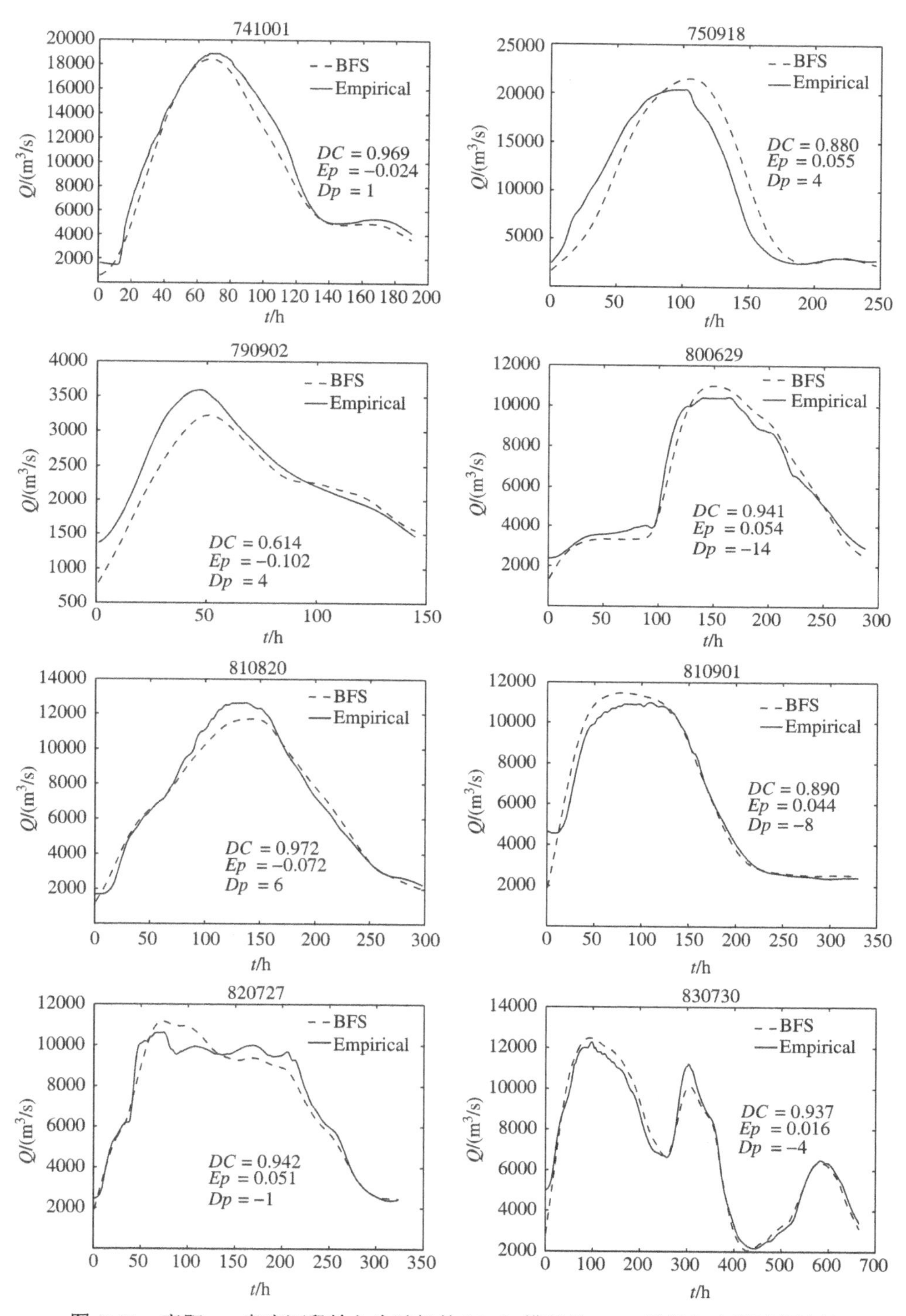

图 7-31 襄阳 — 皇庄河段输入为随机的 Nash 模型的 BFS 计算与实测过程比较

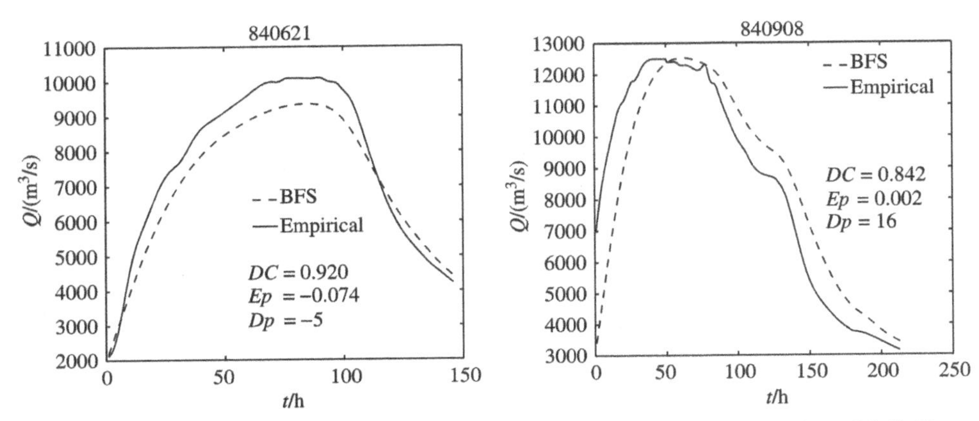

续图 7-31 襄阳 — 皇庄河段输入为随机的 Nash 模型的 BFS 计算与实测过程比较

3. 输入与两参数均为随机的 Nash 模型的 BFS

在水文模型应用中, 因输入不确定性与参数不确定性是同时存在、共同作用于模型的输出的, 故应该同时考虑输入不确定性与参数不确定性, 以期获得更加符合实际的水文预报量不确定度.

仍以长江中游汉江襄阳 — 皇庄河段的洪水演算为研究对象, 来探讨输入与参数均为随机的 Nash 模型的 BFS 的性能.

(1) 输入不确定性的处理. 输入不确定性处理的方法与输入为随机的 Nash 模型的 BFS 相同, 输入样本的确定也与其相同.

(2) 参数不确定性处理. 这里两个参数 n 和 k 均视为随机, 且都服从正态分布. 参数 k 的率定过程及参数 n, k 的先验分布均与参数 n 和 k 均为随机的 Nash 模型的 BFS 中的 (1) 相同, 故 BAM-MCMC 所得样本与其 (3) 相同, 所求得两参数的后验密度自然也与 (3) 相同.

(3) 贝叶斯概率洪水预报. 在进行概率预报时所用参数组合是从参数 n 和 k 均为随机的 Nash 模型的 BFS 中的 (3)BAM-MCMC 算法收敛后 40000 个样本组中随机选取 10000 组, 在模型计算时, 随机选取第 $i(i=1,2,\cdots,10000)$ 个输入序列与第 i 个参数组合输入到 Nash 模型中运算, 这样会得到该场洪水的 10000 输出序列, 基于这 10000 个输出序列可求得均值预报过程与指定概率的置信区间及计算洪峰的均方差等概率洪水预报指标.

表 7.8 给出了襄阳一皇庄段 10 场洪水的输入与参数均为随机的 Nash 模型概率预报结果与精度分析. 与表 7.6 和表 7.7 相比, 表 7.8 中各场洪水的计算洪峰值相差无几, 但洪峰均方差和 80%的置信区间明显增大, 这说明同时考虑输入不确定性与参数不确定性增加了预报的不确定性, 更全面地考虑了水文预报输出的不确定度, 为防洪决策、降低风险提供了有价值的不确定度.

图 7-32 给出了各场洪水的概率预报过程与实测过程的拟合情况, 同时还给出了概率为 80%的置信区间, 图中显示各场洪水的拟合精度都比较高.

表 7.8 襄阳—皇庄河段输入与参数均为随机的 Nash 模型 BFS 计算结果与精度分析

洪号	实测洪峰 /(m³/s)	计算洪峰 /(m³/s)	洪峰误差 /%	计算洪峰均方差	80%洪峰置信区间	峰现时差 /h	确定性系数
741001	18900	18602	−1.57	518	(18036, 19421)	−2	0.977
790902	3593	3284	−8.59	76	(3335, 3633)	2	0.721
800629	10441	11082	6.13	235	(10239, 19273)	−16	0.961
810820	12620	11621	−7.92	200	(11433, 12031)	4	0.973
810901	10990	11479	4.45	199	(10877, 11562)	−6	0.902
830730	12274	12425	1.23	212	(11336, 12632)	−6	0.944
840621	10112	9387	−7.17	153	(9979, 10001)	−8	0.973
840908	12501	12463	−0.30	253	(12033, 12621)	14	0.931
750918	20409	21555	5.62	404	(21003, 21093)	1	0.933
820727	10620	11313	6.52	287	(10563, 11735)	−4	0.953
均值	—	—	4.74	—	—	7.25	0.93

注: “+” 表示滞后 (此处省略), “−” 表示超前

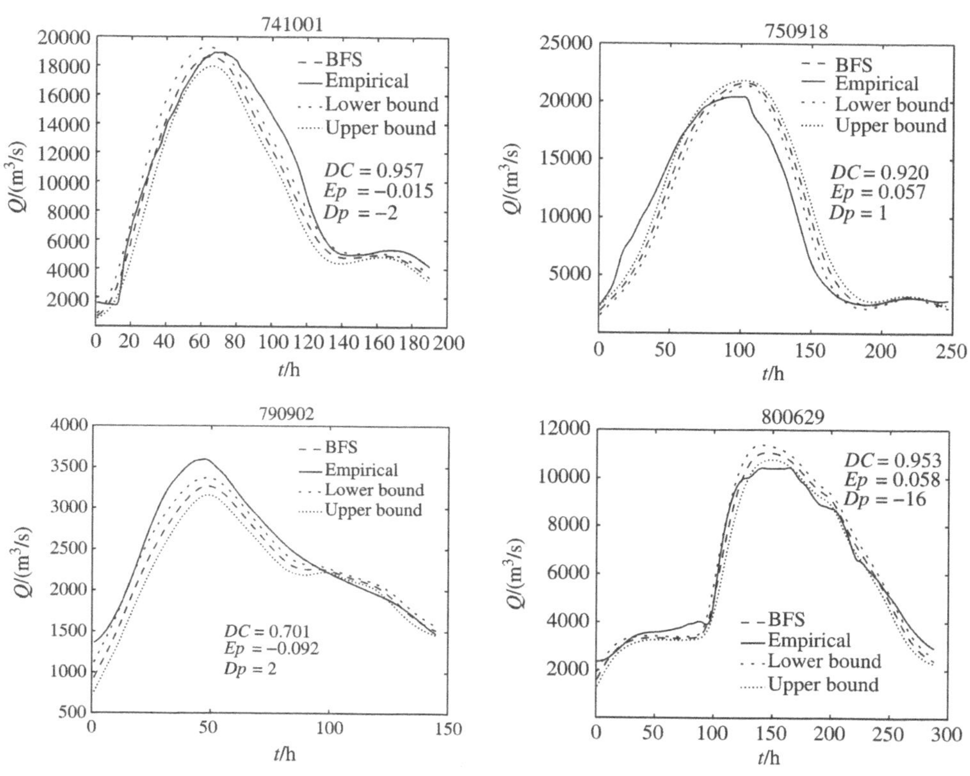

图 7-32 襄阳 — 皇庄河段输入与参数均为随机的 Nash 模型的 BFS 计算与实测过程比较

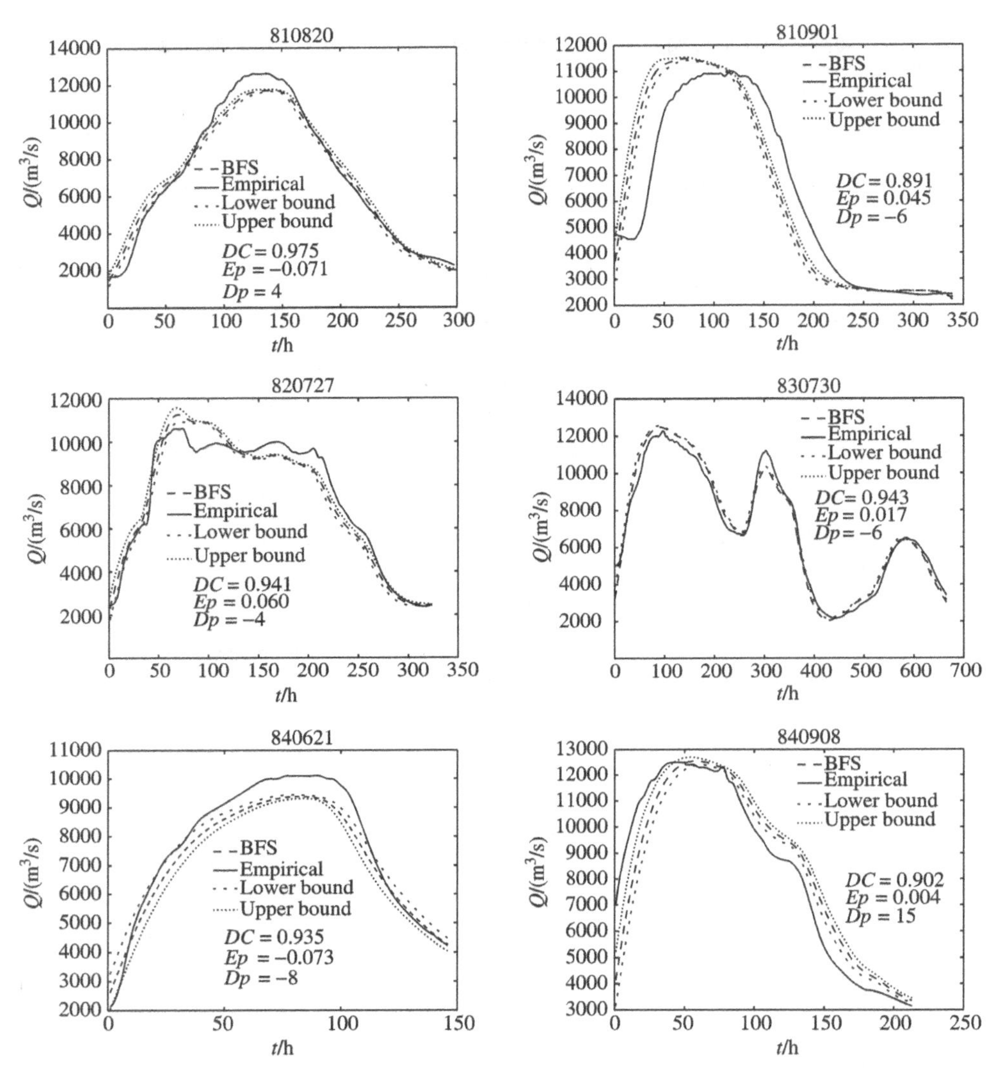

续图 7-32　襄阳 — 皇庄河段输入与参数均为随机的 Nash 模型的 BFS 计算与实测过程比较

7.3.3　挠力河流域概率洪水预报的研究

1. 参数 k 为随机的 Nash 模型的概率洪水预报

1) 参数 k 的率定

根据霍顿地貌定律确定 Nash 模型参数 n=3.5, 选用挠力河流域 1969~1985 年的 13 场洪水的降雨径流资料来率定 Nash 模型参数 k 值. 为保证计算精度, 取计算时段长 Δt=1h. 参数率定方法同样采用矩法 - 优选法, 率定结果见表 7.9, 相应洪水拟合过程线如图 7-33 所示. 由图 7-33 可见, 洪峰流量的拟合误差全部在 20%以内, 其中 10%以内的占样本总体的 77%, 峰现时差在 2 个时段以内的占 100%, 过程线拟合的确定性系数全部都大于 80%. 从图 7-33 可看出, 各场洪水拟合过程线令人满意. 故数据 k 是完全可用的.

表 7.9 挠力河流域 Nash 模型参数 k 的率定成果与精度分析表

洪号	实测洪峰/(m^3/s)	计算洪峰/(m^3/s)	相对误差/(%)	峰现时差/h	确定性系数	参数 k/h
690724	23.10	24.60	6	−1	0.92	11.59
710605	42.23	44.83	4	1	0.98	10.82
720809	46.62	49.83	8	0	0.99	11.70
720928	81.1	88.73	10	−1	0.97	14.37
730816	40.32	41.85	10	0	0.99	17.29
730910	664.99	654.99	10	1	0.86	9.80
740601	24.86	27.02	11	0	0.99	17.56
740809	57.70	56.3	4	2	0.99	25.13
740902	293.64	310.64	7	1	0.98	15.95
800911	29.99	34.22	17	1	0.98	20.68
820808	18.87	17.97	8	0	0.95	23.36
820828	19.8	22.9	16	0	0.86	18.77
850801	62.05	62.67	1	1	0.96	10.21
均值	—	—	8.6	0.39	0.96	15.94

注: "+" 表示滞后 (此处省略), "−" 表示超前

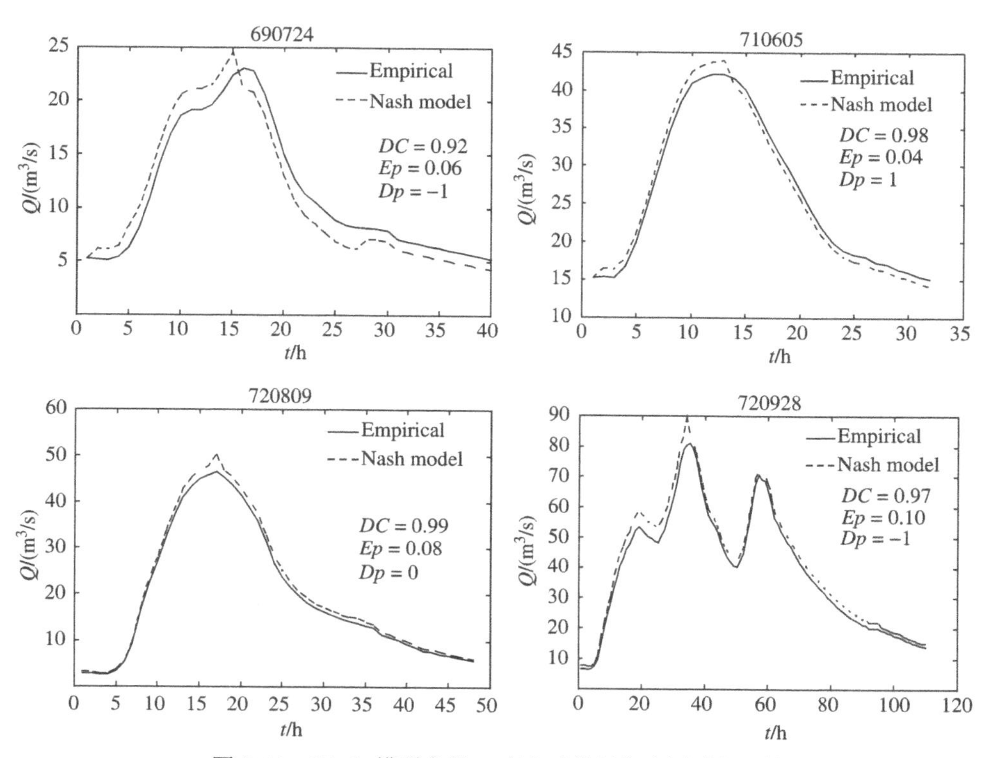

图 7-33 Nash 模型参数 k 率定时模拟与实测过程比较

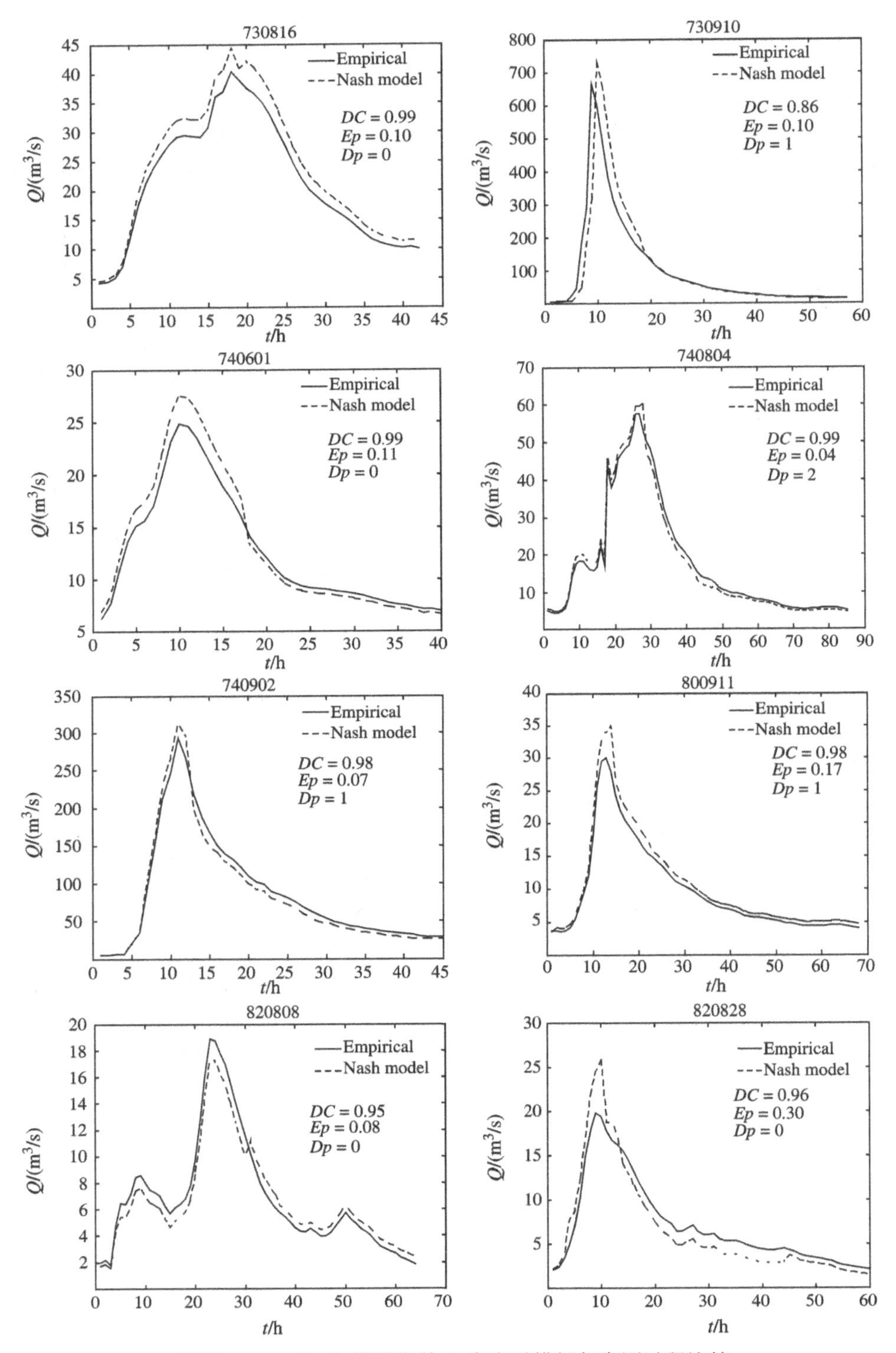

续图 7-33　Nash 模型参数 k 率定时模拟与实测过程比较

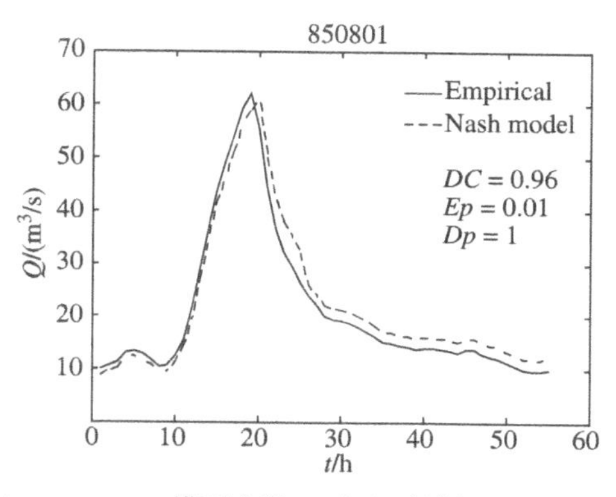

续图 7-33 Nash 模型参数 k 率定时模拟与实测过程比较

2) 先验分布的确定

表 7.9 中 k 取值为 9.0~26.0, 其均值为 15.94, 方差为 5.087^2, 并假定其服从正态分布, 经过非线性正态拟合概率密度为 $k-N(15.94, 5.087^2)$.

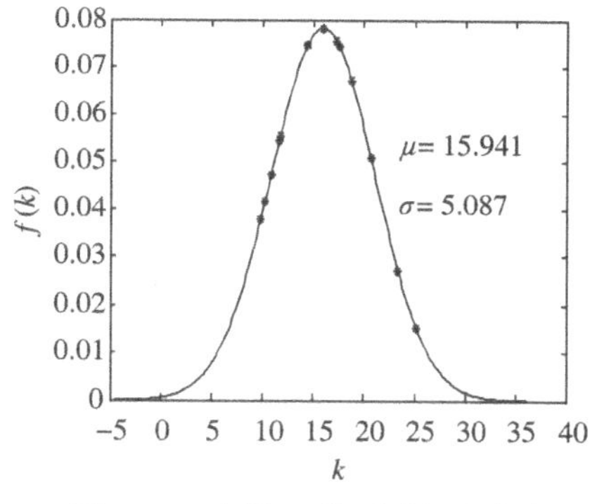

图 7-34 参数 k 的后验概率密度

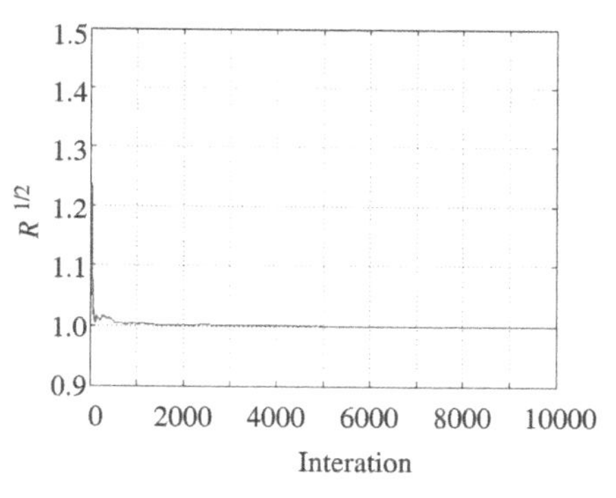

图 7-35 比例缩小得分的演化过程

3) 似然函数的确定

本例同时采用了 13 场洪水资料, 即有 13 个拟合优度.

BAM-MCMC 算法运算初始条件设为: 初始化阶段 i_0=2000, 每次采样 10000 个, 算法并行运行 5 次, 每次初始迭代次数为 2000, 这样共随机抽取 40000 个样本.

BAM-MCMC 算法运行结束后, 比例缩小得分 $R^{1/2}$ 的演化迹线如图 7-35 所示, 从图中看出第 2000 次迭代以后 $R^{1/2}$ 的值已小于 1.02 且平稳地趋近于 1, 说明多系列抽样已经收敛.

结果分析: 经统计分析得出参数 k 的后验均值为 19.328, 后验方差为 8.730. 样本的采样过程如图 7-36 所示. 图中显示出采样过程已经遍历了 k 整个取值空间. k 的后验密度直方图如图 7-37 所示, 由图可见后验密度仍近似为对数正态分布, 通过 Kolmogorov-Smirnov 假设检验算在显著性水平为 0.05 时接受原假设, 即 k 的

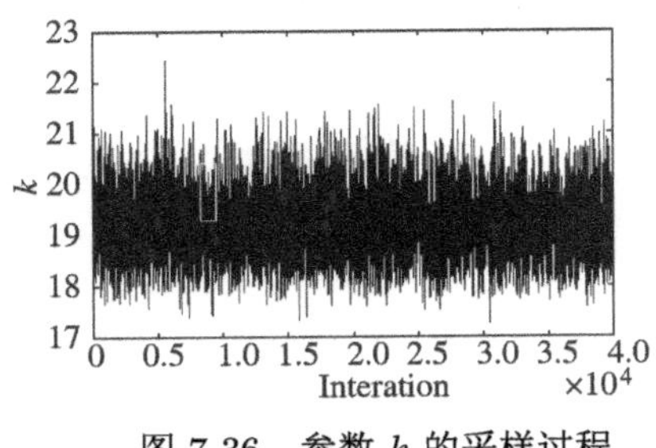

图 7-36　参数 k 的采样过程

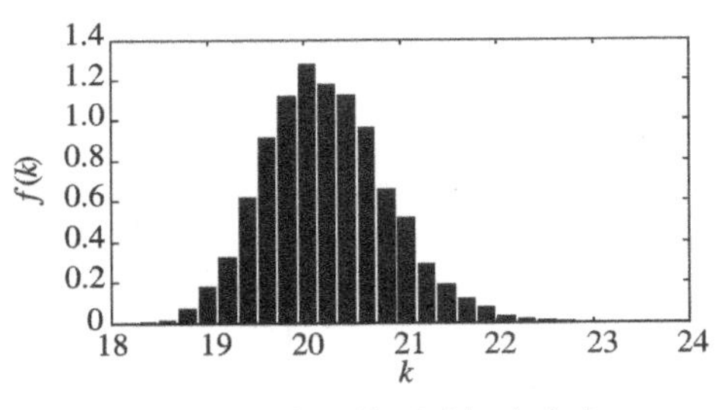

图 7-37　参数 k 的后验概率密度

后验样本符合对数正态分布的假设成立. 通过对数正态拟合技术得其后验密度为 k–LN(19.328, 8.730^2).

本书随机从 BAM-AM-MCMC 算法得到满意输出样本中选取 10000 个 k 值作为样本, 对于挠力河流域的 6 场洪水进行模拟, 这样对于各场洪水的每一时刻的流量会得到 10000 个不同模拟值, 以这 10000 模拟值为样本来研究各场洪水每一时刻预报的不确定性. 最后, 本书的概率预报模型不但可以得到每一时刻洪水流量的均值预报, 而且还可以得到每场洪水各时刻流量的均值预报的方差, 进而给出每场洪水的均值预报过程和指定概率的置信区间过程, 尤其是可以给出洪峰流量及其指定概率的置信区间, 实现了洪水的概率预报.

表 7.10 列出了各场洪水洪峰的均值预报、洪峰均方差及洪峰 80%的置信区间和各场洪水的洪峰均值预报与实测的误差、峰现时差、确定性系数. 13 场洪水预报的平均洪峰误差为 10.8%, 洪峰平均滞时为 1.3h, 符合洪水预报精度的要求. 图 7-38 给出了各场洪水均值预报过程与实测过程的拟合情况, 从图中可见, 各场洪水的拟合情况令人满意.

表 7.10　挠力河流域 k 为随机的 Nash 模型的 BFS 预报成果表

洪号	实测洪峰 /(m^3/s)	计算洪峰均值 /(m^3/s)	相对误差 /%	计算洪峰均方差 /(m^3/s)	洪峰 80%的置信区间	峰现时差 /h	确定性系数
690724	23.10	24.60	6.49	20	(20.36, 27.60)	−3	0.93
710605	42.23	45.33	7.34	29	(35.36, 45.42)	2	0.98
720809	46.62	50.33	7.96	5	(43.80, 51.85)	1	0.99
720928	81.1	89.63	10.52	13	(81.38, 91.90)	−3	0.98
730816	40.32	44.35	10.00	19	(35.89, 53.88)	0	0.98
730910	664.99	731.49	10.00	1	(642.48, 734.90)	1	0.99
740601	24.86	27.59	10.98	25	(19.37, 37.58)	3	0.97
740809	57.70	60.30	4.51	9	(52.65, 63.05)	1	0.97
740902	293.64	313.64	6.81	4	(305.06, 314.21)	0	0.98
800911	29.99	35.02	16.77	23	(30.28, 43.42)	1	0.98
820808	18.87	17.37	−7.95	7	(8.67, 21.76)	0	0.97
820828	19.80	25.90	30.81	8	(17.08, 34.21)	1	0.94
850801	62.05	61.47	−0.93	20	(59.24, 66.13)	1	0.98
均值	—	—	10.08	14.10	—	1.3	0.97

注: “+” 表示滞后 (此处省略), “−” 表示超前

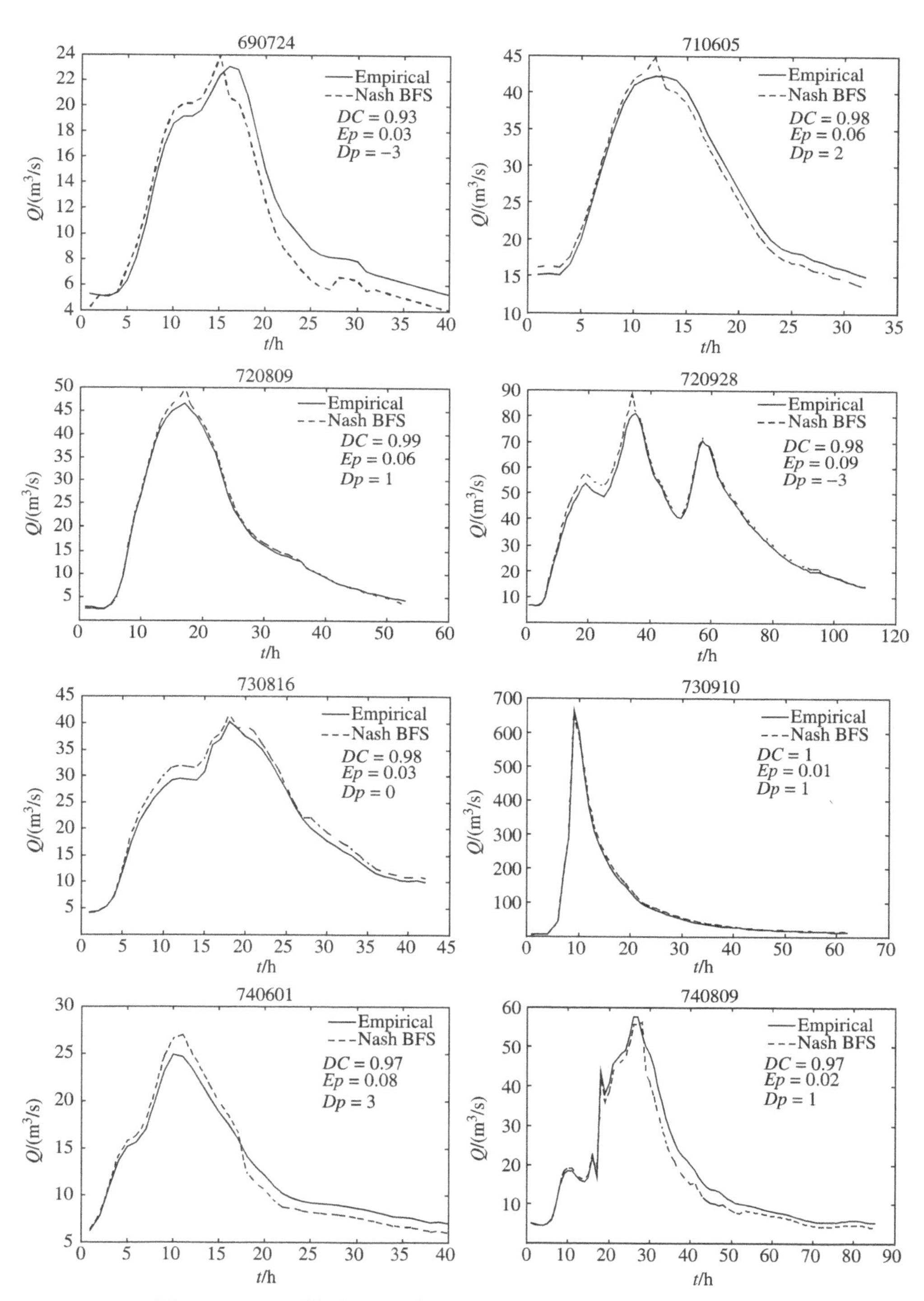

图 7-38 Nash 模型 n 为随机的 BFS 的均值预报与实测过程比较

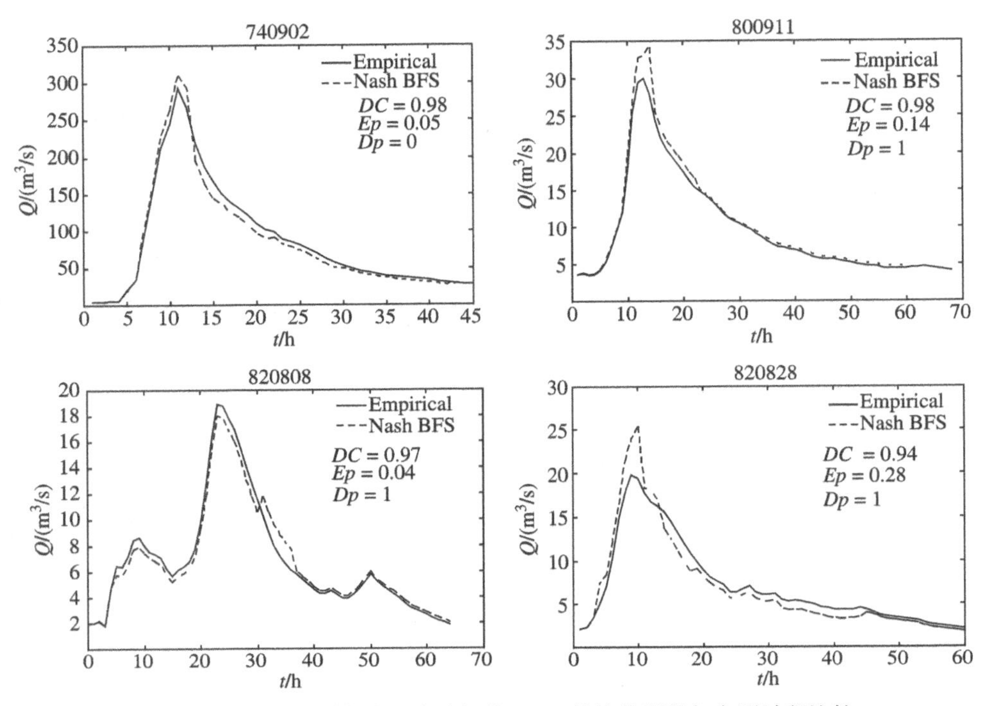

续图 7-38　Nash 模型 n 为随机的 BFS 的均值预报与实测过程比较

2. 参数 n 和 k 均为随机的 Nash 模型的 BFS

1) 先验密度的确定

(1) 参数 k 的先验分布与参数 k 为随机的 Nash 模型的概率洪水预报的相同，为 $k-N(15.94, 5.087^2)$;

(2) 参数 n 的先验分布: 根据 8.1.1 节研究, 可知 n 的先验均值为 3.5, 若假定其先验方差为 10%, 即 0.2, n 服从正态分布, 则有 n 的先验分布为 $n-N(3.5, 0.35^2)$.

2) 似然函数的确定

仍然采用公式 (5-27) 的多观测拟合优度的似然函数.

BAM-MCMC 算法运算初始条件设为, 初始化阶段 i_0=2000, 每次采样 10000 个, 算法并行运行 5 次, 每次初始迭代次数为 2000, 这样共随机抽取 40000 个样本.

图 7-39 给出了两参数在采样过程中的遍历情况, 从中看出两参数在抽样过程中遍布了各自参数的取值空间, 证明了本书算法具有良好的遍历性; 两参数的后验密度直方图如图 7-40 所示, 从图 (a) 中看出参数 k 的后验密度近似为对数正态 k–LN$(2.931, 0.140^2)$, 图 (b) 显示参数 n 的后验密度也近似为对数正态 n–LN$(1.241, 0.118^2)$. 通过 Kolmogorov-Smirnov 假设检验算法在显著性水平为 0.05 时接受后验分布为对数正态分布的原假设. 图 7-41 给出了两参数的联合后验概率密度, 从图中看出两参数的联合分布只有一个极值, 其坐标为两参数的后验均值. 图 7-42 给出了两参数样本的散点图, 由图可见, n 与 k 之间存在着明显的相关关系.

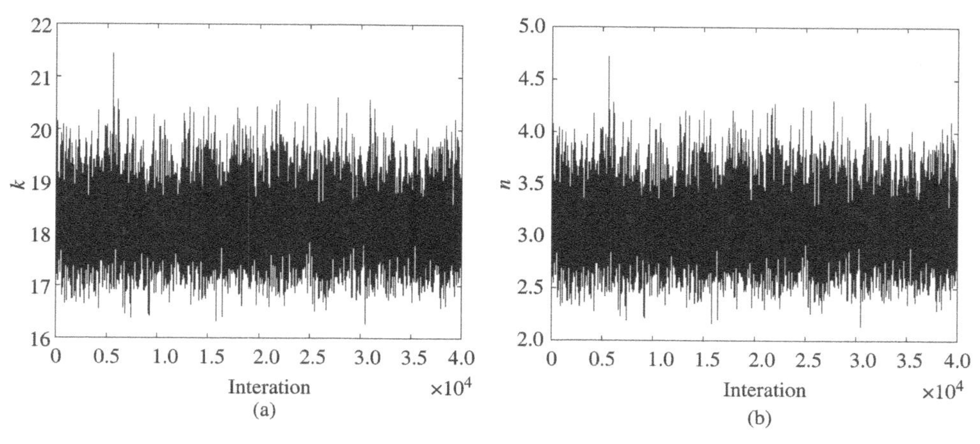

图 7-39 参数 n, k 的采样过程

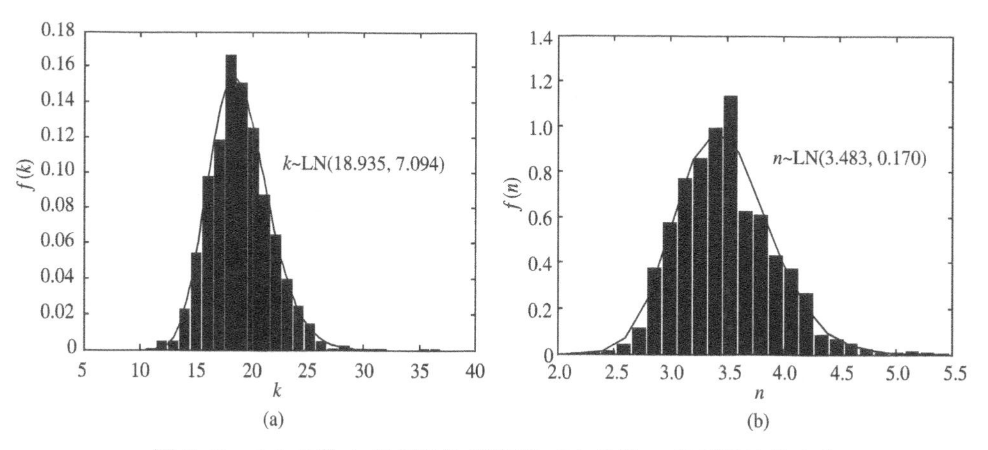

图 7-40 (a) 参数 k 的后验边缘密度; (b) 参数 n 的后验边缘密度

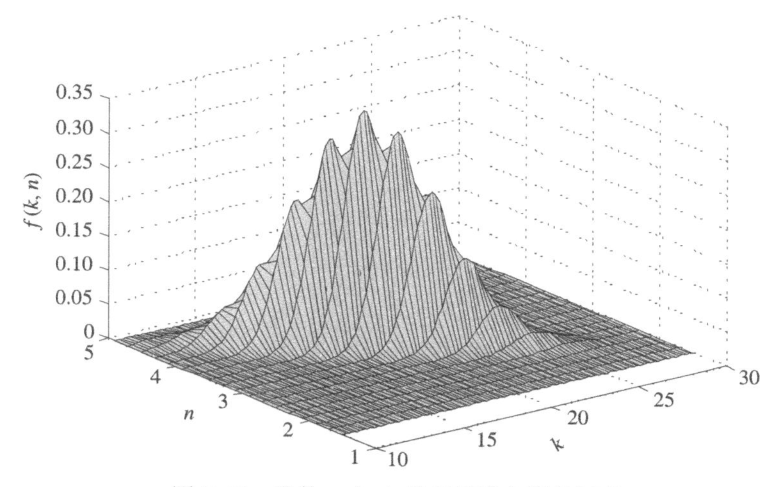

图 7-41 参数 n 与 k 的后验联合概率密度

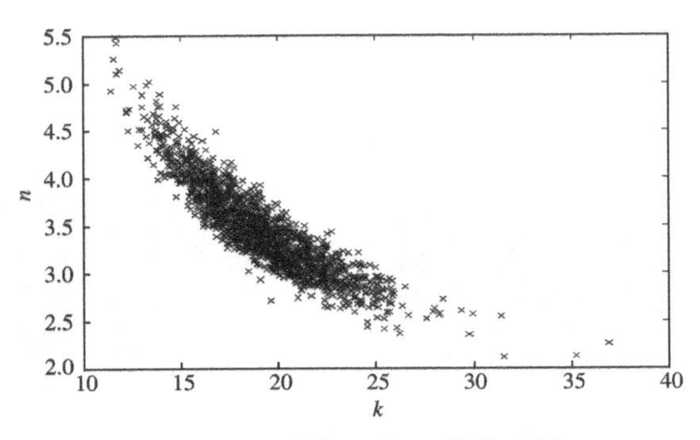

图 7-42　参数 n 与 k 的散点图

3) 贝叶斯概率洪水预报

随机选取 BAM-MCMC 算法得到的 10000 组后验参数样本分别对挠力河流域洪水进行模拟, 使某一场洪水的每个时段对应所选取的不同参数组生成 10000 个流量数值. 用这些数据作为样本来研究各时刻流量的统计特性, 即可求得各时刻 (包括洪峰时刻) 流量概率分布, 其均值和方差及指定概率的置信区间. 在作业预报时可采用每一时刻的预报流量样本的均值作为其预报值.

表 7.11 给出了利用 BAM-MCMC 求解基于 Nash 模型的贝叶斯概率洪水预报系统对挠力河流域 13 场洪水的峰值概率预报及其 80%的置信区间, 13 场洪水中洪峰预报误差均在 20%以内. 平均洪峰误差为 10.7%, 平均洪峰滞时为 0.85h. 与单一参数 k 为随机的均值预报结果相比, 平均洪峰误差及平均确定性系数都相当, 而平均洪峰滞时降低了 0.45h. 与表 7.10 中的结果相比, 表 7.11 中计算洪峰均方差和 80%的置信区间均有所增大, 这说明由于参数的不确定性增加了预报的不确定性.

表 7.11　挠力河流域 n 和 k 均为随机的 Nash 模型的 BFS 预报成果表

洪号	实测洪峰 /(m³/s)	计算洪峰均值 /(m³/s)	相对误差 /%	计算洪峰均方差 /(m³/s)	洪峰 80% 置信区间	峰现时差 /h	确定性系数
690724	23.10	24.00	3.90	6	(19.42, 28.60)	−1	0.93
710605	42.23	46.62	10.40	11	(36.36, 48.31)	2	0.98
720809	46.62	38.72	−16.95	25	(36.45, 50.64)	0	0.82
720928	81.1	86.32	6.44	21	(81.32, 92.40)	1	0.94
730816	40.32	44.38	10.07	19	(32.33, 58.63)	0	0.87
730910	664.99	681.45	2.48	21	(702.43, 754.92)	1	0.83
740601	24.86	28.09	12.99	10	(18.39, 39.58)	1	0.95
740809	57.70	57.97	0.47	28	(51.63, 65.06)	2	0.98
740902	293.64	320.02	8.98	17	(315.06, 334.21)	0	0.82
800911	29.99	35.80	19.37	6	(31.23, 45.33)	0	0.96
820808	18.87	17.14	−9.17	1	(9.67, 22.76)	0	0.95
820828	19.80	26.12	31.92	7	(16.32, 33.11)	2	0.94
850801	62.05	58.10	−6.37	17	(56.24, 67.53)	1	0.97
均值	—	—	10.7	—	—	0.85	0.92

注: “+” 表示滞后 (此处省略), “−” 表示超前

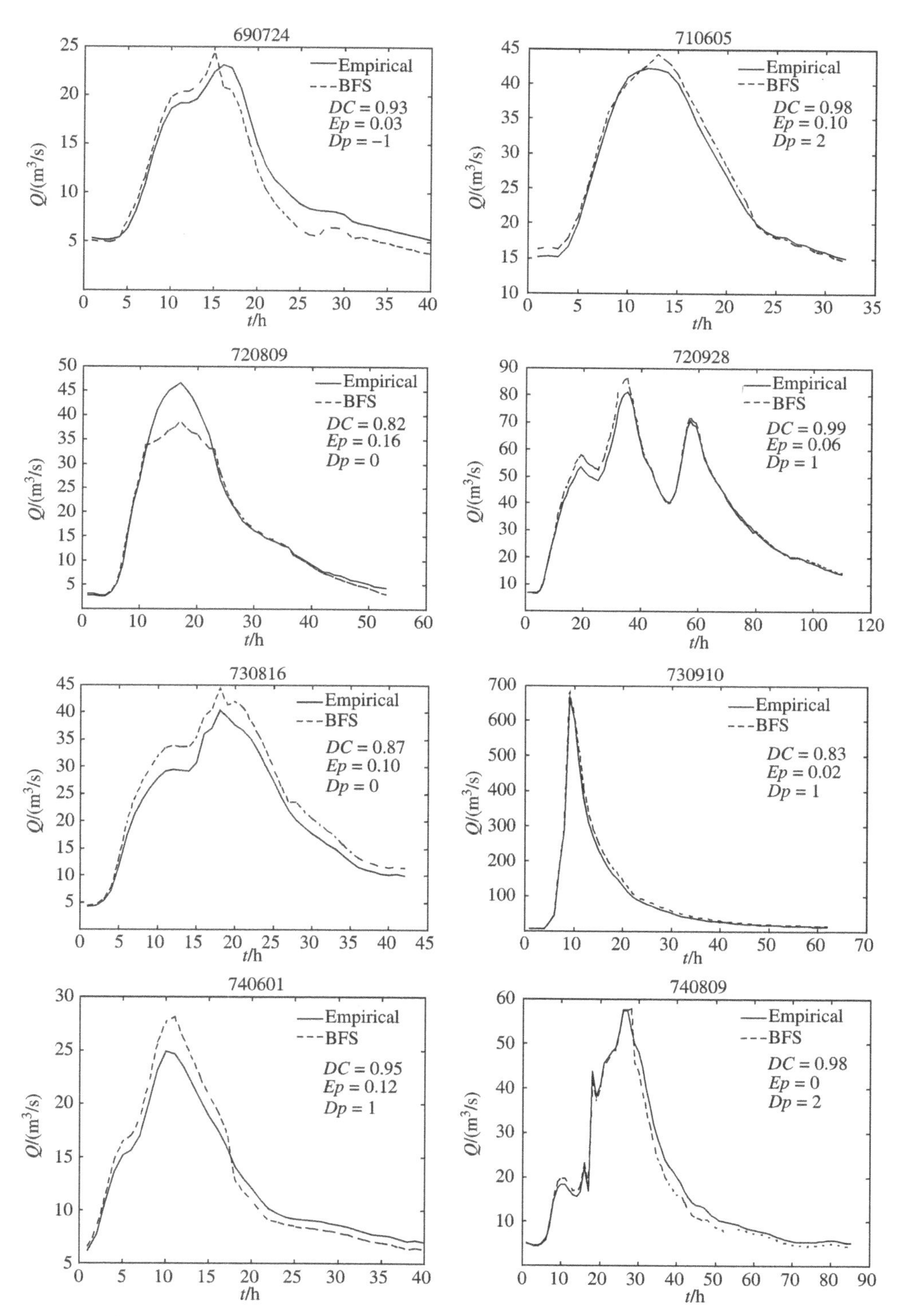

图 7-43 Nash 模型 n 和 k 均为随机的 BFS 的均值预报与实测过程比较

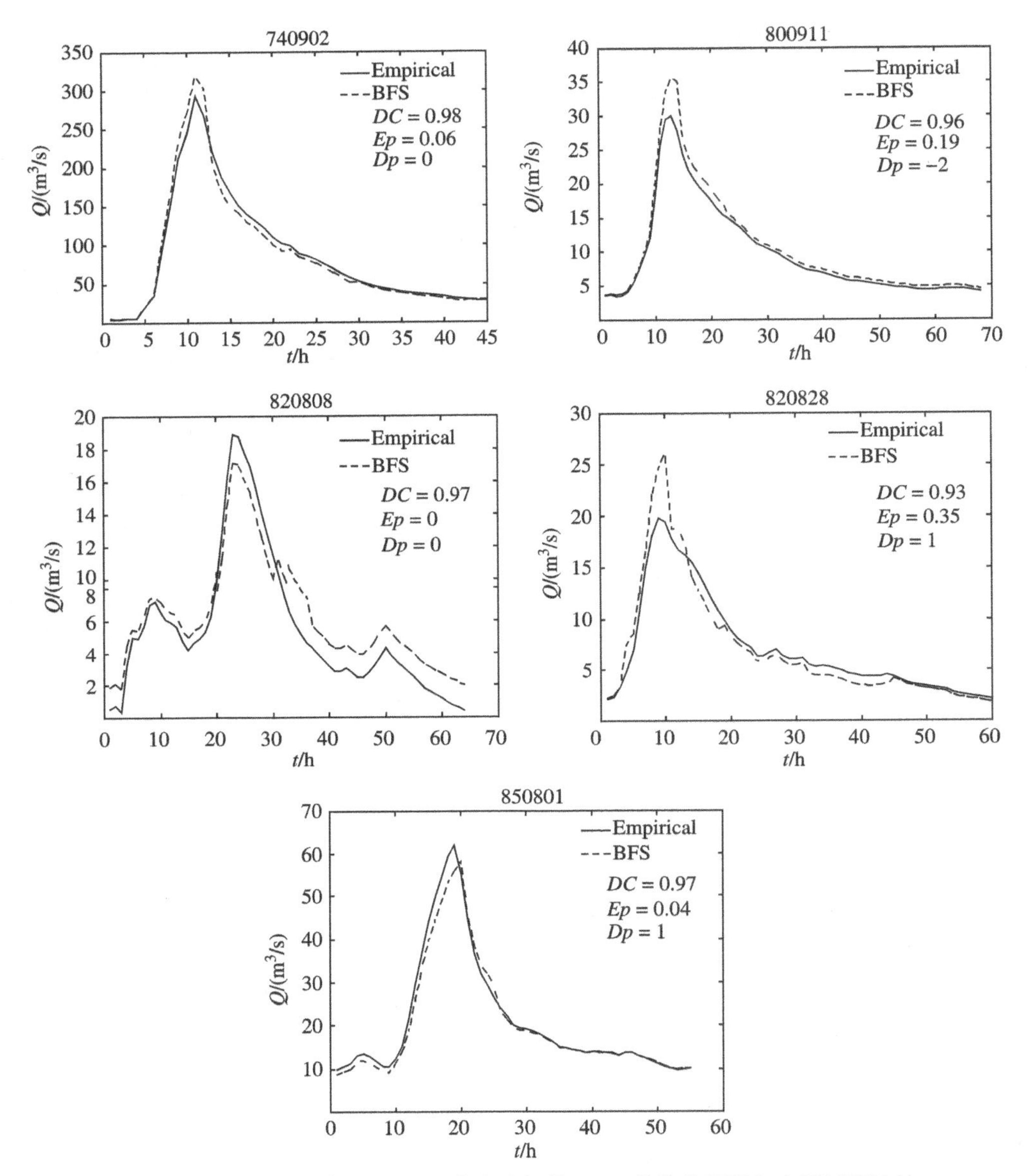

续图 7-43　Nash 模型 n 和 k 均为随机的 BFS 的均值预报与实测过程比较

3. 输入为随机的 Nash 模型的 BFS

(1) 输入不确定性的处理. 本节在考虑输入不确定性时, 依然假设以实测流量值为均值, 以其 10%作为均方差. 并设每一时刻的流量服从以实测值为均值、以均值的 10%为均方差的正态分布.

(2) 参数的确定. Nash 模型的两参数值取用参数 n 和 k 均为随机的 Nash 模型的 BFS 的 (2) 中求解的后验密度, 即 k−LN(2.931, 0.140^2), n−LN(1.241, 0.118^2).

(3) 贝叶斯概率水文预报. 表 7.12 列出挠力河流域的概率预报结果与精度分

析, 与表 7.11 的计算结果相比, 表 7.12 中各场洪水的计算洪峰量均偏小, 而洪峰的均方差和 80%的置信区间均偏大, 确定性系数相当. 总的来说, 输入为随机的 Nash 模型的 BFS 预报精度与参数随机的 Nash 模型的 BFS 的预报精度略低, 可见输入不确定性对预报结果的影响大于参数不确定性对预报结果的影响. 图 7-44 显示了各场洪水的概率预报均值过程与实测过程的拟合情况, 由图可看出各场洪水拟合情况都令人满意.

表 7.12 挠力河流域输入为随机的 Nash 模型的 BFS 计算成果与精度分析

洪号	实测洪峰 /(m^3/s)	计算洪峰 /(m^3/s)	洪峰误差 /%	计算洪峰均方差	80%洪峰置信区间	峰现时差 /h	确定性系数
690724	23.10	25.62	10.91	38	(17.36, 29.32)	−2	0.95
710605	42.23	44.32	4.95	12	(35.43, 45.62)	0	0.98
720809	46.62	39.02	−16.30	5	(41.32, 51.22)	0	0.95
720928	81.10	98.73	21.74	24	(80.26, 93.66)	1	0.96
730816	40.32	44.92	11.41	15	(33.23, 59.78)	1	0.89
730910	664.99	685.33	3.06	16	(712.43, 764.93)	0	0.87
740601	24.86	28.74	15.61	2	(16.21, 41.39)	1	0.95
740809	57.70	58.92	2.11	9	(50.98, 66.79)	1	0.98
740902	293.64	322.45	9.81	27	(305.07, 344.31)	0	0.98
800911	29.99	36.74	22.51	15	(30.28, 46.38)	−2	0.96
820808	18.87	19.50	3.34	17	(10.07, 23.75)	0	0.97
820828	19.80	26.74	35.05	4	(15.37, 34.13)	1	0.93
850801	62.05	68.43	10.28	26	(55.24, 68.73)	1	0.97
均值	—	—	12.85	—	—	0.77	0.95

注: "+" 表示滞后 (此处省略), "–" 表示超前

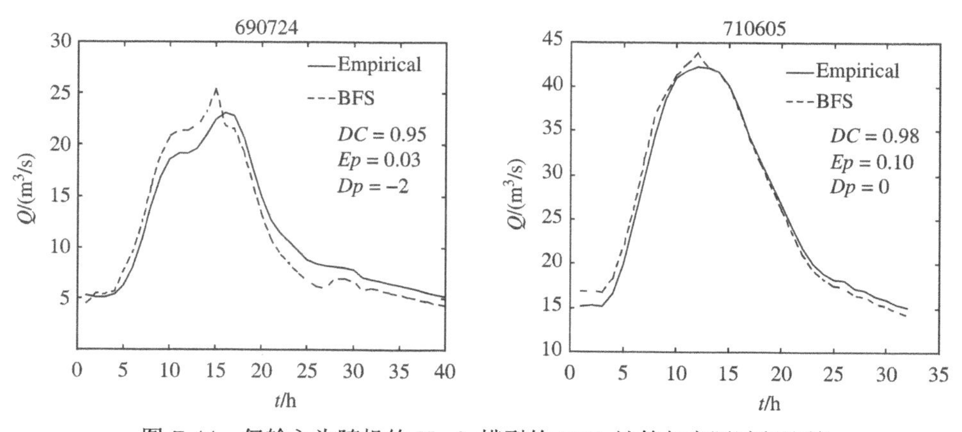

图 7-44 仅输入为随机的 Nash 模型的 BFS 计算与实测过程比较

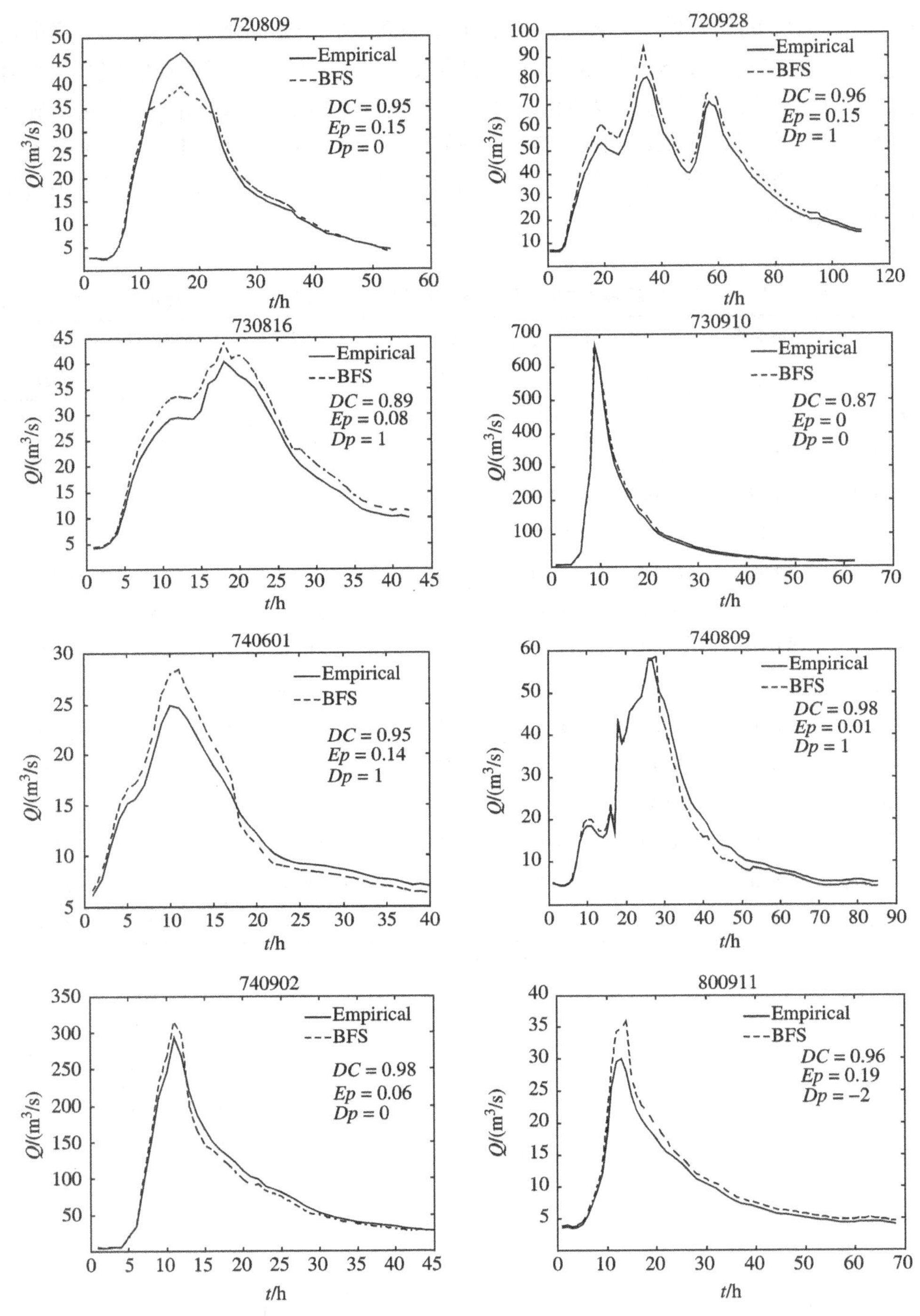

续图 7-44　仅输入为随机的 Nash 模型的 BFS 计算与实测过程比较

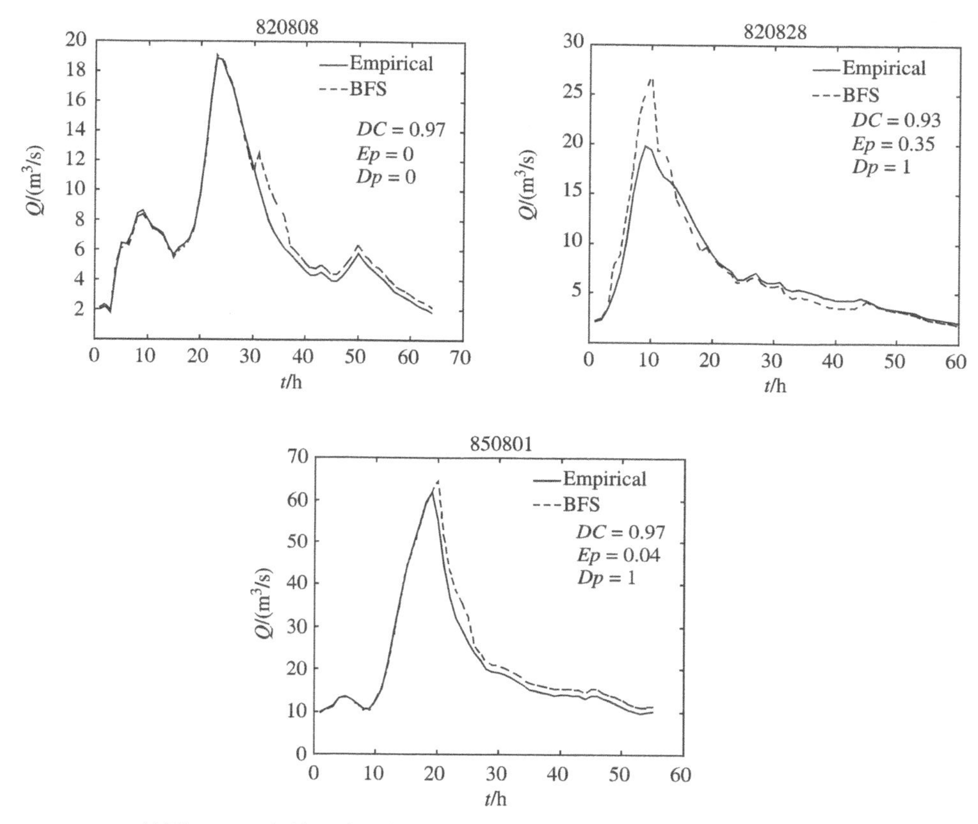

续图 7-44 仅输入为随机的 Nash 模型的 BFS 计算与实测过程比较

4. 输入与参数均为随机的 Nash 模型的 BFS

以挠力河流域为研究对象, 来探讨输入与参数均为随机的 Nash 模型的 BFS 的性能.

(1) 输入不确定性的处理. 输入不确定性处理的方法与输入为随机的 Nash 模型 BFS 相同, 输入样本的确定也与其相同. 在此不再赘述.

(2) 参数不确定性处理. 这里两个参数 n 和 k 均视为随机, 且都服从输入为随机的 Nash 模型 BFS 获得的后验对数正态分布.

(3) 概率洪水预报. 为了避免异参同效, 在进行概率预报时所用参数组合是从输入为随机的 Nash 模型 BFS 中 BAM-MCMC 算法得到的后验样本组中随机选取 10000 组, 对每场降雨的各时刻降雨量采用输入为随机的 Nash 模型 BFS 中的方法生成 10000 个随机序列. 在模型计算时, 随机选取第 $i(i=1,2,\cdots,10000)$ 个输入序列与第 i 个参数组输入到 Nash 模型中运算, 对于某次洪水的各时刻均得到 10000 个流量预报值, 这样会得到该场洪水的 10000 输出序列, 基于这 10000 个输出序列可求得均值预报过程与指定概率 80%的置信区间及计算洪峰的后验密度、均方差等概率洪水预报指标.

表 7.13 给出了 Nash 模型输入与参数均为随机的概率预报结果与精度分析. 与表 7.13 和表 7.12 相比, 表 7.13 中各场洪水的计算洪峰值相差无几, 平均洪峰误差为 12.16%(其中只有 800911 和 820808 两场洪峰预报误差超过 20%, 分析其原因可能是因为这两场径流中的地下径流所在比重较大所致), 洪峰平均滞时有所降低, 但洪峰均方差和 80%的置信区间明显增大, 这说明同时考虑输入不确定性与参数不确定性增加了预报的不确定性, 可更全面地考虑了水文预报输出的不确定度, 为防洪决策、降低风险提供了有价值的不确定度参考.

图 7-45 给出了各场洪水的概率预报过程与实测过程的拟合情况, 同时还给出了 80%的置信区间, 图中显示各场洪水的拟合精度都比较高.

表 7.13　输入与参数均随机的 Nash 模型的 BFS 计算结果与精度分析

洪号	实测洪峰 /(m^3/s)	计算洪峰 /(m^3/s)	洪峰误差 /%	计算洪峰均方差	80%洪峰置信区间	峰现时差 /h	确定性系数
690724	23.10	24.92	7.88	25	(16.36, 32.12)	−1	0.95
710605	42.23	46.73	10.66	28	(32.42, 47.62)	0	0.98
720809	46.62	51.42	10.30	10	(40.38, 52.23)	0	0.95
720928	81.1	96.73	19.27	38	(81.26, 97.67)	1	0.96
730816	40.32	45.92	13.89	35	(30.22, 61.73)	0	0.89
730910	664.99	689.73	3.72	26	(702.40, 774.91)	0	0.87
740601	24.86	28.42	14.32	26	(14.20, 42.33)	0	0.95
740809	57.70	58.97	2.20	2	(48.99, 66.73)	2	0.98
740902	293.64	301.45	2.66	55	(298.17, 358.32)	0	0.98
800911	29.99	36.72	22.44	16	(29.28, 48.42)	−1	0.96
820808	18.87	26.55	40.70	23	(9.09, 24.72)	0	0.97
820828	19.80	19.73	−0.35	2	(13.32, 38.16)	1	0.93
850801	62.05	68.49	10.38	34	(52.24, 70.66)	1	0.97
均值	—	—	12.16	—	—	0.54	0.95

注: “+” 表示滞后 (此处省略), “−” 表示超前

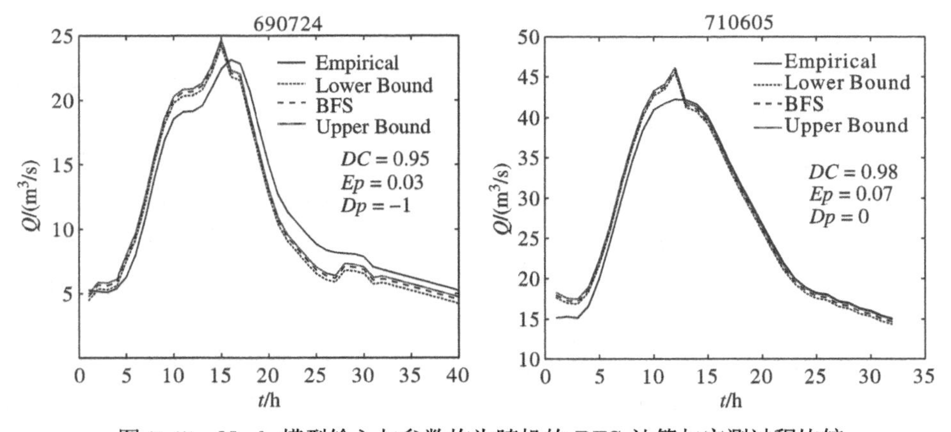

图 7-45　Nash 模型输入与参数均为随机的 BFS 计算与实测过程比较

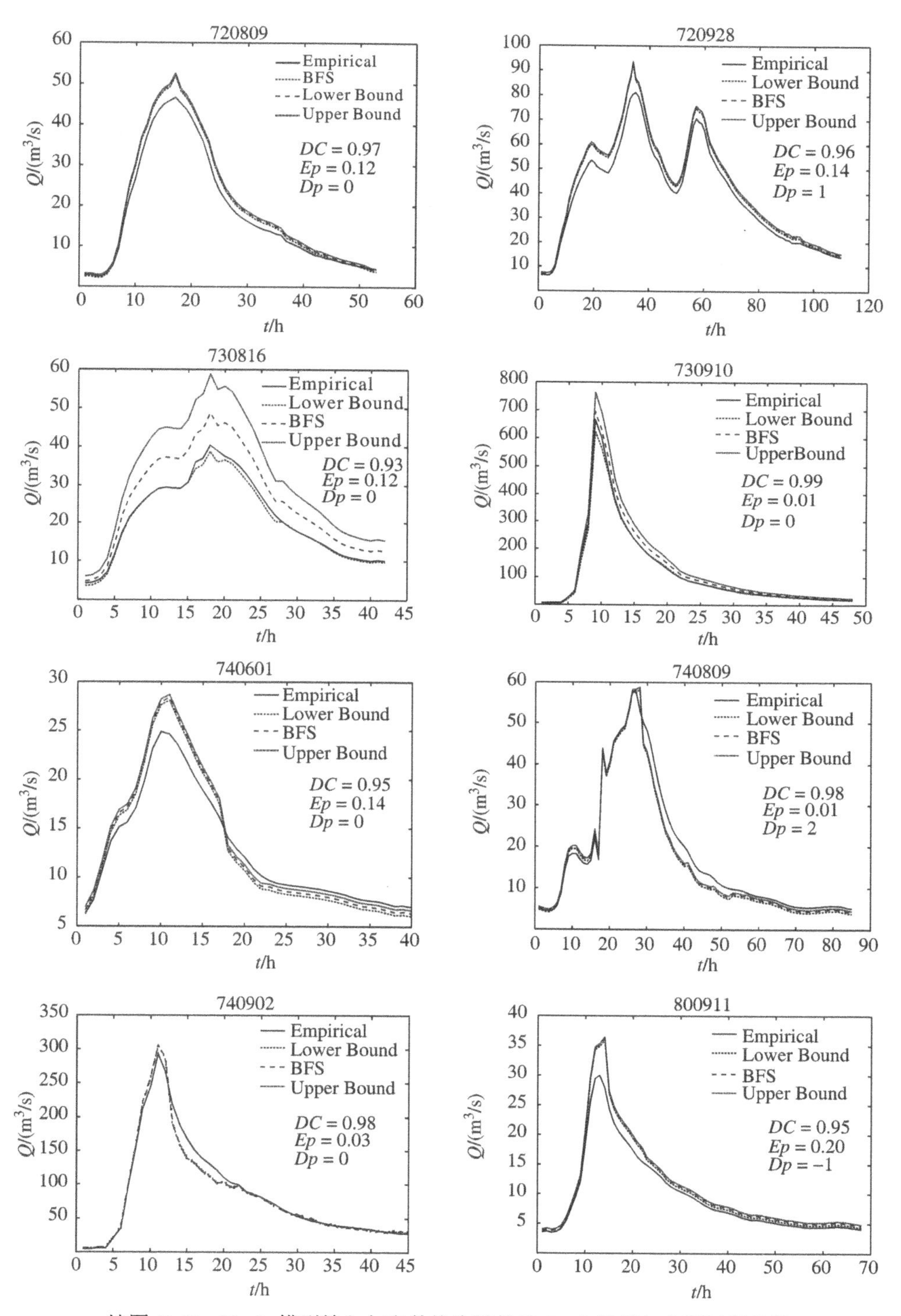

续图 7-45 Nash 模型输入与参数均为随机的 BFS 计算与实测过程比较

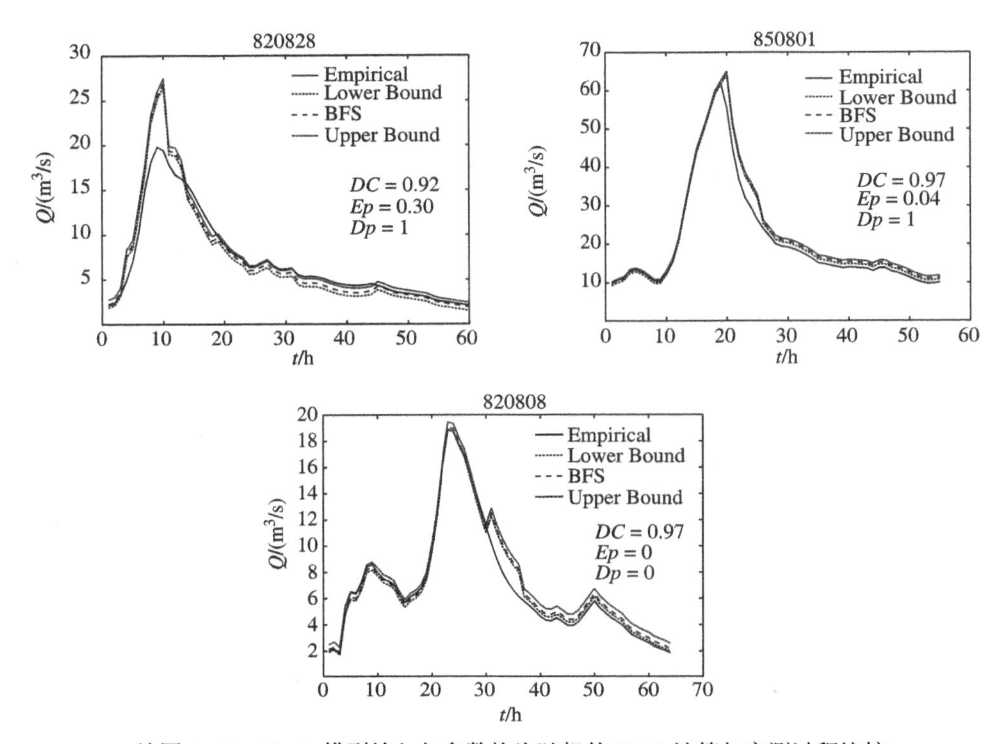

续图 7-45　Nash 模型输入与参数均为随机的 BFS 计算与实测过程比较

参 考 文 献

[1] Gelman A, Carlin J B, Stren H S, et al. Bayesian Data Analysis [M]. London: Chapmann and Hall, 1995.

[2] 邢贞相. 确定性水文模型的贝叶斯概率预报方法研究 [D]. 河海大学博士学位论文, 2007.

[3] Lee T H, Gergakakos K P. Operational rainfall prediction on meso-scales for hydrologic applications [J]. Water Resources Research, 1996, 32(4): 987–1003.